공학도를 위한 확률론

Engineering
Probability
Theory

이 훈 저

홍릉과학출판사

이 책은 유비쿼터스 지능형 홈전문인력 양성사업단의 지원을 받아 제작되었음.

"나는 너에게 어떤 것도 약속하지 않는다."

-프랜시스 베이컨(1561~1626)-

서문

그 동안 대학교에서 학생들을 대상으로 응용확률론 및 확률과정론을 강의하면서 많은 학생들이 수학을 어려워하고 그 가운데에서도 특히 확률을 어려워한다는 사실에 늘 안타까워하면서 이유가 무엇인지에 대하여 많은 생각을 했다. 그중 한 가지 이유로서 고등학교의 수학과정에서 확률이 가장 뒷부분에 배치되어있고 수업시간에도 비중을 크게 두지 않고 대충 넘어간다는 사실이 가장 근본적인 원인으로 생각했고, 대학원에서 대기행렬이론과 네트워크 설계와 관련된 과목을 강의하면서 학생들의 확률이론지식이 부족한 점도 마음에 걸렸는데, 그 이유는 아마도 학생들이 학부에서 확률을 제대로 이해를 하지 못한 채 건성으로 공부를 하고 졸업을 한 것 같다. 한편, 막상 대학원 공부를 위하여 확률에 대한 기초가 약한 학생들에게 스스로 공부를 할 수 있는 책을 소개하고자 하여도 마땅한 참고서가 없음에 아쉬움이 많았다. 그리고, 현재 시중에 나와 있는 대부분의 국내의 확률관련 강의 교재 및 참고도서가 수학을 전공한 학자에 의해 쓰여진 책으로서 수학적으로 깊이 있게 공부를 하려는 사람에게는 더 없이 좋은 책이나, 이와 같은 책에서 공통적으로 느낄 수 있는 것은 내용의 전개가 너무 수학적이고 예제도 공학도들에게는 직접적으로 관련이 없는 문제가 많이 제시되어 있다는 점이다. 이와 같은 관점에서 볼 때 공학을 전공하는 학부학생이 한 학기 내에 수학자에 의해서 쓰여진 확률 서적을 읽으면서 그 모든 내용을 이해하기란 쉬운 일이 아님을 알게 되었다.

한편 공학자에게 있어서 유용한 수학이란 먼저 수학적 모형의 필요성을 자각하는 것인 만큼 수학에 관한 책을 스스로 읽고 그 가운데서 공학적으로 해결해야 할 문제를 모형화할 수 있는 무엇인가를 스스로가 깨우쳐야 하는 것이 아닌가 싶다.

이에 그 동안 필자가 대학에서 강의를 하고 한편으로는 확률 모형을 이용한 연구를 하면서 가지고 있던 평소의 지식과 생각을 바탕으로 공학도가 2학년부터 3학년 사이에 스스로 읽고 이해를 할 수 있는 레벨이면서도 공학과 관련된 응용분야에 초점을 둔 보다 현실적인 내용의 확률이론에 관한 책을 써야겠다는 일념에 이 책을 쓰기 시작하였다.

이 책은 수학을 전공한 우수한 수학자에 의해서 쓰여진 확률 이론서에 비하면 내세울 만한 새로운 이론이나 주장이 별로 없다. 그렇지만, 우리나라 공학도들에게 보다 쉽게 읽혀지기를 바라는 마음에서 이 책을 만들게 되었고 책의 이름도 공학도들의 기호를 고려하여 **'공학도를 위한 확률론'** 으로 이름 지었다.

이 책의 내용은 총 7장으로 구성되어 있으며 내용의 전개상 1장부터 차근히 읽어나가면 이해가 가능하도록 되어 있다. 먼저 제1장에서 확률이란 무엇인지를 이야기하는 확률의 기초로부터 시작하여 제2장에서 조건부확률과 확률의 독립성을 다루었고 이어서 제3장에서 확률변수와 분포함수에 대하여 이야기한다. 그리고, 제4장에서 확률로부터 얻을 수 있는 기대치에 대하여 다룬 후 제5장에서 다변수 확률변수를 소개하였다. 그리고 제6장에서 확률의 연산에 도움이 될만한 몇 가지 근사해석법에 대하여 소개를 하고 마지막으로 제7장에서 확률과정론에 대하여 다루었다.

한편, 이 책에서 각 장의 말미에 제시된 연습문제는 저자가 2007년 2학기 창원대학교 공과대학 정보통신공학과 학생들을 대상으로 강의를 하면서 과제물로 제시한 내용을 바탕으로 만들어졌음을 알려둔다. 학생 여러분의 노고를 치하한다.

확률은 종이에 쓰지 않고도 머리만으로 풀 수 있는 사고(思考)의 학문이라고 생각한다. 여러분은 이 책을 읽으면서 경우의 수에서부터 확률의 정의, 그리고 확률분포함수와 기대치의 정의 등 대부분이 논리적인 사고의 산물임을 알 수 있을 것이다. 그래서, 이 책을 만드는데 있어서 가장 중점을 둔 것은 공학을 전공하는 학생들이 혼자서도 이 책을 읽고 스스로 이해를 할 수 있게 하기 위한 것이었다. 아무쪼록 학생들이 이 책을 항상 옆에 두고 시간이 날 때마다 여러 번 읽어보고 스스로 문제를 풀어 보기를 권한다. 이 책을 만들면서 국내외의 많은 선현의 책을 참고하였다. 이에 대해서는 참고문헌에 나열하였다.

2008년 7월

저자 씀

목차

Chapter 05 다변수 확률변수

Chapter 06 확률의 근사해석법

Chapter 07 확률과정론

CHAPTER 01 확률의 기초

요약

확률(確率)이라는 말은 우리가 어려서부터 늘 써오던 말이다. 예를들면 '봄소풍 가는 날 비가 올 확률이 90퍼센트'라든지 '겨울에 비가 오지 않을 확률은 높다' 등과 같이 일상 생활에서도 확률이라는 말을 자주 사용한다. 이 때 앞의 문장은 어떤 일이 일어날 확률을 값으로 표시를 하는 정량적(定量的, Quantitative)으로 표시한 것이고, 뒤의 경우에는 확률값은 지정하지 않고 그냥 높다고 말하여 정성적(定性的, Qualitative)으로 나타낸 것이다. 이와 같이 확률이란 우리가 관심을 가지고 알아보고자 하는 어떤 일에 대하여 그 일이 일어날 가능성이 얼마인지를 예측하는 것인데, 좀 더 엄밀히 말하면 향후 일어날 사건에 대하여 그 사건이 일어날지 아닐지가 확실하지 않은 경우 그 사건이 일어날 "확실한 정도(Probable+ability)"를 다루는 학문이다. 제1장에서는 이와 같은 확률에 대한 기본적인 배경과 개념을 소개하기로 한다. 먼저 확률을 배우는 이유에 대하여 생각해보고 이어서 확률의 기본 바탕이 되는 경우의 수에 대하여 생각을 해 본다. 그리고 마지막으로 확률을 정의하고 확률값을 계산하는 방법을 알아본다.

0 워밍 업

확률의 세계로 들어가기 전에 간단하게 머리를 풀고 가는 것이 어떤가? 운동을 할 때도 준비운동을 하고 공연을 할 때도 리허설을 하지 않는가? 자, 지금부터 즐거운 마음으로 확률의 세계로 들어가 보자!

1) 머피의 법칙

먼저, 여러분은 머피의 법칙(Murphy's law)을 알고 있을 것이다. 평소에 잘 되던 일이 멍석을 깔아놓고 하면 안 된다든지, 화창한 봄날이 계속 되다가 내가 소풍 가는 날에만 비가 온다든지, 주중에 계속 날씨가 좋다가 주말에 데이트 약속만 하면 비가 온다든지[1], 혼자 사는 노총각이 아침에 늦잠을 자서 그렇지 않아도 회사에 지각을 하게 생겼는데 넥타이를 매면서 토스트에 버터를 바르다가 그만 토스트가 떨어지는데 하필이면 꼭 버터가 발린 쪽이 아래를 향하여 떨어져서 먹지도 못하게 된다든지, 주말 오후에 할인매장에 가서 먹을 것을 잔뜩 사가지고 가장 짧아 보이는 계산대에 서 있는데 유독 내가 서 있는 줄만 줄어들지 않는다든지 등등 살다가 보면 이런 일이 왜 꼭 나에게만 일어나는지 궁금한 사람들도 있을 것이다. 왜 그럴까?

그렇게 된 데에는 이유가 있다. 즉, 거기에는 확률의 개념이 들어있다. 지금 여기서 답을 말해 버리면 재미가 없을 것 같아서 상세하게는 설명을 하지 않지만[2] 그와 같은 일이 일어날 개연성이 컸기 때문이다.

2) 살인의 추억

미국의 프로 풋볼리그인 NFL에서 러닝백(Running back)으로 활약하면서 한 시즌에 2,000야드[3] 이상(간단히, 약 2Km에 해당함)을 달려서 유명한 풋볼선수였던 O.J. 심슨(Orenthal James Simpson,1947~, 나중에 그는 배우, 대변인, 그리고 방송인으로도 활약했다.)이라는 사람이 있다.

1 실제로 내가 대학1학년이던 그 해 3월에는 5주 연속해서 토요일만 되면 비가 와서 첫 미팅 상대와의 데이트가 지속되지 못한 큰 이유 중의 하나가 되기도 했다. 지금은 어디서 무엇을 하는지…. ^*^

2 나의 강의시간 첫 번째 주에는 이와 같은 이야기로 분위기를 띄우고 있는데 강의를 들으면 그 이유를 자세하게 알 수 있다.

3 나는 골프를 치지 않아서 Yard의 단위를 잘 모르는데, 찾아보니 1Yard=0.9144m이다.

그런데, Once upon a day in America in 1994, 그의 아내인 니콜 심슨(Nicole Brown Simpson)과 그의 아내의 남자친구인 로널드 골드만(Ronald Goldman)이 잔인하게 살해당했다. 그리고 심슨은 그들을 살해한 혐의를 받았다. 세상을 떠들썩하게 했던 이 사건은 1년 뒤에 결국 심슨이 무죄로 평결이 나면서 형사상의 문제에 대해서는 끝을 맺었다. 그러나, 그로부터 2년 뒤인 1997년에는 민사재판에서 심슨에게 살해에 대하여 책임을 물어서 3,350만달러(그 당시 우리나라는 IMF사태로 환율이 1달러당 2,000에 육박하였기에 한화로 6,700억원에 해당함! Wow ^^)의 벌금형에 처해졌으나 그는 지금까지 벌금을 한 푼도 내지 않고 있으며, 게다가 2006년에는 "If I did it"이라는 책으로 마치 자기가 아내를 죽였다는 것을 암시라도 하듯이 살인사건에 대한 소설을 썼으나 출판 직전에 출판사가 인쇄를 취소하기도 하여 아직까지 이 사건에 대한 의문은 해소되지 않고 있다. 여기서 내가 이야기를 하려는 것은 지금부터이다.

검찰 니, 와이프하고 가(그녀의) 애인 죽였제?

심슨 No, I didn' t do it!

검찰 니 와 이라노? 내가 증거가 억수로 많(이 가지고 있)다 아이(아니)가.
첫 째, 범행현장에서 니(너의) 신발크기와 똑같은 발자국이 발견되었고,
둘 째, 또 그 발자국 왼쪽에 핏자국도 발견되었고,
셋 째, 또 니도 그 때 왼손에 칼에 빈(베인) 자국이 있었다 아이가?
그래도 니가 범인이 아이가?

심슨 … :^^:, Hey, attorney, help me!!

심슨의 변호인 거 참, 빽적지근 하네잉. 내가 그렇게 나올 줄 알았당게.

근데 보소 이 양반, 우리 미국에는 심슨과 거시기한 크기의 신발을 신는 사람이 거시기하게 많당게요. 글고, 미국에는 왼손잡이도 거시기하게 많이 살아서 왼손을 다친 사람도 거시기하게 많당게요.

글고, 또 거시기 참, 깜도 안되는 일을 갖고 갸(그)를 범인으로 몰아세워 불고, 참 거시기 하고만 이라우.

검찰 !@#$%^&&*?

이렇게 사건은 흐지부지 되었다(고 생각하는 사람이 대부분이었다) ㅋㅋㅋ

By the way, 미국의 필라델피아에 있는 템플(Temple) 대학의 수학과 교수인 존 폴로스(John Allen Paulos)는 'Once upon a number' 라는 그의 논문에서 심슨이 범인이 아니라는 주장이 얼마나 근거가 희박한지를 반박하는 글을 썼다. 폴로스교수의 말을 들어보자.

폴로스 曰

ⓐ 심슨과 같은 크기의 신발을 신는 사람은 미국 내에 살고 있는 성인 남자 중에 15명에 한 명의 비율이다.

ⓑ 살인 사건이 난 바로 그날을 전후하여 왼 손에 상처가 나 있는 성인 남자의 비율은 10,000명에 한 명 꼴이다.

ⓒ 따라서, 두 시간이 동시에 일어날 확률은 1/150,000 = 0.00067%이다. 즉, 이와 같은 상황에 있을 사람은 15만명 중에 한 명이 있을 확률이라는 말이니까 반대로 말을 하자면 어지간해서는 이와 같은 사람이 나타나지 않는다는 말이다. 진짜로 이런 일은 드문 일이므로 지금 피의자로 검찰 앞에 앉아 있는 심슨은 범인일 확률은 대단히 높다.

이 문제는 상호 연관이 없는 사건들이더라도 여러 개의 사건을 한 데 모아두고 종합적으로 생각을 하면 특정사건이 일어날 확률이 계산되는 것을 나타내고 있는데 결론적으로 말하면 확률의 곱의 법칙에 의해서 이와 같은 현상의 설명이 가능한데 역시 여기서 확률의 법칙을 말할 단계는 아니므로 뒤에서 이야기를 한다.

한편, 이와 같이 특정한 사건을 예로 들지 않더라도 일반적으로 다음과 같은 통계도 있다고 한다.

- 남편에게 폭행을 당하는 아내 중에서 자신을 때린 남편에 의해서 살해당할 확률 <0.1%
- 남편에게 폭행을 당하던 아내가 죽었을 때 그녀를 평소에 때리던 남편이 범인일 확률 <80%

여기서 위의 두 문장 속에 들어있는 정보는 비슷한 것 같지만, 전후관계의 순서만 바뀌어도 확률은 엄청나게 차이가 크다는 것을 알 수 있다.

이 문제 역시 나중에 다루겠지만, 어떠한 한 사건을 두고 그 사건이 일어나게 된 배경사건과 결과적으로 얻어진 최종사건 사이에는 사건의 전후 관계가 존재하게 마련이고, 그 관계에 따라 확률의 값은 완전히 다르다는 것을 알 수 있다. 이와 같은 전사건과 후사건과의 관계는 베이즈의 공식으로 정의되는 확률의 법칙에 의해서 설명될 수 있다.

하여간, 비록 이와 같은 일이 일어나는 것은 좋지 않은 일이기는 하지만, 위의 사실로부터 아래의 사실을 유추할 수 있다고 한다.

'남편에게 평소 폭행을 당한다고 해서 그 아내가 살해당할 확률은 높지 않지만, 평소에 매맞던 아내가 죽었을 때 그녀를 때리던 남편이

범인일 확률은 아주 높다!'

이와 같은 사실은 우리나라 경찰이 상식으로라도 알아두어야 할 것 같지 않은가?

3) 부(富)의 법칙

지금부터 하는 이야기는 여러분이 아버님이나 형님께 이야기 해드리면 아주 솔깃할 이야기이다. 1956년 당시 미국 AT&T의 벨(Bell)연구소의 존 래리 켈리(John Larry Kelly)는 그의 동료인 끌로드 샤논(Claude Shannon)이 개발한 장거리통신회선에서의 소음의 문제를 모형화하는 연구결과를 이용하여 부의 공식(일명 Kelly criterion)을 만들었다.

켈리의 부의 공식은 어떤 도박에 대하여 내부의 정보를 알고 도박을 하는 사람이 걸어야 할 최적 금액을 계산하는 간단한 식이다. 만약 p를 도박에서 이길 확률이라고 하고 F를 자신이 가진 돈 중에서 도박에 걸으면 이익을 볼 금액의 비율이라고 한다면 $F = 2p - 1$이다. 아주 간단한 식이다[4].

예를 들어서 계산을 해보자. 만약 어떤 사람이 자신이 얻은 정보(단, 이 정보가 꼭 정확하다는 보장은 없다)를 바탕으로 경마나 도박, 주식 등 성공확률을 어느 정도 예측을 할 수 있다고 할 때 성공확률에 2를 곱하고 여기서 1을 빼면 자신이 걸어야 할 자금의 비율을 알 수 있다. 즉, 베팅을 걸어서 성공확률이 50%라면 여기서 최대 이익을 거두기 위하여 자신이 가진 자금 중에서 투자를 해야 할 자금의 비율은 $F = 2 \quad 0.5 - 1 = 0$이다. 다시 말하면 성공확률이 반일 경우 도박을 하면 반드시 돈을 잃는다는 말이다. 즉, 도박을 하지 말아야 한다. ^^

4 이 식을 유도하기 위해서는 몇 가지 가정이 필요한데 워밍업 단계인 여기서 이 문제를 자세히 논하는 것은 분위기에 맞지 않아서 생략을 하고 그래도 궁금한 사람은 Wikipedia에 들어가서 Kelly Criterion을 쳐보기 바란다.

이번에는 성공확률이 70%이라고 하자. 보기에 성공확률이 꽤 높아 보인다. 보통사람들은 확률이 높으니까 제주도의 섭지코지에 가서 All In을 찍고 싶은 유혹을 받을 것이다. ^^

그러나, 우리는 냉정한(Cool) 엔지니어가 아닌가? 여러분은 자신이 가지고 있는 돈 중에서 얼마를 걸어야 손해를 보지 않을까? $F = 2 \quad 0.7 - 1 = 0.4$ 이므로 즉 여러분이 가진 돈 중에서 40%만 걸어야 한다. 나머지는 걸었다가는 손해를 볼 가능성이 있다.

위의 공식은 실제로 샤논의 동료였던 에드워드 소프(Edward O. Thorp)라는 사람이 Black jack이라는 도박과 증권시장에서 실제로 사용이 되었다고는 하나 그가 이 공식을 사용하여 돈을 벌었는지 아닌지는 현재 나로서는 알 방법이 없다. ^^

지금까지 우리는 별로 부담을 가지지 않고 우리 주변에서 확률을 생각하게 하는 몇 가지 예를 들어보았다. 한편, 위와 같은 예 이외에도 확률의 문제를 생각할 수 있는 일은 얼마든지 있다. 필자가 이 책을 만드는 가운데 서점에서 우연히 발견하여서 바로 사서 읽어본 '박경미의 수학콘서트(2006년 동아시아 간)' 는 이와 같은 우리주변의 수학의 다양한 세계를 소개하고 있다. 관심이 있는 독자들은 이 책을 읽어보기를 권한다.

필자의 경험으로 볼 때 대부분의 잘 된 일이나 성공한 비즈니스는 치밀한 계산과 꼼꼼한 스케줄링으로 이루어져 있음을 알 수 있다. 마지막으로 여러분도 이 책을 읽으면서 그리고 공부를 하거나 연구를 하면서 자신의 주변에서 일어나는 일이나 문제들을 그냥 무심히 넘기지 않고 가능하면 정량적으로 모형화하는 습관을 가지고 사물을 볼 때도 좀 더 논리적이고 체계적이면서도 과학적으로 생각하는 습관을 가져보면 어떨까 하는 생각을 한다.

4) 신라시대의 주사위

확률을 논할 때 가장 많이 등장하는 것이 주사위이다. 한편, 필자는 이 글을 쓰면서 '우리나라에서 사용된 최초의 주사위는 언제부터이며 어떤 모습일까' 라는 의문을 가지고 있었으나 역사적 지식이 짧은 관계로 실마리를 전혀 잡을 수 없었다. 그런데, 지성이면 감천이라던가? 2007년 10월 8일자 조선일보의 '문화재 야화[16]' 에 그 해답이 나와 있었다. 조선일보에 실린 기사를 중심으로 신라시대의 주사위의 모습을 관찰하여 보자.

1975년, 그러니까 지금부터 약 30여 년 전, 경주의 안압지를 출토하다가 통일신라시대의 것으로 추정되는 참나무로 만든 이상한 물건을 하나 발견하였다고 한다. 아래의 그림이 그 당시 발견한 물건의 복제품이라고 한다.

그림1.1 신라시대의 주사위

주사위의 모양이 그림에서 보는 바와 같이 높이는 4.8cm 정도로 어른의 손에 잡히는 크기였다고 한다. 그러나 모양이 지금과 같은 정육면체가 아니라 십사면체였고, 특이한 것은 여섯 개면은 정사각형이었으며 여덟 개면은 삼각형을 닮은 육각형이었다. 그리고 주사위를 더욱 자세히 보니 거기에 글씨가 써져 있었는데 열세 개의 면에는 한자로 네 글자씩 적혀 있었고 나머지 한 면은 다섯 글자였다. 거기에 적힌 글자들을 해석해 본 결과 이 주사위는 술자리에서 사용되던 '벌칙용' 이었음을 알 수 있었다고 한다.

이쯤 되면 놀이를 즐겨 했던 우리나라의 선조의 모습이 도대체 어떠하였는지 더욱 궁금할 것이다.

정사각형에 적힌 벌칙은 다음과 같았다고 한다.

음진대소(飮盡大笑 · 술 마시고 크게 웃기),

삼잔일거(三盞一去 · 술 석 잔을 '원샷' 하기),

자창자음(自唱自飮 · 혼자 노래 부르고 술 마시기),

금성작무(禁聲作舞 · 소리내지 않고 춤추기),

중인타비(衆人打鼻 · 여러 사람으로부터 코를 맞기),

유범공과(有犯空過 · 여러 사람이 덤벼서 장난쳐도 참기)였다.

육각형에 적힌 벌칙은 다음과 같았다고 한다.

추물막방(醜物莫放 · 더러워도 버리지 않기),

양잔즉방(兩盞則放 · 술 두 잔을 빨리 마시고 다른 이에게 돌리기),

임의청가(任意請歌 · 아무나 지목해 노래 청하기),

곡비즉진(曲臂則盡 · 팔을 구부리고 술을 다 마시기),

농면공과(弄面孔過 · 얼굴을 간지럽게 해도 참기)

월경일곡(月鏡一曲 · '월경' 이라는 노래 부르기),

공영시과(空詠詩過 · 시 한 수 읊기),

자창괴래만(自唱怪來晩 · '괴래만' 이라는 노래를 부르기)

요즘처럼 목숨을 걸고 초고속 폭탄주를 마시는 학생 여러분!! 이 정도의 풍류는 가져야 하지 않을까요?

그런데 위의 그림에서 볼 수 있는 바와 같이 십사면체인 주사위의 모양이 좀 특이한데 과연 이 주사위를 임의로 던지면 각 면이 나올 확률은 모두 같을까 다를까 의문이 들지 않는가?

먼저 각 면의 넓이가 같으면 그 면이 나올 확률도 같을 것이라는 생각에 누군가가 측정을 해본 모양인데, 정사각형의 넓이가 대략 $6.25cm^2$(가로 세로 각 2.5cm)였고, 육각형의 넓이는 $6.265cm^2$(최대폭 3.25cm, 높이 2.8cm)로 두 도형간의 넓이는 거의 같았다고 한다. 요즘처럼 표준형 자도 없는 시대에 이 정도이면 아주 정확하게 같다고 할 수 있지 않을까?

그런데, 이것 만으로 각 면이 나올 확률이 같은지 아닌지 판단을 하기란 곤란하다. 한편, 언제나 세상은 저지르는 자에 의해서 발전을 한다고 이강섭 단국대 수학교육과 교수는 1987년 그의 제자들과 함께 안압지에서 출토된 주사위와 꼭 같은 복제품을 만들어서 7000번을 던졌다고 한다. 참 대단한 분이다!! ^^ 그런데, 설마 교수님께서 직접 던지시기야 했겠는가? 아마도 이교수님은 곁에서 구경을 하고 학생들이 열심히 던졌을 것이다!! ㅋㅋㅋ

하여간, 그 결과가 대단하다!! 실험 결과 어떤 면은 542번이나 나왔고, 또 어떤 면은 468번만 나온 면도 있었지만, 거의 모든 면이 평균치인 500번에 가까웠다고 한다. Wow!!

그래서, 이 교수는 정다면체가 아닌 십사면체의 각 면의 넓이를 거의 똑같이 만들어 각 면이 나올 확률을 동일하게 만든 신라 장인의 솜씨가 놀랍다고 말했다고 한다. 참, 놀랍다!! 우리나라에서 1000년 전에 이런 일이 있었다니 참 희한하지 않는가?

5) 가위바위보게임에서 이기는 법

여러분은 가위바위보를 많이 해보았을 것이다. 만약 가위바위보로 단 한판의 승부를 가리는 경우 여러분은 무엇을 내는 것이 가장 유리할까? 대한민국 제 17대 대통령 선거가 예상대로 이명박 후보의 승리로 끝이 난 다음날인 2007년 12월 20일자 중앙일보 인터넷판에서는 가위바위보 게임을 시작할 때 가위를 먼저 내면 이길 확률이 가장 높다는 뉴사이언티스트지 최신호의 기사를 인용했다. 이에 따르면 가위, 바위, 보 세 가지 선택 가운데 사람들에게 가장 인기가 있는 것은 바위이고 이에 따라 사람들은 상대방의 의중을 간파한다고 생각을 하고 실제 게임을 시작할 때 자신은 바위를 이기는 보를 선택하는 경향이 있다는 것이다. 따라서 이런 심리를 역이용해 가위를 내면 이길 확률이 높아진다는 것이다.

실례로 1천만파운드짜리 인상파 화가의 그림을 갖고 있던 한 일본인 컬렉터는 크리스티와 소더비의 두 곳의 유명한 경매사 중 어느 곳을 통해 그림을 팔 지 고민하다가 두 회사 대표를 불러다가 가위바위보로 정할 것을 제의했는데 크리스티측 대표는 11살짜리 딸의 말을 듣고 가위를 내 경매를 성사시킨 것으로 알려졌다. 그 소녀는 "누구나 상대가 바위를 낼 것으로 예상한다"고 설명했는데 실제로 소더비사 대표는 이런 예상에 걸맞게 보를 냈던 것이란다. (그런데 그 소녀 지금 어디서 무엇을 할지 궁금하네 …^^)

참, 이 아저씨도 할 일 이 없는 사람이군 … -저자생각-

한편 뉴사이언티스트지는 "처음엔 가위로 시작하지만 게임이 계속되면 다른 전략을 구사해야 한다"면서 "예를 들어 '나는 바위를 내겠다' 고 말을 하고 그대로 할 경우 믿지 않는 상대가 전략에 말려들게 된다"고 지적했다. 또 한 가지 전략은 상대가 먼저 냈던 손 모양을 이기는 동작을 하는 것. 가위바위보를 하는 사람들은 무의식적으로 한번 한 동작을 바꾸는 경향이 있기 때문이다.

따라서 가위바위보는 확률게임임에는 분명하지만 이와 같이 복잡한 심리적 요소가 얽혀있기 때문에 확률적 법칙이 적용되기가 쉽지 않다. 그러나, 적어도 통계적으로는 위와 같은 이야기가 전혀 근거가 없는 것은 아니다. 이 책을 읽은 여러분은 한 번쯤 이 이론을 적용해 보면 어떨까? ^^

1 확률은 왜 배우는가?

우리 주변의 물리적인 현상이나 현실적 문제를 관찰해보면 대부분의 사건은 두 가지로 나눌 수 있다. 하나는 **확정적**(確定的, Deterministic)인 경우이고 다른 하나는 **비확정적**(非確定的, Non-Deterministic)인 경우이다. 여기서 확정적인 사건은 사건이 반드시 일어나는 경우로서 확정성이 있는 사건을 표현하는 말로는 '내일은 온다.' 즉, '내일은 태양이 뜬다' 라고 하는 것이 되겠다. 내일 태양이 뜨지 않으면? ㅋㅋㅋ 한편, 뒤의 개념인 비확정적인 사건이 문제인데, 비확정적인 사건은 일어날 수도 있고 안 일어날 수도 있으므로 다른 말로는 **확률적**(確率的, Stochastic)이라고 한다. 비확정적 표현의 예로서는"내일 비가 올 확률이 50%이다" 등과 같이 표현된다. 즉, 내일은 비가 올 수도 있고 안 올 수도 있는데 그 확률이 반반이라는 말이다. 이 때 사람들은 참으로 난처하겠다. 우산을 가지고 갈 수도 없고 안 가지고 갈수도 없고… 답은 간단하다. 자기 자신이 판단해서 마음대로 하는 것이다. 이와 같은 경우 개인의 주관이 개입되는데 나중에 언급할 주관적 확률모형이 이와 같은 경우에 그 힘을 발휘한다.

이상의 논의로부터 확정적인 사건은 확률을 생각하는 이 시점에서 사실 더 이상 논의를 할 필요가 없으며 불확정적인 사건이 연구의 여지가 있음을 쉽게 알 수 있다. 불확실성 문제의 예로서는 주사위 던지기, 가위바위보 놀이, 도박, 주식 투자 등이 있는데 이들은 한결같이 **임의성**(Randomness) 혹은 **불확실성**(Uncertainty)를 띄고 있다.

아래의 그림을 보라. 아래의 그림에서 어떤 Black box가 있고 좌측으로부터 입력되는 신호는 이 박스를 거쳐서 우측으로 전달된다. 그런데, 이 박스는 외부로부터 간섭신호를 받을 수가 있다.

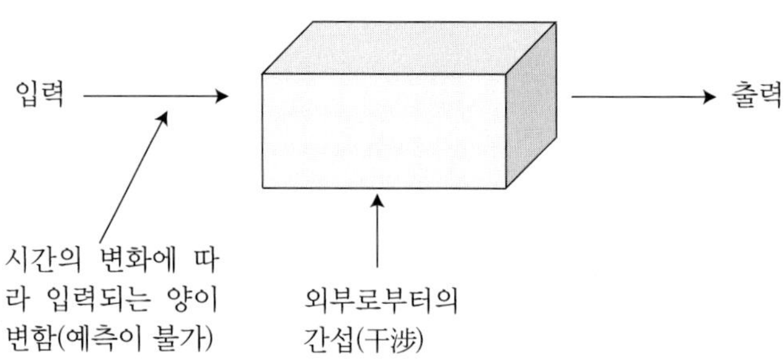

그림 1.2 예측 불가능한 시스템의 동작

만약 이 시스템이 디지털신호를 보내는 장치라고 생각을 해 보자. 그러면 시간의 흐름에 따라 0 혹은 1의 신호가 줄줄이 사탕

처럼 왼쪽에서 오른쪽으로 전달이 될 것이다. 이 때 만약 외부로부터 간섭이 없을 경우에 정상적으로 동작하던 이 시스템에 갑자기 잡음신호가 흘러 들어간다고 가정을 해보자. 그러면 출력측에는 처음의 입력신호와는 전혀 다른 신호가 나타날 것이다. 실제로 2007년 여름 어느 날 대전에서 일어난 사건인데, 국내의 K모 공영방송에서 9시 뉴스를 진행하면서 서울의 본사 아나운서(A라고 하자)와 대전의 K기자(B라고 하자)사이의 통화 중에서 방송사고가 났다. 아래는 그때의 상황을 저자의 기억대로 재구성한 것이다.

A 대전에 있는 모회사에서는 노사간에 단체협상이 결렬되어서 현재 시끄러운 모양입니다. 자세한 사정을 대전으로부터 알아보도록 하겠습니다. 대전의 K기자?

B 왜?

A '?? (어딘가 좀 이상한데… 으흠. 그래도 이성을 가지고 진행을 해야지…)' 오늘 노사간 협상이 결렬된 모양인데 그 이유를 좀 이야기 해주시지요.

B 몰라!!

A :^*^: 아, 죄송합니다. 통신 사정이 좋지 못해 나중에 다시 연결하겠습니다. @#$%^&*?.

그 당시 도대체 대전에서는 무슨 일이 일어난 것일까? 사정은 이랬다. 대전의 K기자는 9시 뉴스가 시작된 뒤 서울에서 회사의 본사와 지사간에 전용선을 통하여 설치된 내선을 통해서 자신에게 전화가 오기를 기다리고 있었다. 그런데, 그 사이에 자신의 PCS에 집으로부터 전화가 걸려온 것이다. 그래서, 자신이 지금 서울로부터 전화연결을 받을 것을 생각해서 개인적인 업무로 걸려온 전화상대방에게, "왜?" 라고 퉁명스럽게 대답을 하고 그 다음 물음에는 "몰라!!" 라고 대답을 한 것이다. 그것이 이렇게 절묘하게 서로 얽혀버렸던 것이다.

그런데, 여기서 질문 하나: 이런 일이 일어날 확률은 얼마일까? ^^ 내가 태어나서 이런 일은 처음 보았다!! 이와 같은 사건을 **희귀사건**(稀貴事件, Rare event)라고 한다. 희귀사건은 공학적인 문제에서 아주 중요한 의미를 지닌다. 왜냐하면 공학적인 문제에서 제품의 신뢰성, 안전성, 품질 등은 아주 엄격한 수준(예, 데이터 통신에서 패킷의 전송 시 10^{-9}의 에러율을 요구한다)을 요구하기 때문에 반대로 이야기를 하면 가령 10^{-9}의 에러율이란 10억개의 패킷을 보낸다고 가정을 할 때 1개 이상의 패킷손실은 허용하지 않는다는 의미이기 때문이다. 따라서, 이와 같은 일은 자주 일어나면 안되는 것이다.

다시 본 이야기로 돌아가서 입출력신호의 임의성을 어떻게 모형화할 것인가? 공학적 현상에서는 신호의 입력이나 출력도 하나의 사건이다. 이 때 사건발생의 확률은 그 사건의 임의성의 측정 및 모형화를 통하여 구체화할 수가 있다. 예를 들면 인터넷 트래픽이나 신호처리시스템의 신호의 세기 등이 있다.

한편 공학적인 문제에 있어서 시스템의 신뢰성 해석문제 또한 확률적 사건과 관련이 있다. 즉, 시스템은 사용을 하다 보면 언젠가는 고장이 난다. 그렇다면 이 시스템의 고장확률은 어떻게 구할 수 있을까?

한편, 공장이나 서비스의 품질관리에 있어서 부품이나 서비스를 모두 모니터링할 수는 없다. 이 경우 대개는 몇 개의 샘플을 선정하여 품질을 검사한 후 오차율이 일정 수치 이하이면 모든 부품을 합격 처리한다. 이 때 어떤 문제가 발생할까? 가장 큰 문제는 **샘플의 임의성**(Randomness of sample)이다. 즉, 이와 같은 현상도 결국은 확률의 문제인 것이다.

필자가 관여하고 있는 연구주제 중의 하나인 통신망 성능의 해석에 있어서 네트워크를 타고 들어오는 정보량의 측정 및 트래픽의 향후 예측은 수학적인 방법을 동원하더라도 정확한 예측을 어렵게 하는 많은 요소를 안고 있다. 이 때 정보의 발생과 네트워크 내부의 상태 등은 복잡한 확률의 문제(Complex probabilistic problem)에 해당한다. 왜냐하면 대개의 통신망은 수만에서 수백만 명의 가입자를 대상으로 서비스를 제공하는데 이 때 수백만 명의 가입자들의 서비스 이용행태나 정보량의 발생 형태를 정확하게 예측하는 일은 아주 어렵기 때문이다. 그래서, 보통은 가입자와 네트워크에 대하여 다양한 가정을 하는 **확률 시뮬레이션**(Simulation) 실험을 통하여 문제를 해결하기도 하는데 주로 수학적 해석이 불가능하거나 현실적이지 못할 때 혹은 입력자료가 예측이 불가능할 때 시뮬레이션 방법을 많이 사용한다.

하여간, 이 모든 경우가 모두 확률적 문제를 내포하고 있다. 그래서, 지금부터는 확률이 무엇인지 보다 구체적으로 모색해 보기로 한다. 그에 앞서서 확률의 기본 무대가 되는 경우의 수에 대하여 공부를 한다.

2 경우의 수

확률의 이야기를 하다가 갑자기 경우의 수로 돌아온 것에 대하여 의아해하는 사람이 있을 것이다. 공학적 논의에는 항상 그 이유가 있다. 그 이유는 무엇일까?

지금부터 아래에서 전개하는 이야기를 읽으면서 이 문제에 대하여 생각을 해보기 바란다.

경우의 수란 어떤 사건이 일어날 가지의 수를 나타내는 것으로서 좀 더 수학적으로 포장을 한다면 유한한 원소의 개수(가령 n)를 가지는 표본공간 내에 있는 임의의 사건이 일어날 경우의 수를 계산하는 것이다.

이 때 사건의 결과를 순서에 따라 나열을 하는 경우와 그냥 사건의 경우의 수만 계산하는 두 가지 경우를 생각할 수 있는데 앞의 경우를 **순열**(順列, Permutation)이라고 하고 뒤의 경우를 **조**

합(組合, Combination)이라고 한다. 아래에서 이들 문제를 간단히 소개하기로 한다.

1) 순열

순열(順列, Permutation)은 앞에서도 언급한 바와 같이 실험결과 얻어진 원소를 순서에 의해서 일렬로 나열하는 방법이다. 가령, 갑, 을, 병의 세 사람을 일렬로 세우는 방법을 생각해보자. 그러면 다음의 결과를 얻을 수 있다.

갑이 가장 앞에 올 경우: 갑을병, 갑병을
을이 가장 앞에 올 경우: 을갑병, 을병갑
병이 가장 앞에 올 경우: 병갑을, 병을갑

즉, 갑, 을, 병의 세 사람을 일렬로 세우는 방법은 총 6가지임을 알 수 있다.

(1) 표본공간의 모든 원소를 나열하는 방법

이번에는 100명의 사람을 모두 일렬로 세우는 방법이 몇 가지인지 알아보자. 물론 이 경우에 앞에서 한 것과 같이 하루 종일 걸려서 원소 나열법으로 구하고자 하는 사람은 없을 것이다. ㅋㅋㅋ

그럼 어떻게 하면 될까? '규칙을 만들어 내야겠다'는 생각을 하는 사람은 수학적 사고를 가지고 있는 사람이다. 자, 다시 위의 문제로 돌아가 그곳에서 규칙을 찾아보자. 아래의 그림은 어떤 위원회에 참석한 갑, 을, 병의 세 사람이 앉을 자리를 나타낸 것이다.

그림 1.3 세 사람이 앉을 자리

이 때 각 자리에 들어갈 수 있는 사람의 수를 조직적으로 생각해보자.

- 위의 첫 번째 자리에는 갑, 을, 병 세 사람이 들어올 수 있다. 따라서 첫 번째 자리에 사람을 배치할 경우의 수는 세가지가 된다.
- 다음, 두 번째 자리에는 갑, 을, 병 세 사람 중 첫 번째 자리에 앉은 사람을 제외한 두 명이 앉을 수 있다. 따라서, 두 번째 자리에 사람을 배치할 경우의 수는 두 가지가 된다.
- 마지막으로 세 번째 자리에는 갑, 을, 병 세 사람 중 첫 번째 자리에 앉은 사람과 두 번째 자리에 이미 앉은 사람을 제외한 나머지 한 명이 앉을 수 있다. 따라서, 세 번째 자리에 사람을 배치할 경우의 수는 한가지가 된다.

그렇다면 갑, 을, 병의 세 사람을 일렬로 세우는 방법은 결국 첫 번째 자리에 사람을 배치할 경우의 수에다가 두 번째 자리에 사람을 배치할 경우의 수를 곱하고 거기에 다시 세 번째 자리에 사람을 배치할 경우의 수까지 곱한 만큼의 경우의 수가 있음을 알 수 있다. 결국, $3 * 2 * 1 = 3! = 6$가지가 된다.

이 문제를 이용하면 100명의 사람을 일렬로 세우는 방법은 $100!$임을 쉽게 알 수 있다. 결과적으로 일반화된 문제에서 n명의 사람을 일렬로 나열하는 경우의 수는 $n!$가지 임을 알 수 있다.

(2) 표본공간에서 일부의 원소만 나열하는 방법

한편, 이번에는 표본공간의 원소 중에서 모든 원소를 나열하지 않고 몇 개만 뽑아서 나열하는 방법을 생각한다. 즉, 어떤 조직에 있는 n명의 사람 중에서 k명의 사람을 뽑아서 일렬로 나열하는 방법은 몇 가지인지 생각해보자. 이 경우도 앞의 경우와 크게 다르지 않다. 다만, 뽑는 사람의 수가 표본공간중의 일부에 해당하므로 이에 대한 어떤 제약을 가하는 작업이 더해져야 한다.

문제를 간편하게 하기 위해서 다시 위의 세 개의 자리문제로 돌아가자. 창원의 장미공원(Rose garden, 2007년 8월 개장)에 다섯 명의 사람이 놀러 갔다. 공원에는 장미가 만발하고 분위기도 참 좋았다. 그런데, 마침 세 명이 앉을 수 있는 의자 한 개가 있는데 앉을 사람은 5명이다. 이 문제는 참 난처한 문제이다. 누구는 앉고 누구는 못 앉게 되었으니 말이다. 하여간, 이들 다섯 사람 중 세 명을 뽑아서 일렬로 앉게 하는 방법은 몇 가지일까 하고 지나가는 사람에게 물어보았다. 답은 간단했다. 방법이 몇 가지 될 것도 없다고 했다. 그냥 먼저 들이미는 사람 세 명이 앉으면 된다는 것이었다!!

그래도, 우리는 문제를 합리적이고 체계적으로 생각하는 엔지니어가 아닌가? 차근히 생각을 해보자.

- 먼저 첫 번째 자리에 사람을 배치할 경우의 수는 다섯 명 중에 한 명을 고르는 경우의 수이므로 5가지가 된다.
- 다음, 두 번째 자리에는 첫 번째 자리에 앉은 사람을 제외한 나머지 네 사람 중 한 명이 앉을 수 있으므로 4가지이다.
- 마지막으로 세 번째 자리에는 나머지 세 사람 중 한 명이 앉을 수 있다. 따라서, 세 번째 자리에 사람을 배치할 경우의 수는 3가지가 된다.

그렇다면 다섯 사람 중 세 명을 골라서 이들을 일렬로 세우는 방법은, 결국 첫 번째 자리에 사람을 배치할 경우의 수에다가 두 번째 자리에 사람을 배치할 경우의 수를 곱하고, 거기에 다시 세 번째 자리에 사람을 배치할 경우의 수까지 곱한 만큼의 경우의 수가 있음을 알 수 있다. 결국, $5 * 4 * 3 = 60$가지가 된다. 엥? 앞에서 세 명을 모두 나열하던 방법에서 사람을 두 명만 더 늘렸을 뿐인데 가지 수가 10배나 늘어나다니?

자, 이번에는 Scale을 좀 더 크게 하자[5]. 만약 100,000,000명을 데려다가 세 명만 뽑아서 일렬로 나열하는 경우의 수는 그럼 얼마일까? 위에서 계산한 방법을 조금만 관찰하면 답을 쉽게 얻을 수 있다. 바로 위에서 우리는 다섯 사람 중 세 명을 뽑아서 이들을 일렬로 앉게 하는 방법을 $5 * 4 * 3$로 계산하였다.

그렇다면 100,000,000명을 데려다가 세 명만 뽑아서 일렬로 나열하는 경우의 수는 100,000,000*99,999,999*99,999,998로 하면 간단히 되지 않겠는가? ^^ 그런데 이거 얼마지???

수학은 이렇게 매번 배고프게(무식하게) 답을 탐색하는 학문이 아니다. 그래서, 기왕 말이 나온 김에 일반화 시켜보자. 즉, n명의 사람 중에서 k명의 사람을 뽑아서 일렬로 나열하는 방법은 몇 가지일까? 답은 간단하다. 즉, $n(n-1)\cdots(n-k+1)$이다.

우리는 이 결과로부터 다음의 법칙을 만들 수 있다.

n개의 서로 다른 원소 중 k개의 원소를 뽑아서 일렬로 나열하는 경우의 수 ${}_nP_k$는 다음과 같이 나타낸다.

$${}_nP_k = n(n-1)\cdots(n-k+1)$$

위에서 P는 순열(Permutation)의 첫 글자 P를 딴 것이다. 그리고 이와 같이 n명의 사람 중에서 k명의 사람을 뽑아 일렬로 나열하는 경우는 복주머니에 들어있는 n개의 서로 다른 구슬 중에서 k개의 구슬을 끄집어내서 배열하는 문제와 같음을 알 수 있을 것이다.

여기서, 구슬을 끄집어 내는 방법은 간단히 두 가지가 있을 수 있는데, 한 번 끄집어낸 구슬은 다시 집어넣지 않는 경우와 같은 실험을 **비복원추출**(非復元抽出)이라고 한다. 한편, 추출한 구

5 우리는 학교에 다닐 때 百人百色으로 배웠다. 그런데, 일본에서는 億人億色이라고 해서 놀란 적이 있다!! 우리도 스케일을 좀 더 크게 할 필요가 있다.

슬을 다시 집어넣는 경우는 **복원추출**(復元抽出)이라고 한다. 왜 복원여부를 논하느냐 하면 추출방법에 따라서 경우의 수가 다르기 때문이다. 즉, n개의 서로 다른 구슬 중에서 k개의 구슬을 끄집어내서 배열하는 문제에서 만약 비복원추출이라면 위에서 이야기한 방법이 될 것이지만, 만약 복원추출이라면 배열의 경우의 수는 n^k이 될 것이기 때문이다.

예제 1.1 26개의 알파벳 철자로 6문자의 단어를 만들 때 모든 조합이 사용 가능하다고 하자. 이 때 단어는 모두 몇 가지를 만들 수 있는가?

풀이

26개의 철자 가운데 6개를 골라서 일렬로 나열하는 방법이므로 총 경우의 수는 다음과 같다.

$$_{26}P_6 = \frac{26!}{20!} = 165,765,600 \text{가지.}$$

Wow, 1억6천5백7십6만5천6백 가지나 되네…

문제 1.1

빨강, 노랑, 파랑, 흰색, 검정의 5개의 구슬이 들어있는 주머니에서 각 색상의 구슬에 대하여 0,1,2,3,4의 값을 부여하고 한 번에 하나씩의 구슬을 끄집어 내어서 그 구슬에 해당하는 숫자를 택한다고 한다. 단, 맨 먼저 끄집어 낸 숫자가 맨 앞에 놓이고 첫번째 택한 숫자가 0일 경우에는 무효로 처리하고 다시 끄집어 낸다고 한다. 이 때 다음의 물음에 답하라.

❶ 추출한 구슬을 다시 주머니에 넣을 경우 세 자리수는 몇 가지를 만들 수 있는가?

❷ 추출한 구슬을 다시 주머니에 넣지 않을 경우 세 자리수는 몇 가지를 만들 수 있는가?

2) 조합

순열은 앞에서도 말한 바와 같이 실험결과 얻어진 원소를 순서에 의해서 일렬로 나열하는 방법이다. 가령, n명의 사람 중에서 k명의 사람을 뽑아서 일렬로 나열하는 경우는 ${}_nP_k = n(n-1)\cdots(n-k+1)$ 가지가 있음을 알 수 있다.

그런데, n명의 사람 중에서 뽑은 k명의 사람을 일렬로 세우지 않고 그냥 뽑기만 하는 경우의 수는 어떻게 될까? 이 문제가 바로 조합의 문제이다.

조합(組合, Combination)이란, 어떤 집합에서 구성원의 전체 또는 일부를 추출할 때 순서에 관계없이 선택의 결과에 대한 경우의 수만을 고려하는 실험을 말한다. 즉, 선택은 하되 나열은 하지 않는 것을 말한다.

그런데 선택은 하되 나열을 하지 않는다고 하니까 오히려 생각이 더 복잡하게 느껴진다. 왜 그럴까? 이유는 순열처럼 자리가 정해져 있고 그 자리에 정렬을 하는 경우에는 머리 속에 그림이 떠올랐는데 이제 자리의 구별이 없으니 더욱 혼란스러운 것이다.

문제는 항상 풀라고 있는 것이라는 긍정적 생각으로 이 문제를 해결할 수 있다. 우리는 앞에서 순서를 고려하여 추출하는 실험을 하였으므로 일단 거기서 실마리를 찾을 수 있다. 그래서, 먼저 추출한 것을 나열을 해 놓고 그 결과와 조합의 관계를 고려하는 것이 문제 해결에 도움이 될 것이다.

이 문제에 답하기 위하여 세 가지 단계로 나누어서 생각을 하는 것이 더 쉽다.

- 우선 앞에서와 같이 n명의 사람 중에서 k명의 사람을 뽑아서 일렬로 나열하는 경우는 간단히 ${}_nP_k$ 가지가 있음을 쉽게 알 수 있다.
- 다음으로는 이들 k명의 사람을 일렬로 세우지 않고 그냥 뽑기만 하는 경우이므로 반대로 이들 k명을 일렬로 나열하는

경우의 수를 앞에서 구한 조건에서 제외시키는 것을 생각하는데 이 문제는 이미 앞에서 다루었다. 즉, k명의 사람을 일렬로 나열하는 경우의 수는 $k!$ 가지이다.

- 이제 마지막으로 n명의 사람 중에서 뽑은 k명의 사람을 일렬로 세우지 않고 그냥 뽑기만 하는 경우의 수는 먼저 n명의 사람 중에서 k명의 사람을 뽑아서 일렬로 나열하고 이어서 k명의 사람을 일렬로 나열하는 경우의 수로 나누어 주면 결국 다음과 같은 결과를 얻을 수 있다.

$$_nC_k = \frac{_nP_k}{k!} = \frac{n!}{k!(n-k)!}$$

여기서 $_nC_k$의 C는 조합(Combination)의 첫 글자로부터 나온 것이다.

예제 1.2 정보통신공학과에는 성(Name)이 다른 교수가 6명이 있다[6]. 그런데 이 6명이 두 대의 승용차를 렌트하여 세 명씩 나누어 타고 공학교육연수 출장을 가려고 한다. 가능한 경우의 수는 몇 가지인가?

풀이

6명의 교수가 두 대의 차에 각각 세 명씩 나누어서 타고 가기 위해서는 먼저 어느 한 차에 타고 갈 교수들의 멤버를 구성하여야 한다. 따라서, 6명중에서 세 명을 골라야 하는데 이 때 가능한 경우의 수는 $_6C_3 = \frac{6!}{3!3!} = 20$가지이다. 그것 참 교수의 수가 고작 6명뿐인데 출장을 가는 것이 생각보다 복잡하다!!

문제 1.2

우리동네의 태권도 동 대표선수는 총 25명이다. 이 중에서 시장배 태권도 시합에 나갈 주전선수 11명을 뽑는 방법은 몇 가지가 될까?

6 실제로 그렇다. 6명의 교수가 모두 성이 다르다!

조합의 물리적 의미 조합이 나타내는 물리적인 의미를 요약하면 다음과 같다.

① n개의 대상물 중 k개를 선택하는 방법의 수

② n개의 대상물을 선택된 집단 k개와 제외된 집단 $n-k$로 분할하는 방법의 수

문제 1.3

조합의 물리적 의미를 잘 나타내는 예를 IT 분야의 경우에 대하여 두 개 이상 들어보자.

3) 배치방법과 순열/조합의 관계

순열과 조합은 위에서 설명한 바와 같이 어떤 사물의 집합 내에 있는 물건 상호간의 관계를 순서에 의거해서 맺거나 아니면 순서와는 무관하게 선택하거나의 문제를 다루는 것이다. 그리고 이 문제는 공학적 문제에서도 자주 등장한다. 가령, 등간격으로 나누어진 시간분할 무선통신채널에서 하나의 타임 슬롯(Time slot) 내에 데이터가 있거나 없거나 둘 중의 하나인 환경을 생각을 해보면 거기서 우리가 관심을 가지는 데이터 유무의 문제도 이와 같이 경우의 수로 귀결되고 이와 같은 문제를 **배치방법**(配置方法, Placing)이라고 부른다.

배치의 방법을 다루는 예로서 자주 등장하는 소재는 항아리에 공을 넣는 문제가 있다. 여러분은 고등학교 수학책에서 한 번쯤은 모두가 접해본 경험이 있을 것이다. 그런데 대부분의 학생들이 이 경우의 수를 어려워 한다는데 차근차근 단계적으로 생각을 해 보면 그리 어려운 일도 아님을 알 수 있을 것이다.

먼저 다음과 같은 경우를 생각해보자. 어느 집 마당에 항아리가 n개가 있다. 그리고 공이 k개가 있다. 그런데 공은 색깔이 서로 다를 수도 있고 같을 수도 있다. 그리고 또 하나의 항아리에 공을 1개만 넣을지 아니면 여러 개를 넣을지에 따라 경우의 수도 다를

것이다.

이 때 n개의 항아리에 k개의 공을 넣는 방법은 몇 가지가 있을까? 언뜻 보면 문제가 알쏭달쏭하다. 따라서 수학적인 사고를 가지고 하나하나 분석해보아야 한다. 문제를 다음과 같이 간단히 정리해보자.

먼저, 공과 항아리에 대해서 조합 가능한 상황을 분류하기로 한다. 즉, 공 색깔이 구별 가능한 경우와 구별이 되지 않는 경우로 나누자. 그리고 다음으로는 항아리에 넣을 수 있는 공의 수가 하나일 경우와 그 이상인 경우로 나누어서 구분하자. 그러면 다음의 표 1.1에서 제시하는 바와 같이 네 가지 경우가 존재하며 아래에서 각 경우에 대하여 가능한 경우의 수를 표에서 나타낸 것과 같이 구할 수 있음을 증명한다.

표 1.1 경우의 수의 분류 예

공 색깔의 구분 여부	구분 없음	구분 있음
항아리에 넣을 수 있는 공의 수를 하나로 제한하는 경우	경우1 ${}_{n}C_{k}$	경우2 ${}_{n}P_{k}$
항아리에 넣을 수 있는 공의 수에 제한이 없는 경우	경우3 빈 항아리를 허용하지 않을 때: ${}_{(k-1)}C_{(n-1)}$ 빈 항아리도 허용할 때: ${}_{(n+k-1)}C_{(n-1)}$	경우4 n^k

* 표에서 각 경우에 해당되는 식은 배치 가능한 경우의 수를 나타낸다.

(1) 공의 색에 구분이 없고 항아리에 넣을 수 있는 공의 수가 하나인 경우

이 경우는 공의 색에 구분이 없고 항아리에 넣을 수 있는 공의 수를 하나로 제한한 경우이므로 그냥 n개의 항아리에 색깔이 같은 k개의 공을 마구 넣는 경우의 수를 구하면 된다.

이 문제를 다음과 같이 생각을 해보자. 즉, 결과적으로 말하면 n개의 항아리 중에서 공이 들어있는 항아리가 k일 경우로 생각을 하는 것이다. 이 두 가지는 결국 같은 상황이 아닌가? 그리고 뒤의 상황은 결국 n개의 대상물 중 k개를 선택하는 방법의 수가 아닌가? 따라서, 답은 ${}_nC_k$이다.

예제 1.3 5개의 항아리에 3개의 같은 색의 공을 넣는 경우의 수를 구하라. 단, 하나의 항아리에는 한 개 이상의 공을 넣을 수 없다.

풀이

5개의 항아리 중에서 공이 들어있는 항아리가 3개일 경우이다. 결국 5개의 대상물 중 3개를 선택하는 방법의 수이므로 따라서, 답은 ${}_5C_3 = 10$가지이다.

(2) 공의 색에 구분이 있고 항아리에 넣을 수 있는 공의 수가 하나인 경우

이 경우는 공의 색에 구분이 있고 항아리에 넣을 수 있는 공의 수를 하나로 제한한 경우이므로 n개의 항아리에 색깔이 서로 다른 k개의 공을 넣는 경우의 수를 구하면 된다. 따라서, 여기서는 공의 색깔을 구별해 주어야 하므로 앞의 경우 1에서 항아리에 들어가는 공의 색이 다른 경우를 고려하는 경우에 해당한다.

그럼 이것은 무엇을 의미할까? 경우1에서 각 항아리에 들어있는 공의 색깔이 같은 것을 다르다고 생각하자. 그러면 공이 들어있는 k개의 항아리에 공의 색이 다른 공이 나열되는 경우의 수를 생각하면 될 것이다.

따라서, 경우1의 경우의 수에다가 k개의 공이 나열되는 경우의 수 $k!$를 곱하면 되지 않을까? 답은 ${}_nC_k \quad k! = {}_nP_k$.

예제 1.4 5개의 항아리에 3개의 각각 다른 색의 공을 넣는 경우의 수를 구하라. 단, 하나의 항아리에는 한 개 이상의 공을 넣을 수 없다.

풀이

이 문제 역시 5개의 항아리 중에서 공이 들어있는 항아리가 3개일 경우이다. 즉, 5개의 대상물 중 3개를 선택하는 방법이기는 한데 공이 들어있는 3개의 항아리에 공의 색이 다른 공이 나열되는 경우의 수를 생각하면 될 것이다. 따라서, 경우1의 경우의 수에다가 3개의 공이 나열되는 경우의 수 3!를 곱하면 된다. 따라서, 답은 ${}_5C_3 \quad 3! = {}_5P_3 = 60$가지이다.

(3) 공의 색에 구분이 없고 항아리에 넣을 수 있는 공의 수에 제한이 없는 경우

이번에는 공의 색에 구분이 없고 항아리에 넣을 수 있는 공의 수에 제한이 없는 경우를 생각해보자. 이 경우에는 두 가지 경우로 다시 나눌 수가 있는데 다음과 같다.

첫 번째는 하나의 항아리에는 적어도 하나의 공은 넣어야 하는 경우,
두 번째는 빈 항아리도 허용하는 경우

먼저 앞의 경우부터 생각하고 나중에 뒤의 경우를 생각해 본다.

A. 하나의 항아리에 적어도 한 개 이상의 공을 넣어야 하는 경우

하나의 항아리에 적어도 한 개 이상의 공을 넣어야 하므로 그냥 k개의 공을 n개의 항아리에 대충 마구마구 집어넣자! ㅋㅋㅋ ,

말은 쉽게 하는데 그럼 이와 같은 경우가 몇 가지나 될까?

그런데, 정작 구하려고 하니 간단한 문제가 아님을 직감적으로 알 것이다. 이럴 때는 좀 원시적인 방법이지만 "수학문제가 잘 풀리지 않을 때는 그림을 그려야 하느니라!" 라고 말씀하신 초등학교 선생님의 이야기를 떠올려야 한다. ^^ 아래의 그림은 이 상황을 나타내고 있다.

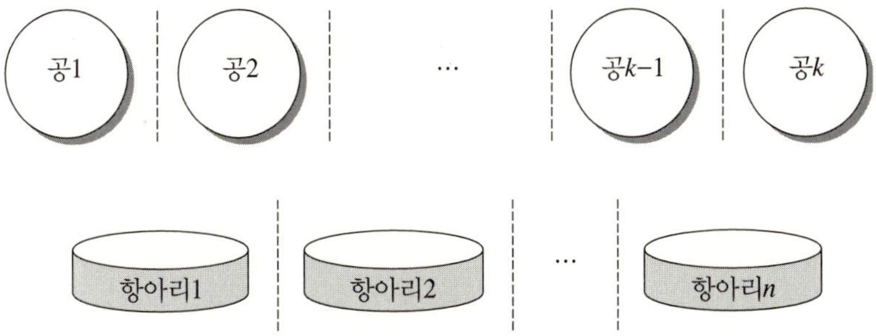

그림 1.4 항아리와 공의 배치

위의 그림에서 다음과 같이 단계적으로 생각을 해보자.

① 같은 종류의 공이 k개가 있는데 항아리에 적어도 하나 이상의 공은 들어가야 하므로 $k \geq n$임을 알 수 있고 따라서 편의상 공에 그냥 번호만 매겨서 k개의 공을 일렬로 주~욱 나열해 놓고 보면 공들 사이에는 $k-1$개의 틈이 존재함을 알 수 있다. 이 $k-1$개의 틈을 하나의 점이라고 보면 $k-1$개의 점이 한 줄로 서있는 셈이 된다.

② 이번에는 항아리 n개를 일렬로 세워놓고 보면 항아리들 사이에도 틈이 $n-1$개가 존재함을 알 수 있다.

③ 위의 $k-1$개의 점을 n개의 그룹으로 나누고 $n-1$개의 분할 틈의 왼쪽에 있는 점들을 각 항아리에 넣는다.

③ 결국은 배치방법의 수는 $k-1$개의 틈에서 $n-1$개의 분할점을 찾는 방법의 수이므로 ${}_{(k-1)}C_{(n-1)}$이다.

예제 1.5 5개의 항아리에 8개의 같은 색의 공을 넣는 경우의 수를 구하라. 단, 하나의 항아리에는 최소한 하나 이상은 들어가야 하고 넣는 공의 수에는 제한이 없다.

풀이

이 문제는 5개의 항아리에 같은 색 8개의 공을 배분하는데, 하나의 항아리에 최소한 하나의 공은 들어가야 하며 넣는 공의 수에는 제한이 없을 경우이다. 따라서, 먼저 하나의 항아리에 적어도 하나의 공이 들어가도록 항아리와 공의 관계를 맺어주어야 한다. 즉, 8개의 공과 5개의 항아리를 각각 일렬로 나열해 두고 8개의 공 사이의 7개의 틈에 선을 그은 후, 항아리에 대해서도 5개의 항아리 사이에 있는 4개의 틈을 표시를 한 후 그룹을 만들고 있는 몇 개의 공을 5개의 항아리에 배분하는 방법이다. 따라서, 가능한 방법의 수는 ${}_7C_4$가지, 즉 35가지이다.

B. 빈 항아리도 허용하는 경우

다음으로, 앞에서 생각하였던 두 번째 경우는 빈 항아리도 허용할 경우이다. 이 경우는 앞의 결과를 이용하면 비교적 쉽게 구할 수 있는데 다음과 같은 순서를 따른다.

① 먼저 옆집에 가서 같은 종류의 공 n개를 빌려온다.

② $n+k$개의 공을 n개의 항아리에 빈 항아리가 없도록 분배한다. 즉, 앞에서 한 것처럼 배치의 수는 ${}_{(n+k-1)}C_{(n-1)} = {}_{(n+k-1)}C_k$가지가 된다.

③ 마지막으로 각 항아리에서 공을 하나씩 끄집어 내서 옆 집에 다시 돌려준다. 끝.

예제 1.6 5개의 항아리에 8개의 같은 색의 공을 넣는 경우의 수를 구하라. 단, 하나의 항아리에 넣는 공의 수에는 아무런 제한이 없다. 즉, 빈 항아리도 허용한다.

풀이

이 문제는 5개의 항아리에 같은 색 8개의 공을 배분하되 하나의 항아리에 넣는 공의 수에는 제한이 없는 경우이다. 즉, 어떤 항아리에는 공을 넣지 않아도 된다. 이를 위해서 먼저 옆집에 가서 같은 공을 5개를 빌려온다. 그리고 난 뒤 13개의 공을 5개의 항아리에 빈 항아리가 없도록 분배한다. 즉, 앞에서 한 것처럼 배치의 수는 ${}_{12}C_4 = 495$가지가 된다.

그런데, 여기서 아직 문제가 끝이 난 것은 아니다. 마지막으로 할 일은 각 항아리에서 공을 하나씩 끄집어 내서 옆 집에 다시 돌려준다. 狀況終了!

(4) 항아리에 넣는 공의 수에는 제한이 없는데 공이 색으로 구별 가능한 경우

이번에는 항아리에 넣는 공의 수에는 제한이 없는데 공이 색으로 구별 가능한 경우이다. 공의 색이 구별 가능하므로 k개 각각의 공에 대하여 항아리에 넣을 수 있는 방법을 생각해보면 각 공에 대하여 n가지가 나온다. 따라서, n을 k번 곱해주는 수만큼 경우의 수가 나온다는 뜻이다. 따라서, 경우의 수는 n^k가지이다.

예제 1.7 5개의 항아리에 구별이 가능한 서로 다른 색의 공 3개를 넣을 수 있는 방법은 몇 가지인가? 단, 하나의 항아리에 넣는 공의 수에는 제한이 없다.

풀이

항아리를 5개 나열해 놓고 여러분은 서로 다른 공 3개를 들고 서 있다고 생각하자.자, 먼저 첫 번째 공을 어디다가 넣을 것인가? 항

아리가 5개이니까 아무데나 넣을 수 있다. 즉, 5가지. 다음 두 번째 공은? 또 5가지, 세 번째 공은? 또 5가지. 그럼 5×3니까 15가지인가? 아니다. 공 3개에 대하여 각각의 경우가 5가지이고 이들 사건이 순차적으로 일어나므로, $5 \times 5 \times 5 = 5^3 = 125$가지이다.

지금까지 우리는 여러 가지 경우를 가정하여 항아리와 공의 추출배치 문제를 공부하였다. 아래의 문제를 풀면서 다시 한 번 경우의 수에 대하여 정리를 해보자.

문제 1.4

도시의 어느 공원에 겉으로 보기에는 똑같이 생긴 비둘기 집이 10개가 있다. 이 때 구별이 불가능한 회색 색깔의 6마리의 비둘기가 날아와서 한 마리가 하나의 비둘기 집으로 들어간다고 한다. 그럼 여기서 비둘기가 비둘기 집에 들어갈 수 있는 가능한 방법은 모두 몇 가지인가?

문제 1.5

동네 야구팀인 "홈으로" 야구팀[7]은 경기를 앞두고 12명의 출전후보선수를 뽑았는데 이들에게 투수부터 9번 타자까지 9개의 포지션을 할당해주고자 한다. 그런데 동네 야구팀의 특성상 누가 어느 포지션에서 경기를 해도 승부에는 지장을 받지 않는다고 한다. 그래서 투수도 타석에 나가야 한다. 이 때 12명에게 9개의 포지션을 할당하는 방법은 모두 몇 가지일까?

문제 1.6

서로 다른 책이 10권이 있는 마을 도서관에 매주 주말에 5명의 사람이 들어와서 책을 대출해 갈 때 사람당 대출권수에는 제한이 없다고 한다. 그렇다면 이 때 책을 대출해 줄 수 있는 경우의 수는 얼마인가?

7 여기서 "홈으로"는 "You guys, go home!"을 말하는 "진 팀은 집으로!"가 아니고, 야구장의 "홈으로(To the home for a score)"라는 뜻이라고 함!! ^^

문제 1.7

학교 앞 거리에 3곳의 서점이 나란히 있다. 이 때 교복을 입은 네 명의 구별이 불가능한 학생이 지나가다가 서점에 들어가서 준비물을 사려고 한다. 이 때 학생은 어느 서점에 가든 상관이 없고 또 들어가는데 제한도 없으며 어떤 서점에는 한 명도 가지 않을 수도 있다고 한다. 그렇다면 이들이 준비물을 살 수 있는 방법은 몇 가지인가?

문제 1.8

가로 세로로 질서정연하게 바둑판 모양으로 구획정리가 잘 된 동네가 있다. 이 때 동네를 다음과 같이 나타내기로 한다. 그림에서 선과 선이 마주치는 부분은 길이고 빈 공간은 집이 있는 구획이다.

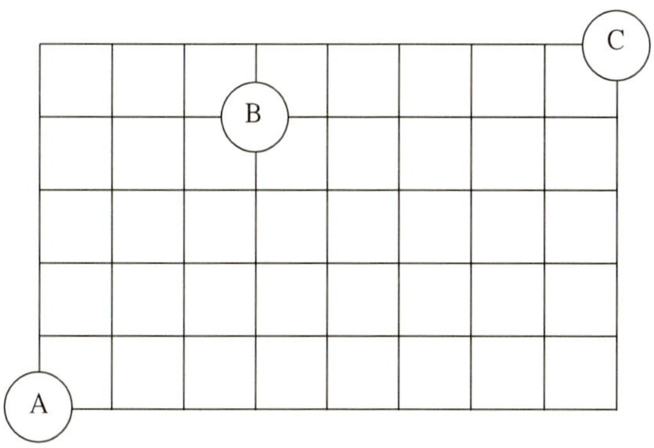

이 때 다음의 물음에 답하라.

❶ A에서 C까지 가는 방법은 몇 가지인가?

❷ 이때 A에서 B를 거쳐서 C까지 도착하는 경우의 수는 몇 가지일까?

3 확률이란?

1) 확률공간과 사건

확률이란 무엇인가? 확률이란 특정한 사건이 일어날 가능성의 정도를 값으로 나타낸 것을 말한다. 그렇다면 특정한 사건이란 무엇인가? 여기서 우리는 확률을 정의하기 위해서는 사건을 먼저 정의하여야 함을 알 수 있다. 즉, 우리가 관심을 가지고 있는 사건이 존재하는 공간을 먼저 정의하여야 한다. 이와 같은 일어날 가능성이 있는 모든 사건을 부분집합으로 가지는 상위개념의 집합을 **표본공간**(標本空間, Sample space)이라고 하며 보통 영어의 첫 글자를 따서 S라고 표시한다.

일반적으로 교수는 학생의 성적을 평가할 때 출석 10점, 리포트 20점, 주제발표(팀 프로젝트) 30점, 기말고사 40점 등 점수를 미리 정해놓고 학생들에게 한 학기 동안 강의를 하고 학기말에 점수를 준다. 그리고 액면점수가 30점 미만인 학생은 Failure를 줄 수 있다. 이 때 학생이 얻을 수 있는 점수는 100점을 만점으로 하는 수의 집합이다. 따라서, 학생의 점수에 대한 표본공간 S는 S={0,1,2, ···, 99, 100} 또는 S={100점 만점에서 학생이 얻는 점수}등으로 표시할 수 있다.

그리고 표본공간에서 우리가 관심을 가지고 있는 어떤 일, 즉 액면점수가 30점 미만인 학생이 생길 경우 등을 **사건**(事件, Event)[8]이라고 한다. 그런데, 참 이와 같은 일은 큰 사건임에 틀림이 없다! ^^

예제 1.7 하나의 주사위를 던질 때 나온 눈의 수가 k일 사건을 E_k라고 할 때 표본공간은 어떻게 표시할 수 있는가?

8 일본에서는 Image(사상)이라고 부른다.

풀이

하나의 주사위를 던질 때 나올 수 있는 눈의 수가 1부터 6까지 이므로 S는 다음과 같이 나타낼 수 있다.

$$S = \{E_i, i = 1, 2, \cdots, 6\}$$

두 개의 주사위를 던질 때 표본공간을 정의하라.

문제 1.9

2) 확률과 확률모형의 정의

일반적으로 어떤 사건 A가 일어날 **확률**(Probability)을 P(A)로 나타낸다. 이 때 사건 A에 대하여 그 사건이 일어날 가능성의 정도를 값으로 표시하는 것을 **확률모형**(確率模型, Probability model)이라고 하며, 예를 들어서 어제 비가 올 확률이 30%이고 오늘 비가 올 확률이 60%라면 오늘 비가 올 확률이 어제보다 2배가 높은 것을 의미한다.

그러나, 비가 올 확률이 60%라고 해서 반드시 비가 오는 것은 아니며, 비가 올 확률이 30%라고 해도 반드시 비가 오지 않는다고 할 수는 없다. 즉, 확률의 값이 높다고 하여 반드시 그 사건이 일어난다는 것은 아니다. 다만, 확률이 높으면 그만큼 그 사건이 일어날 가능성이 크다는 것이다.

한편 주사위를 던질 때 1의 눈이 나올 확률은 1/6임은 누구나 알고 있다. 그러나, 진짜 주사위를 6번 던지면 각 눈이 꼭 한 번씩 나오지는 않는다. 왜 그럴까? 이 문제를 설명하기 위해서는 확률을 정의하는 방법에 대하여 좀 더 자세하게 이야기를 할 필요가 있다.

확률모형에는 크게 세 가지가 있다. 주관적 확률모형, 상대도수모형, 균등확률모형 등이다. 아래에서 각각의 모형에 대해서 알아보자.

(1) 주관적 확률모형

주관적 확률모형(主觀的 確率模型, Subjective probability model)은 관측자가 자신의 주관적 판단에 의하여 확률의 값을 정하는 모형이다. 예를 들면 주식투자를 하는 사람이 여러 명 있을 때 특정 회사의 주가에 대하여 어떤 사람들은 긍정적으로 평가를 할 수도 있고 또 어떤 사람들은 부정적으로 평가할 수도 있다. 그래서 긍정적으로 평가하는 사람에게는 그 회사의 주가가 오를 확률이 클 것이고, 부정적으로 보는 사람은 그 반대일 것이며 그 판단에 따라 주식을 살 수도 있고 그러지 않을 수도 있다. 이와 같은 예는 경마, 도박, 물건의 구매 등 여러 가지가 있다.

그러면 주관적 확률모형에서는 확률 값을 어떻게 결정할 것인가? 첫째는 관측자가 가지고 있는 정보를 기반으로 할 수도 있고 아니면 관측자의 선입견이나 주변의 소문 등 여러 가지가 있을 수 있다. 즉, 객관적인 데이터나 정확한 정보를 기반으로 할 수도 있지만 그렇지 않고 순전히 관측자의 주관적 판단에 의할 수도 있다. 따라서, 주관적 확률모형은 동일한 사건을 두고 서로 다른 확률 값이 존재할 수 있다.

문제 1.10

주관적 확률모형의 예로 우리 주변에 어떤 것이 있을지 하나만 예를 들어보자.

그럼 주관적 확률모형이 전혀 쓸모가 없는 것일까? 꼭 그렇지만은 않다. 그럼 어떤 경우에 이 모형이 그 위력을 발휘할까? 이 문제는 참 어려운 문제이다. 앞으로 이 책을 공부해나가면서 각자 고민해보자.

(2) 상대도수 확률모형

상대도수 확률모형(相對度數 確率模型, Relative frequency

probability model)은 다양한 사건이 일어날 수 있는 환경상의 같은 조건에서 여러 번의 반복된 실험을 하였을 때 각 실험의 결과가 독립적이라는 전제하에서 어떤 특정 사건이 일어난 횟수를 계산하여 그 사건이 일어날 확률을 계산하는 방법이다. 즉, 여러 개의 가능한 사건들의 집합에서 특정한 사건이 일어날 **빈도**(頻度, Frequency)를 가지고 그 사건이 일어날 확률을 예측하는 것이다.

가장 간단한 예로는 주사위 던지기를 1200번 정도 했다고 할 때 각 숫자가 나올 확률이 모두 같다면 각 숫자가 나올 경우의 수는 대략 200회가 될 것이다. 그러나, 실제로는 꼭 같은 숫자가 모두 200번 나올지는 의문이다. 왜냐하면 모든 수가 꼭 같은 수만큼 나온다고 장담을 할 수 없기 때문이다. 그러나, 이번에는 만약 위의 실험을 12,000,000번 정도 한다면 각 수가 나올 확률은 각각 1/6에 더욱 가까운 값이 될 것이다.

그러나, 모든 실험을 무한정 반복해서 확률을 구하는 것은 얼마나 어리석은 짓일까? 상대도수에 근거한 확률은 통계적 실험이 가지는 이와 같은 문제를 해결하기 위하여 모집단의 일부를 관측함으로써 모집단 전체의 성질을 알 수 있는 이론적 토대를 제공할 수 있다는 점에서 공학자들로부터 관심을 많이 받는 학문분야라고 할 수 있다.

가령 프로야구선수 이승엽이 일본에서 다양한 팀을 대상으로 경기를 벌이는데 이 때 그의 타율이 3할3푼3리라고 하는 것은 이승엽 선수가 1,000번 타석에 들어서면 333번을 안타를 치고 나간다는 것을 말한다(이 수치는 대단히 높음을 알 수 있다! 일본 프로야구무대에서 내로라 하는 투수들을 상대로 이만큼 안타를 친다는 것은 대단한 일이다). 이 때 이승엽 선수가 안타를 칠 확률은 33.3%에 해당하므로 이것 또한 상대도수를 가지고 계산한 확률이라고 할 수 있다.

위와 같은 의미의 확률은 실제로 일어난 일을 토대로 사람이 경험적으로 알아낸 확률 값이다. 그래서, 이와 같은 확률을 **경험적**

확률(經驗的確率, Empirical probability)이라고도 부른다.

문제 1.11

어떤 사람이 Las Vegas 도박장에서 있었던 경험을 이야기 하는데 숫자판에 써져 있는 숫자를 홀수 혹은 짝수로 나누어서 돈을 거는데 자신이 홀수에 돈을 걸어서 만약 홀수가 나오면 이기는 그런 단순한 게임이었다고 한다. 그래서, 이 사람이 확률에 좀 관심이 있는 사람이어서 돈을 걸기 전에 판이 돌아가는 모습을 곁에서 지켜보니 연속해서 5번이 홀수가 나오더라고 했다. 그래서, 경험적으로 확률의 상대도수 측면에서 볼 때 분명히 다음 번에는 짝수가 나올 것이라고 믿고 짝수에 걸었더니 또 홀수가 나오더라는 것이다. 이와 같은 일은 어떻게 설명할 수 있을까?

문제 1.12

우리 생활 주변에서 상대도수모형의 또 다른 예로는 어떤 것이 있을지 두 가지 이상 나열해 보시오.

지금부터 상대도수 확률모형에 대하여 좀더 체계적으로 이야기 하기 위하여 약간의 기호를 이용한다. 먼저 $N_E(n)$을 n번의 실험을 하였을 때 사건 E가 일어난 횟수라고 두자. 그러면 $N_E(n)$은 0에서 n사이의 어떤 값을 가질 것이다. 이때 사건 E가 일어날 확률 $P(E)$는 다음과 같이 정의할 수가 있다.

$$P(E) = \lim_{n \to \infty} \frac{N_E(n)}{n}$$

이 때 $P(E)$는 확률 값이므로 $P(E)$가 가지는 값의 범위는 0보다는 크거나 같고 1보다는 작거나 같다.

(3) 균등확률모형

우리는 위에서 주사위던지기 실험의 확률을 이야기하였다. 그런데 각 숫자가 나올 확률이 1/6임을 증명하기 위하여 주사위를

12,000,000번을 던질 수는 없음은 잘 알고 있을 것이다. 대신 우리는 좀 더 객관적인 입장에 서서 판단을 내려야 할 것이다. 즉, 1부터 6까지 숫자가 새겨진 정육면체를 아무렇게나 던지는 경우에 어느 숫자든지 나올 확률은 모두 같음을 직관적으로 알 수 있을 것이다. 따라서, 굳이 실험을 반복하지 않더라도 어떤 사건이 일어날 확률을 알 수 있는 경우가 있다. 유한개의, 가령 k개로 구성된, 표본공간에서 모든 사건이 일어날 가능성이 같은 경우에 임의의 사건이 일어날 확률은 전체 표본수의 역수인 1/k 임을 알 수 있다. 이와 같은 확률모형을 **균등확률모형**(均等確率模型, Equally probable probability model)이라고 한다.

문제 1.13

균등확률모형의 예를 두 가지 이상 들어보고 그 확률을 구해보자.

4 확률의 연산

지금까지는 하나의 사건에 대하여 확률을 정의하였다. 그러나, 실제로 주변에는 여러 가지 사건이 동시에 일어나거나 연속해서 일어나는 등 복잡한 경우가 존재한다. 지금부터 이와 같은 경우의 확률을 계산하는 방법을 소개한다.

먼저 두 개의 사건 A와 B가 있다고 가정을 하자. 이와 같은 경우에 어떤 실험으로부터 얻어지는 결과에 대하여 다음의 두 가지 경우를 생각할 수 있다.

- $A \cap B$는 사건 A와 사건 B의 곱의 사건, 즉 어떤 결과가 두 사건에 동시에 속하는 것이고
- $A \cup B$는 사건 A와 사건 B의 합의 사건, 즉 어떤 결과가 두 사건 중 어느 하나에 속하는 것을 나타낸다.

그리고 사건 A와 사건 B는 동시에 일어날 수 없는 **상호배반사건**(相互排反事件, Mutually exclusive events)일 수도 있고 또 그렇지 않을 수도 있다. 여기서 우리는 확률에 대한 가장 기본적인 몇 가지 성질을 알 필요가 있다. 앞에서 정의한 사건에 대하여 각각의 사건이 가지는 요소들의 집합이 아래의 그림과 같이 배치되어있다고 가정을 하자.

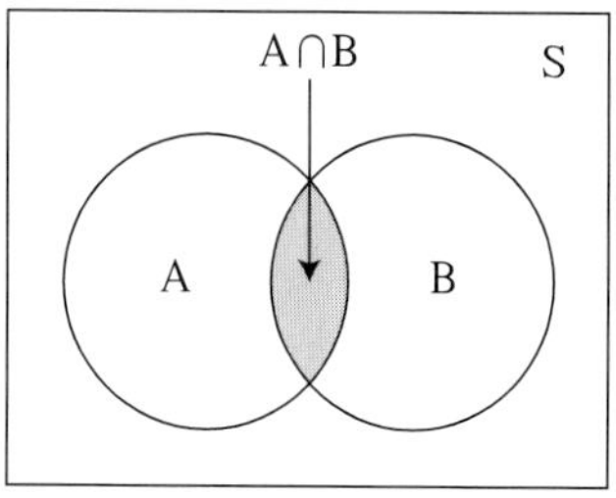

그림 1.5 표본공간과 두 가지 사건의 구성

이때, 다음의 성질을 가진다.

① A의 여집합을 A^c이라고 하면 $P(A^c) = 1 - P(A)$

② $A \subset B$이면 $P(A) \leq P(B)$이다.

③ $P(S) = 1, \quad P(\phi) = 0$이다.

이번에는 하나의 예를 들어서 두 사건의 관계를 좀 더 자세히 알아보자. 가령, 주사위던지기 실험에서 얻을 수 있는 실험의 결과는 하나의 확률공간 $S = \{1, 2, \quad , 6\}$으로 표시할 수 있다. 이 때 임의의 결과를 얻는 사건을 위의 확률공간으로부터 각각 $A = \{2, 4, 6\}$, $B = \{1, 2, 3\}$이라고 하자. 그럼, 다음과 같은 결과를 얻을 수 있다.

$$P(A) = \frac{1}{2},$$

$$P(B) = \frac{1}{2},$$

$$P(A \cup B) = \frac{5}{6},$$

$$P(A \cap B) = \frac{1}{6}$$

한편, 위의 경우를 보다 더 체계적으로 나타내면 다음과 같이 나타낼 수 있는데 이를 **확률의 덧셈법칙**(Additive law of probability)이라고 한다. 만약 $A \cap B = \phi$이면, 즉, 사건 A와 B가 배반사건이면 $P(A \cup B) = P(A) + P(B)$이고, 그렇지 않으면, $P(A \cup B) = P(A) + P(B) - P(A \cap B)$이다.

문제 1.14

두 개의 주사위를 던지는 실험에서 두 가지 사건을 다음과 같이 정의할 때 물음에 답하라.

사건A : 두 눈의 합이 6이상일 사건

사건B : 두 눈이 같을 사건

❶ $P(A \cap B)$를 계산하라.

❷ $P(A \cup B)$를 계산하라.

문제 1.15

동전 2개를 각각 한 번씩 던지는 실험에서 다음 물음에 답하라.

❶ 표본공간을 구하라.

❷ 첫 번째 던진 결과가 앞면일 사건을 A라고 하고, 두 번째 던진 결과가 앞면일 사건을 B라고 할 때 확률의 덧셈법칙이 성립함을 보여라.

이번에는 사건이 세 가지 이상일 경우에 대하여 확률의 덧셈법칙을 소개한다. 먼저 3가지 사건 A, B, C에 대하여 사건의 구성요소를 아래의 그림과 같이 나타낼 수 있다.

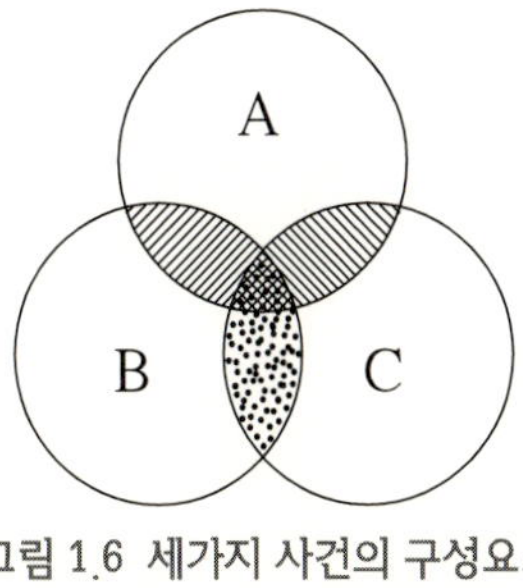

그림 1.6 세가지 사건의 구성요소

이 때 사건 A, B, C는 서로 중첩이 되는 요소를 가지고 있으므로 이들 사건의 합의사건이 일어날 확률은 각각의 사건이 일어날 확률의 합에 서로 겹치는 사건의 확률을 빼주어야 하므로 $P(A \cup B \cup C)$는 다음과 같다.

$$P(A \cup B \cup C) = P(A) + P(B) + P(C) - P(A \cap B) - P(B \cap C) - P(C \cap A) + P(A \cap B \cap C)$$

이번에는 좀 더 확장된 경우인 n개의 사건 A_1, A_2, , A_n이 있다고 할 때 n개의 사건에 대한 확률의 덧셈법칙을 정의하자. 우리는 앞에서 2개 및 3개의 사건에 대한 확률의 곱셈법칙을 공부하면서 어떤 규칙을 발견하였다. 따라서, 공학적 문제의 확장성으로부터(물론 수학적 문제도 확장성이 뛰어나다!!) 직관적으로 결과를 예측할 수 있다. 즉, 위의 개념을 그대로 확장을 시키면 다음의 관계식이 성립한다.

$$\begin{aligned} P(A_1 \cup A_2 \cup \cdots A_n) = {} & \textstyle\sum_{i=1}^{n} P(A_i) - \sum_{j>i} P(A_i \cap A_j) \\ & + \textstyle\sum_{k>j>i} P(A_i \cap A_j \cap A_k) \\ & - \textstyle\sum_{l>k>j>i} P(A_i \cap A_j \cap A_k \cap A_l) + \cdots \end{aligned}$$

위의 식은 아주 복잡해 보일 것이다. 그러나, 위의 공식은 집합의 이론으로부터 사실은 다음과 같이 더욱 간단히 표시할 수도 있다.

$$P(A_1 \cup A_2 \cup \cdots A_n) = 1 - P(A_1^c \cap A_2^c \cap \cdots A_n^c)$$

단 위의 식에서 A_i^c는 사건 A_i의 **여사건**(余事件, Complementary event)이다.

위의 식에서 우측의 제 2항에 여사건으로 표기된 부분이 보기가 어색할 것이다. 그러나, 앞의 식보다는 훨씬 간단한 식이므로 기억을 해두었다가 실제의 공학적 문제의 해결에 활용하면 좋을 것이다.

한편, 여기서 만약 n개의 사건 A_1, A_2, ⋯, A_n이 상호 독립이면[9] 위의 식은 어떻게될까? 독립사건의 정리로부터 위의 복잡한 식은 다음과 같이 더욱 더 간단하게 정리된다.

$$P(A_1 \cup A_2 \cup \cdots A_n) = 1 - \prod_{i=1}^{n}(1 - P(A_i))$$

이제 위의 식을 이용하면 우리는 n가지의 서로 독립적인 사건에 대한 합의 확률을 확률의 덧셈법칙을 이용하여 계산할 수 있다.

문제 1.16

인터넷에 가입한 두 가입자 A와 B가 아래와 같이 연결되어 있다고 한다. 이 때 점 A를 출발한 트래픽이 점 B까지 전달되는 데에는 세 개의 서로 다른 네트워크를 통과하여야 하며, 각 네트워크에 대하여 트래픽이 통과할 수 있는 경로가 최소한 1개 이상 있고, 경로상에 표시된 숫자는 트래픽이 그 경로를 성공적으로 통과할 확률이라고 한다. 이 때 아래의 물음에 답하라.

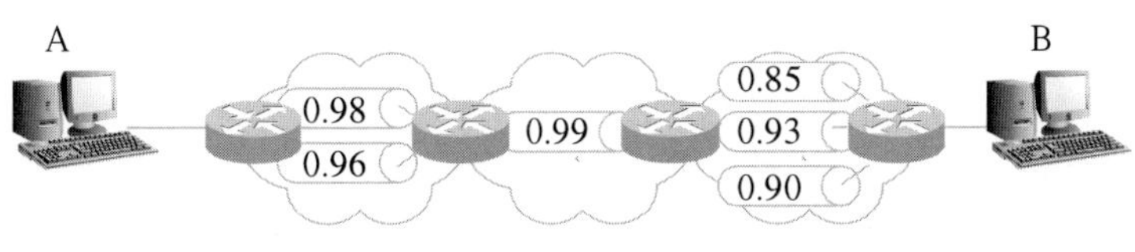

하나의 네트워크에서 단 하나의 경로만을 인정한다고 할 때 가입자는 가능한 경로에 대하여 균등한 확률로 접속을 시도한다고 한다. 이 때, 점 A를 출발한 트래픽이 점 B까지 성공적으로 전달될 확률은 얼마인가?

9 사건의 상호독립에 대해서는 제2장에서 자세히 배우겠는데 여기서는 간단히 개념만 설명을 하면 두 사건 A와 B가 상호독립이면 두 사건의 공통 발생확률 $P(A \cap B) = P(A)(B)$ 이다.

제1장 연습문제

01 010으로 시작하는 8자리 휴대전화번호를 만들려고 한다. 이 때 몇 명 분의 번호를 만들 수 있는가? 010은 식별번호로서 자릿수에는 포함되지 않고 나머지 자리에는 어떤 수든지 올 수 있다고 한다. 단, 모든 자리에 같은 번호는 할당하지 않는다.

02 10명의 농구선수 중에서 5명을 선발하여 시합에 내보내려고 한다. 단, 이 때 5개의 포지션에 대하여 순차적으로 지명을 하되 모든 선수가 어느 포지션이든 소화시킬 수 있다고 할 때 가능한 방법은 몇 가지인가?

03 10개의 빈 무선통신채널이 있는데 이 때 5명의 가입자가 새로 통신을 신청하였다고 하면 이들에게 채널을 할당하는 방법은 몇 가지인가?

04 앞면과 뒷면이 나올 확률이 똑같은 윷을 가지고 윷놀이를 할 때 도, 개, 걸, 윷,모가 나올 확률을 경우의 수를 이용하여 구하라.

05 세 개의 동전을 던지는 실험을 할 때 앞면에는 0의 값을, 뒷면에는 1의 값을 매겨서 세 자리의 이진수로 나타내고자 한다. 이 때 다음의 물음에 답하라.

(1) 이 실험에서 얻을 수 있는 결과값(10진수로 표시되는 값)의 표본공간을 정의하라.

(2) 이 실험에서 얻은 1의 수의 개수를 확률변수로 정의할 때 표본공간을 정의하라.

06 정통이는 친구와 함께 당구를 치러 갔다. 마침 점심시간이 다가와

서 점심을 내기로 하였다. 이 때 두 경기를 연속으로 이기거나 합쳐서 세 경기를 먼저 이기는 사람에게 진 사람이 점심을 사주기로 하였다고 한다. 이 때 다음 물음에 답하라.

(1) 경기의 승패관계를 Tree graph(나무모양 그래프)로 그려라.

(2) 정통이가 점심을 살 확률은 얼마인가? 단, 각 경기에서 정통이가 이길 확률과 질 확률은 같다.

주사위 던지기 실험에서 사건 A ={짝수의 눈}, 사건 B ={홀수의 눈}, 사건 $C=\{1,2,3,4\}$, 사건 $D=\{3,4,5,6\}$이라고 할 때 다음의 물음에 답하라. 07

(1) $P(A\cap C)$와 $P(B\cap D)$를 구하라.

(2) $P(A\cup C)$와 $P(B\cup D)$를 구하라.

(3) $P(B\cap C\cap D)$를 구하라.

(4) $P(B\cup C\cup D)$를 구하라.

정통이가 아침에 등교를 하는데 일단은 집에서 버스를 타고 지하철 역에 가서 그 다음은 학교까지 지하철을 탈 수도 있고 아니면 다른 버스로 갈아 탈 수도 있다고 한다. 이 때 버스를 타면 자신이 생각했던 것처럼 제 때 도착할 확률이 70%이고, 지하철을 타고 가면 제 때 도착할 확률이 90%라고 한다. 정통이는 평소 집에서 학교까지 걸리는 시간을 고려해서 집을 출발하였다. 두 번의 승차 중 어느 한 쪽에서라도 늦게 도착을 하면 지각을 한다고 할 때 정통이가 결국 지각을 할 확률은 얼마인가? 단, 정통이가 두 번 째 승차시에 지하철이나 버스를 탈 확률은 반반이라고 한다. 08

정확대 컴퓨터공학과 건물에는 1층에서 5층까지 운행하는 엘리베이터가 있는데, 어느 날 1층에서 사람 3명이 타고 5층까지 올라가는 동안에 모두 내렸는데(가끔 엘리베이터를 타서는 주변의 사람들을 주~욱 한 번 훑어 보고는 내리지 않는 사람이 있는데 이런 09

사람은 좀 조심할 필요가 있다 ^^), 이 때 3명 모두가 서로 다른 층에서 내릴 확률은 얼마인가?

CHAPTER 02 조건부확률과 확률적 독립성

요약

일상생활에서뿐만 아니라 공학적 문제의 해결을 위해서 우리는 모든 사건이 별개인 경우는 거의 없음을 알 수 있다. 대부분의 사건에는 전후사정(수학적으로는 조건이라고 함)이 있고 그에 따라 확률값이 결정되는 경우가 많다. 그래서, 제2장에서는 조건부확률과 확률의 독립성에 대해서 알아본다. 이를 위하여 먼저 결합확률에 대해서 정의를 하고 그 결과를 이용하여 조건부확률을 정의한다. 이어서 여러 개의 사건에 대하여 사건의 확률적 독립성에 대하여 알아본다. 그리고 마지막으로 조건부확률의 응용분야로서 전확률의 법칙과 베이즈의 공식에 대하여 알아본다.

1 조건부 확률

조건부 확률(條件付確率, Conditional probability)이란 무엇인가? 간단히 말하면 말 그대로 조건이 붙은 확률이다. 즉 어떤 사건이 일어날 확률을 계산할 때 그 사건보다 먼저 일어난 사건을 조건으로 달은 사건에 대한 확률이다.

이 문제를 정의하기 전에 먼저 앞에서 다루었던 균등확률모형을 다시 생각해보자. 두 개의 주사위 A, B를 가지고 던지기 놀이를 할 때 그 결과를 나타내는 공간을 $\Omega = \{(a,b); a,b = 1,2,\cdots,6\}$으로 나타내자. 그리고, 사건 E를 두 주사위의 눈의 합이 6인 사건이라고 하자. 그럼, E는 다음과 같은 원소를 가지는 집합일 것이다.

$$E=\{(1,5),(2,4),(3,3),(4,2),(5,1)\}.$$

따라서 $P(E)$=5/36임을 알 수 있다. 이와 같이 어떤 확률에 있어서 조건이 없는 확률을 **한계확률**(限界確率, Marginal probability)이라고 한다.

그런데, 이번에는 사건 F가 A주사위의 눈이 2인 사건이라고 정의하고 이 사건이 일어난 조건에서 사건 E가 일어날 확률은 얼마일까?

이 물음에 답하기 위해서는 먼저 A주사위를 던진 실험의 결과가 2인 요소사건을 찾아보면, $\{(2,x);x=1,2,\cdots,6\}$으로 6가지가 있다. 따라서, A주사위를 던진 실험의 결과가 2인 요소사건의 확률은 $P(F)$=1/6임을 알 것이다.

이번에는 두 사건의 결합확률을 정의하자. 두 사건의 **결합확률**(結合確率, Joint probability)이란 서로 다른 두 사건이 동시에 일어날 사건으로 정의한다. 우리가 지금 이야기를 진행하고 있는 것으로부터 예를 들면 사건 F(A주사위를 던진 실험의 결과가 2인 사건)가 일어나고 사건 E(두 주사위의 눈의 합이 6인 사건)가 일어날 수 있는 경우는 (2,4)의 하나밖에 없으므로 두 사건이 동시에 만족되는 확률 $P(F,E)$[10]는 1/36이다.

여기서, 우리는 결합확률과 곱의 사건의 차이에 대하여 생각을 할 필요가 있다. 즉, 서로 다른 두 실험결과가 동시에 성립하는 결합사건을 정의할 때 이 사건을 확률의 곱의 공식을 적용하면 어떻게 될까?

앞에서 말한 바와 같이 두 개의 주사위 A, B를 가지고 던지기 놀이를 할 때 첫 번째 눈은 2이고 두 눈의 합은 6일 경우 이들의 결합 사건의 확률을 구할 때 첫 번째 눈이 나올 확률인 1/6과 두 눈의 합이 6일 확률 5/36을 곱하여 5/216이라고 계산을 하면 안 될 것이다. 결론적으로 말하면 어떤 두 사건의 결합확률은 각 사건의 확률의 곱과 같지 않다.

10 이 확률이 사건 E와 F의 Joint probability라고 하고 결합확률이라고 부른다. 그리고 $P(F,E)=P(E,F)$의 관계식이 성립한다.

다시 원래의 조건부확률의 문제로 돌아가자. 하나의 주사위의 눈이 A=2인 조건에서 두 주사위의 눈의 합이 6인 사건 E가 일어날 확률은 먼저 A주사위의 눈이 2인 확률을 구한 후 그 중에서 두 사건이 동시에 일어나는 확률이므로 결국 다음과 같이 구해야 한다.

$$\frac{\text{두 사건이 동시에 일어날 확률}}{\text{하나의 주사위의 눈이 2일 확률}}$$

따라서, 위의 확률은

$$P(E \mid F) = \frac{P(E,F)}{P(F)} = \frac{1/36}{6/36} = \frac{1}{6}$$

이 된다.

결국 두 주사위의 눈의 합이 6인 사건 E가 일어날 확률과 하나의 주사위의 눈이 A=2인 조건에서 두 주사위의 눈의 합이 6인 사건 E가 일어날 확률은 서로 다름을 알 수 있다. 즉, 조건부확률에서는 나중에 일어나는 사건은 앞에 일어난 사건에 의존함을 알 수 있다.

예제 2.1 어느 가정에 두 명의 아이가 있다고 한다. 이 때 두 아이 중 적어도 한 명이 아들이라는 조건에서 둘 다 아들일 확률은 얼마인가? 단, 아들 혹은 딸이 태어날 확률은 같다고 한다.

풀이

사건 D를 둘 다 아들이 태어날 사건이라고 하고, 사건 S를 적어도 한 명의 아들이 태어날 사건이라고 하자. 그러면, 위의 문제는 결국 $P(D \mid S)$를 구하면 된다. 아래에서 $P(D \mid S)$를 구하였다.

$$P(D \mid S) = \frac{P(D,S)}{P(S)} = \frac{1/4}{3/4} = \frac{1}{3}$$

한편, 위의 이야기로 다시 돌아가서 $P(F,E)=P(E,F)$인 사실로부터 다음과 같은 결론에 이를 수 있다.

$$P(E,F)=P(E\mid F)P(F)=P(F\mid E)P(E)$$

문제 2.1

항아리에 3개의 검은 공과 4개의 흰 공이 들어있다고 한다. 이 때 물음에 답하라.

❶ 비복원 추출을 가정하고 두 개의 공을 차례로 끄집어 내었다고 하자. 그러면, 이 때 끄집어낸 공이 모두 검은 색일 확률은 얼마인가?

❷ 복원 추출을 가정하고 두 개의 공을 차례로 끄집어 내었다고 하자. 그러면, 이 때 끄집어낸 공이 모두 검은 색일 확률은 얼마인가?

2 확률적 독립성

두 사건이 **확률적으로 독립**(確率的獨立, Statistical independence)이라는 말은 한 사건의 결과가 다른 사건의 결과에 영향을 미치지 않는 것을 말한다. 즉, 두 개의 사건이 있는데 어느 한 사건의 일어날 확률은 다른 사건이 일어날 확률과 아무런 관계가 없는 경우를 말한다.

두 사건의 확률적 독립성을 설명하기 위하여 가령, 주사위던지기와 동전던지기를 생각해보자. 이 때 두 실험은 동시에 해도 되고 순서적으로 해도 된다. 먼저 주사위던지기에서 1의 눈이 나올 확률은 1/6임은 주지의 사실이다. 한편, 동전던지기에서 앞면이 나올 확률은 1/2이다.

그럼, 동전던지기에서 앞 면이 나오는 조건에서 주사위의 눈이 1의 눈이 나올 확률은 얼마일까? 의심할 여지도 없이 1/6이다. 왜냐하면 주사위던지기에서 1의 눈이 나올 확률은 동전던지기의

결과에 관계 없이 어떠한 경우에도 1/6이기 때문이다. 즉, 동전던지기에서 앞면이 나오는 사건을 F라고 하고 주사위던지기에서 1의 눈이 나오는 사건을 E라고 하면 동전던지기에서 앞 면이 나오는 조건에서 주사위의 눈이 1의 눈이 나올 확률은 $P(E|F)$가 되는데 사건 E와 사건 F가 일어날 확률이 상호 무관하므로 결국은 $P(E|F)=P(E)$라는 의미가 된다.

이번에는 두 사건의 결합확률 즉, 동전던지기에서 앞 면이 나오고 주사위의 눈이 1의 눈이 나올 확률은 얼마일까? 즉, 두 사건이 동시에 일어나는 $P(E,F)$를 구하는 문제이다. 여기서도 두 사건이 서로 아무런 관계가 없으므로 곱의 사건에 대한 확률이 된다. 따라서, $P(E,F)=P(E)P(F)=1/2*1/6=1/12$이 된다. 위의 두 가지 사실로부터 우리는 다음의 결과를 얻게 된다.

$$P(E|F)=\frac{P(E,F)}{P(F)}=\frac{P(E)P(F)}{P(F)}=P(E)$$

결론적으로 말하면 두 사건 E와 F가 상호독립이라면 $P(E,F)=P(E)P(F)$의 관계가 성립하며 이와 같은 관계식은 일반적으로 n개의 사건에 대해서도 성립한다고 확장해석을 할 수가 있다. 즉, n개의 사건 E_i, $i=1,2,\quad,n$이 상호독립일 경우 다음식이 만족된다.

$$P(E_1,E_2,\cdots,E_n)=P(E_1)P(E_2)\cdots P(E_n)$$

한편, 일반적으로 $P(E,F)=P(E)P(F)$의 관계가 성립하면 두 사건 E와 F는 상호 독립이라고 한다.

그럼 만약 두 사건이 독립이 아니면 무엇이라고 부를까? 독립사건이 아닌 사건은 **종속사건**(従屬事件, Dependent event)이라고 한다. 왜냐하면 독립의 반대는 종속이니까… ^^

예제 2.2 한 쌍의 주사위를 던지는 실험을 생각해보자. 여기서 몇 가지 사건을 다음과 같이 정의할 때 각 경우가 확률적으로 독립인지 아닌지를 논하라.

❶ 한 쌍의 주사위를 던지는 실험에서 사건 E가 두 눈의 합이 3일 사건이고, 사건 F가 두 눈의 합이 12일 사건

❷ 한 쌍의 주사위를 던지는 실험에서 사건 E가 두 눈의 합이 홀수가 나올 사건이고, 사건 F가 두 눈의 합이 9일 사건

❸ 한 개의 주사위를 던져서 {1,2,3}의 눈이 나올 사건을 E, {3,5}가 나올 사건을 F라고 함.

풀이

❶ 한 쌍의 주사위를 던지는 실험에서 두 눈의 합이 3일 사건은 E={(1,2),(2,1)}인 경우이므로 이 사건의 확률은 $P(E)$=1/18이고, 두 눈의 합이 12일 사건은 F=(6,6)뿐이므로 $P(F)$=1/36이다. 그런데, 이 들 두 사건에 동시에 해당하는 결과가 없기 때문에 E와 F를 동시에 만족하는 결과는 없고 따라서 $P(E,F)$=0이다. 한편, $P(E)P(F)$=1/648이다. 결국, 두 사건은 확률적으로 독립이 아니다.

그럼, 왜 이 두 사건은 독립이 아닐까? 그 이유는 두 사건이 상호배타적(相互排他的, Mutually exclusive)이기 때문이다.

❷ 한 쌍의 주사위를 던지는 실험에서 두 눈의 합이 홀수가 나올 사건 E의 확률 $P(E)$=1/2이다. 한편, 두 눈의 합이 9일 사건 F의 확률은 $P(F)$=1/9이다. 한편, 한 쌍의 주사위를 던지는 실험에서 두 눈의 합이 홀수이고, 또한 두 눈의 합이 9일 사건의 확률은 1/9이다. 즉, P(E,F)=1/9이다.

그런데, $P(E) * P(F) = 1/2 * 1/9 = 1/18$ 이다. 따라서, $P(E,F)$ $P(E) * P(F)$이다. 그럼, 이 두 사건은 왜 또 독립이 아닐까? 그

이유는 두 사건이 포괄적(包括的, Inclusive)이기 때문이다.

한편, 여기서 누가 누구를 포함한다는 말인가? 그것은 각자 생각을 해보라!

❸ 앞에서 두 번 모두 독립이 아니라고 하는데 이 문제는 어떻게 될까 궁금하다. 설마 이것마저 종속일까??

한 개의 주사위를 던져서 {1,2,3}이 나올 사건을 E, {3,5}가 나올 사건을 F라고 하였으므로 각각의 확률은 $P(E)=1/2$, $P(F)=1/3$이다.

한편, $P(E,F)=P\{3$의 눈이 나올 확률$\}=1/6$이다. 그런데 $P(E)*P(F)=1/6$이다. 결국, $P(E,F)=P(E)*P(F)$이다. 드디어 상호독립인 사건을 발견하였다! *^^*

고찰 2.1 위의 세 가지 경우에 대하여 각 사건의 관계를 집합론적 측면에서 생각해보고 그것이 사건의 상호독립성과 어떤 관계에 있는지 말해보자.

문제 2.2

주사위던지기와 동전던지기 실험에서 사건 E는 주사위던지기에서 홀수의 눈이 나올 사건이고 사건 F는 동전던지기에서 앞면이 나올 사건이라고 하자. 이 때 다음의 물음에 답하라.

❶ 두 사건의 결합사건, 즉 주사위던지기와 동전던지기를 함께 실행하였을 때 주사위는 홀수의 눈이 나오고 동전은 앞면이 나올 확률을 구하라.

❷ 이들 두 사건은 독립인가 아닌가?

3 조건부확률의 성질과 응용

1) 조건부 확률의 곱의 법칙

조건부확률의 중요한 성질 중에 곱의 법칙(Multiplication law)이 있는데, 임의의 세 사건 E, F, G 사이에는 다음과 같은 관계식이 성립하며, 이를 조건부확률의 곱의 법칙이라고 한다.

$$P(EF \mid G) = P(E \mid FG)\,P(F \mid G)$$

위의 식을 자세히 관찰해보면 사건 G가 일어난 조건에서 사건 E와 사건 F가 동시에 일어날 확률은 두 개의 사건의 확률로 분해된다.

- 먼저 사건 G가 일어날 조건에서 사건 F가 일어날 확률을 구한다.
- 다음으로 사건 F와 사건 G가 동시에 일어날 조건에서 사건 E가 일어날 확률을 구한다.
- 마지막으로 두 확률을 곱한다.

따라서, 논리적으로는 위의 주장에 대해서 이해가 충분히 가리라. 이번에는 위의 사실을 수학적으로 증명을 하면 아래와 같다. 먼저, 위의 식의 왼쪽 식을 조건부확률의 정의에 의해서 다음과 같이 바꾸어 쓸 수 있다.

$$P(EF \mid G) = \frac{P(E, F, G)}{P(G)}$$

한편, 식 $P(EF \mid G) = P(E \mid FG)\,P(F \mid G)$의 오른쪽 식을 역시 조건부확률의 정의에 의해서 다음과 같이 바꾸어 쓸 수 있다.

$$P(E \mid FG)\,P(F \mid G) = \frac{P(E, F, G)}{P(F, G)} \times \frac{P(F, G)}{P(G)} = \frac{P(E, F, G)}{P(G)}$$

결국은 위의 식 맨 우측을 보면 두 식이 같음을 알 수 있다. 따라서, 결국은 우리는 다음과 같은 결과를 얻는다.

$$P(EF \mid G) = P(E \mid GF)P(F \mid G)$$

예제 2.3 두 개의 주사위를 던지는 실험에서 세 사건 E, F, G를 다음과 같이 정의하자.

E: 앞에 던진 주사위의 눈이 3인 사건

F: 주사위의 두 눈의 합이 6인 사건

G: 두 개의 주사위의 눈이 모두 홀수인 사건

이 때 조건부확률의 곱의 법칙 $P(EF \mid G) = P(E \mid GF)P(F \mid G)$이 성립함을 증명하라.

풀이

먼저, $P(F \mid G)$를 구하고 이어서 $P(E \mid FG)$를 구한 후 이들 두 값의 곱이 $P(EF \mid G)$와 같음을 증명하기로 한다.

$$P(F \mid G) = \frac{P(F,G)}{P(G)} = \frac{1/12}{1/4} = \frac{1}{3},$$

$$P(E \mid FG) = \frac{P(E,F,G)}{P(F,G)} = \frac{1/36}{1/12} = \frac{1}{3},$$

$$P(EF \mid G) = \frac{P(E,F,G)}{P(G)} = \frac{1/36}{1/4} = \frac{1}{9}$$

따라서, $P(EF \mid G) = P(E \mid G)P(F \mid G)$가 성립한다.

이번에는 조건부확률의 독립성을 알아본다. 즉, 세 사건 E, F, G에 대하여 사건 E와 사건 F가 상호 독립이라면 다음의 관계식이 성립한다.

$$P(EF \mid G) = P(E \mid G)P(F \mid G)$$

예제 2.4 두 개의 주사위를 던지는 실험에서 세 사건 E, F, G를 다음과 같이 정의하자.

E: 앞에 던진 주사위의 눈이 3인 사건

F: 주사위의 두 눈의 합이 6인 사건

G: 두 개의 주사위의 눈이 모두 홀수인 사건

이 때 조건부확률 $P(EF|G) = P(E|G)P(F|G)$의 독립성이 성립하는지 판별하라.

풀이

좌변과 우변의 각 확률값을 다음과 같이 계산한다.

$$P(EF|G) = \frac{P(E,F,G)}{P(G)} = \frac{1/36}{1/4} = \frac{1}{9},$$
$$P(E|G) = \frac{P(E,G)}{P(G)} = \frac{1/12}{1/4} = \frac{1}{3},$$
$$P(F|G) = \frac{P(F,G)}{P(G)} = \frac{1/12}{1/4} = \frac{1}{3}$$

위의 결과로부터 $P(EF|G) = P(E|G)P(F|G)$는 성립한다. 따라서, 사건 E와 사건 F는 조건 G에 대하여 상호 독립이다.

이번에는 앞의 논의에 대한 확장으로서 n (단, $n > 2$)개의 사건에 대하여 확률의 곱의 성질이 성립하는지의 여부를 알아본다. 이를 위하여 먼저 우리는 조건부확률의 가장 기본이 되는 식

$$P(E,F) = P(E|F)P(F) = P(F|E)P(E)$$

이 성립함을 앞에서 공부한 바 있음을 상기할 필요가 있다. 이 사실을 바탕으로 n개의 사건에 대하여 다음과 같은 관계가 성립한다고 유추할 수 있다.

$$P(E_1, E_2, \cdots, E_n) = P(E_1)P(E_2|E_1)P(E_3|E_1E_2) \cdots P(E_n|E_1E_2\cdots E_{n-1})$$

위의 식을 가만히 보면 n개의 사건이 서로 꼬리에 꼬리를 물

고 조건으로 작용함을 알 수 있다. 이와 같은 관찰은 상당히 직관적으로 이해가 되는데 그렇다고 수학을 직관적으로 풀 수만은 없으니 진짜로 위의 관계식이 성립하는지를 증명해 보자.

증명방법은 먼저 위 식의 오른쪽 항에 대하여 조건부확률을 결합확률의 식으로 다음과 같이 표현하는 것으로부터 시작된다.

$$
\begin{aligned}
&P(E_1)P(E_2|E_1)P(E_3|E_1E_2)\cdots P(E_n|E_1E_2\cdots E_{n-1})\\
&=P(E_1)\frac{P(E_1,E_2)}{P(E_1)}\frac{P(E_1,E_2,E_3)}{P(E_1,E_2)}\cdots\frac{P(E_1,E_2,\cdots,E_n)}{P(E_1,E_2,\cdots E_{n-1})}
\end{aligned}
$$

그 다음 위의 결과에 대하여 간단한 연산을 함으로써 결과적으로 아래와 같이 약분될 수 있다.

$$
\begin{aligned}
&P(E_1)P(E_2|E_1)P(E_3|E_1E_2)\cdots P(E_n|E_1E_2\cdots E_{n-1})\\
&=P(E_1,E_2,\cdots,E_n)
\end{aligned}
$$

결국, 위의 식을 좌우로 바꾸어보면

$$
\begin{aligned}
P(E_1,E_2,\cdots,E_n)=P(E_1)P(E_2|E_1)P(E_3|E_1E_2)\\
\cdots P(E_n|E_1E_2\cdots E_{n-1})
\end{aligned}
$$

이 성립하므로 증명은 성공적으로 되었다.

예제 2.5 주머니 안에 흰 공 4개와 검은 공 6개가 들어있다고 한다. 그리고 매번 공을 하나씩 끄집어 낼 수 있고 한 번 끄집어 낸 공은 다시 주머니에는 넣지 않는 규칙을 가진다. 이 때 다음의 물음에 답하라.

❶ 연속해서 2개의 공을 끄집어 낼 때 하나는 흰 공이고 다른 하나는 검은 공일 확률은 얼마인가? 단, 순서도 고려한다.

❷ 연속해서 세 개의 공을 끄집어 낼 때 세 번째에 처음으로 검은 공이 나올 확률은 얼마인가?

풀이

❶ 연속해서 2개의 공을 끄집어 낼 때 하나는 흰 공이고 다른 하나는 검은 공일 경우는 다음의 두 가지 경우가 있다. 즉, 처음에 흰 공이고 나중에 검은 공일 경우와 그 반대일 경우가 있다. 먼저 앞의 경우를 계산하자. 편의상 흰 공이 나올 사건을 W, 검은 공이 나올 사건을 B라고 표시하자. 그럼, 앞의 경우는 $P(W,B)$이고 뒤의 경우는 $P(B,W)$이다. 아래에 각 경우의 확률을 계산하였다.

$$P(W,B) = P(W)P(B \mid W) = \frac{2}{5} \times \frac{2}{3} = \frac{4}{15},$$
$$P(B,W) = P(B)P(W \mid B) = \frac{3}{5} \times \frac{4}{9} = \frac{4}{15}$$

한편, 위의 결과로부터 두 확률은 같음을 알 수 있다.

❷ 연속해서 세 개의 공을 끄집어 낼 때 세 번째에 처음으로 검은 공이 나올 확률은 앞의 두 번은 흰 공이 나오고 마지막 세 번째 검은 공이 나와야 한다. 따라서, 세 번째 처음으로 검은 공이 나올 확률은

$$P(W)P(W \mid W)P(B \mid WW) = \frac{2}{5} \times \frac{1}{3} \times \frac{3}{4} = \frac{1}{10}$$

이다.

문제 2.3

하나의 주사위를 던져서 5이상의 수를 얻을 경우의 사건을 A라고 하고 홀수가 나올 사건을 B라고 할 때 $P(A \mid B)$와 $P(B \mid A)$를 구하여 두 값을 비교하라.

2) 전확률의 법칙

조건부확률의 응용분야로서 공학이나 경제학 등 실제 현장에서

널리 사용되는 법칙으로서 전확률의 법칙이라는 것이 있다. **전확률의 법칙**(全確率法則, Total probability law)이란 말 그대로 모든 확률을 다 고려한 확률이라는 뜻인데 이에 대하여 자세히 알아보자.

먼저, 어떤 표본 공간 Ω가 존재하고 그 공간 안에는 n개의 **상호배타적**(相互排他的 혹은 相互排除的)인 **사건의 분할**(事件分割, Partition of events)이 있다고 하자. 그리고 상호배타적인 각 사건을 E_i, $i = 1, 2, \quad , n$이라고 하자. 그러면, 우리가 이산수학의 집합에서 배운 바와 같이 다음의 식이 성립한다.

$$\Omega = E_1 \cup E_2 \cup \cdots \cup E_n$$

상호배타적인 사건 분할의 예로는 어떠한 것이 있을까? 먼저 퍼즐을 생각할 수 있다. 즉, 아기용 퍼즐은 보통 조각이 몇 개 되지 않는데 예를 들어서 조각이 7개짜리가 있다고 하면 이 7개의 상호 다른 조각으로 하나의 그림을 만들 수 있다. 그림2-1은 7개의 조각으로 된 퍼즐의 한 예이다. 실제 그림은 이렇게 간단하지만 아기들에게는 참 어려운 문제이다.

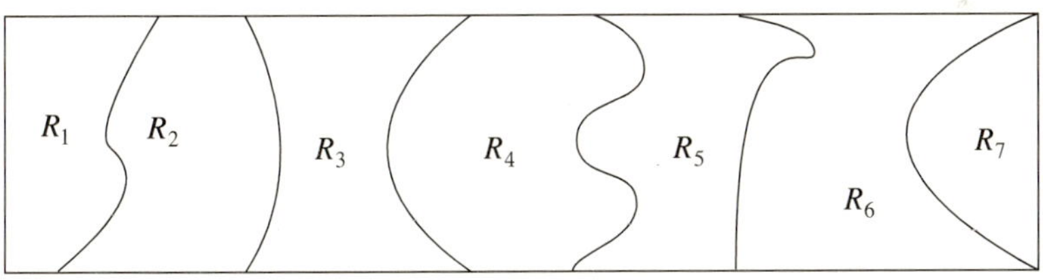

그림 2-1 일곱 조각의 퍼즐

퍼즐과 전확률법칙이 무슨 관계가 있는지 아직은 그 모습이 보이지 않을 것이다. 그러나, 조금 인내해주기를 바라면서 이야기를 전개하고자 한다. 위의 그림에서 하나의 그림을 구성하는 서로 독립적인(위에서는 상호배제라고 하였다) 7개의 퍼즐 조각이 있는데 이 때 이 그림 위에 커피가 쏟아져서 만들어진 얼룩이 하나 있다고 하자. 그러면 커피가 쏟아져서 만들어진 얼룩을 구성하는 부분을 만들기 위하여 각각의 퍼즐 조각이 얼룩에 얼마나 기여를 하는지를 알아보는 것은 의미가 있는 일일 것이다.

전확률의 법칙을 설명하기 위해서 하나의 새로운 사건을 생각하자. 즉, 어떤 사람이 살해되었는데[11] 살해된 사건을 M이라고 하고, 그 사람이 살해된 이유는 여러 가지가 있을 수 있다. 즉, 원한관계, 금전관계, 치정 관계, 단순사고 등등…

하여간, 이 사람의 살해사건과 관련이 있을 것으로 생각이 되어지는 서로 배타적인 원인사건(原因事件, 혹은 요소사건)이 n가지가 있고 그것이 R_i, $i = 1, 2, \quad , n$이라고 하자. 이 때 이와 같은 다양한 요인들을 고려하였을 때 이 사람이 각각의 원인사건에 의하여 살해되었을 확률은 얼마인가? 이것을 계산할 수 있는 것이 전확률이론이다.

좀 더 수학적으로 생각을 하기 위하여 그림2-1에서 나타낸 상호배타적인 7개의 사건 R_i, $i = 1, 2, \quad , 7$에 대하여 임의의 사건 M이 일어날 사건을 그림2-2에서 표시한 바와 같이 진한 선으로 둥글게 둘러 싸인 부분을 나타낸다고 하자.

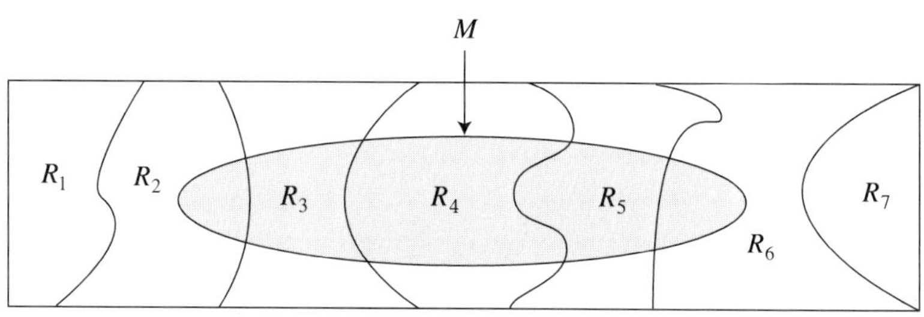

그림 2-2 상호배타적인 7개의 사건과 사건 M의 관계

이때 논의의 일반화를 위하여 사건 M과 상호배타적인 임의의 n개의 원인사건 R_i, $i = 1, 2, \quad , n$에 대하여 사건 M을 집합으로 나타내면 다음과 같다.

11 왜 하필, 예를 들어도 살인사건이람? 그러나, 살인사건만큼 중요한 사건도 없지 않은가? 그리고 범인을 잡을 만한 단서는 하나라도 놓칠 수는 없으니까 가능하면 철저하게 과학적인 수사를 해야 한다!!

$$M = M \cap (R_1 \cup R_2 \cdots \cup R_n)$$

위의 식에 대하여 집합의 분배법칙을 적용하면 다음과 같은 결과를 얻는다.

$$M = (M \cap R_1) \cup (M \cap R_2) \cdots (M \cap R_n)$$

여기서 양변에 확률을 취하면 아래와 같다.

$$P(M) = P(M \cap R_1) + P(M \cap R_2) + \cdots + P(M \cap R_n)$$

그런데, $P(M \cap R_i) = P(M, R_i) = P(M \mid R_i)P(R_i)$이므로 위의 마지막 식은 다음과 같이 나타낼 수 있다.

$$P(M) = \sum_{i=1}^{n} P(M \mid R_i)P(R_i)$$

위의 결과를 전확률의 법칙이라고 한다. 위의 식을 관찰해 보면 어떤 사건 M을 일어나게 만든 각각의 원인사건과 그 각 원인사건을 조건으로 어떤 사건 M이 일어난 확률의 합이 결국은 큰 사건 M이 일어나게 한 전체적인 확률이 된다는 것이다.

위의 식에서 우리가 발견할 수 있는 중요한 물리적인 의미는 어떤 큰 사건이 일어났을 때 그 사건이 일어나는데 기여한 다양한 작은 원인사건이 그 큰 사건에 미치는 영향을 고려하고 있다는 것이다. 따라서, 이 확률을 전확률의 법칙이라고 부르게 되었다.

예제 2.6 주머니 안에 흰 공 4개와 검은 공 6개가 들어있다고 한다. 그리고 매번 공을 하나씩 끄집어 낼 수 있고 한 번 끄집어 낸 공은 다시 주머니에는 넣지 않는 규칙을 가진다. 이 때 두 번째 끄집어 낸 공이 검은 공일 확률은 얼마일까?

풀이

공을 끄집어낸 횟수를 i라고 표시하고 흰 공이 나올 사건은 W, 검은 공이 나올 사건은 B라고 하면, 가령, i번째에 흰(검은)공을 끄집어 낸 사건은 $W_i(B_i)$가 된다. 이제 문제로 돌아가면, 두 번째 끄집어 낸 공이 검은 공일 확률은 $P(B_2)$가 될 것이고 그 결과는 다음과 같다.

$$P(B_2) = P(B_2 | W_1)P(W_1) + P(B_2 | B_1)P(B_1)$$
$$= \frac{2}{3} \times \frac{2}{5} + \frac{5}{9} \times \frac{3}{5} = \frac{3}{5}$$

문제 2.4

아래의 표는 2007년 정확대 정보통신공학과 학생의 토익점수를 나타낸 것이다. 이 때 임의의 한 학생을 선택하여 그의 토익점수를 물어보았을 때 그의 점수가 800점 이상일 확률을 전확률의 법칙을 이용하여서 구하라.

토익점수	학년				
	1	2	3	4	합계
600점 미만	50	30	15	5	100
650~799	30	48	62	60	200
800점 이상	20	22	23	35	100
합계	100	100	100	100	400

3) 베이즈의 공식(Bayes' formula)

상호 배제인 분할 사건 $\{E_1, E_2, \cdots, E_n\} \subset \Omega$가 있다고 하자. 이 때 임의의 주어진 사건 F에 대하여 다음의 관계식이 성립하는데 이 식을 **베이즈의 공식**[12](Bayes' formula)이라고 한다.

$$P(E_i | F) = \frac{P(F | E_i)P(E_i)}{\sum_{j=1}^{n} P(F | E_j)P(E_j)}, \quad i = 1, 2, \cdots, n.$$

위의 식은 얼른 보면 복잡해 보이지만 자세히 관찰해보면 앞

12 다른 말로는 베이즈의 정리(Bayes' theory)라고 부르기도 한다.

에서 공부한 전확률 공식에서 나온 모습과 비슷하다는 것을 알 수 있을 것이다. 그런데, 요소사건과 어떤 사건이 순서가 반대인 것을 알 수 있을 것이다.

한편, 증명과정은 생각보다 간단한데 먼저 어떤 사건 F가 일어났다는 조건하에서 그 사건의 원인사건이 되는 것으로 추정되는 어떤 요소사건 E_i가 일어날 확률을 $P(E_i|F)$라고 정의한다. 그러면 조건부확률의 정의에 의해서 다음과 같은 관계가 성립한다.

$$P(E_i|F) = \frac{P(E_i, F)}{P(F)}$$

여기서 전확률의 법칙으로부터 위의 식의 분모인 $P(F)$대신에

$$P(F) = \sum_{j=1}^{n} P(F|E_j)P(E_j)$$

를 대입하고 분자는 항의 앞과 뒤의 순서를 바꾸어서 다시 조건부확률로 나타내면 다음의 결과가 나온다.

$$P(E_i|F) = \frac{P(F|E_i)P(E_i)}{\sum_{j=1}^{n} P(F|E_j)P(E_j)}$$

자, 이로써 여러분은 연필 하나 쓰지 않고 베이즈의 공식을 증명하였다. 간단하지 않은가?

그럼, 이제부터 위의 결과가 의미하는 물리적 의미를 알아보자. 베이즈의 공식에서 좌측의 확률 $P(E_i|F)$은 어떤 사건 F가 일어났을 때 그 결과사건인 F에 대한 원인이 되는 다양한 사건 중 어느 i번째 사건 E_i의 확률을 말한다. 여기에서 $P(E_i)$는 사건 F가 일어나기 이전의 단순한 주관적 신뢰도(主觀的 信賴度, Subjective confidence level)를 나타내는 척도이고, $P(E_i|F)$는 사건 F가 발생 한 후 그 사건에 의해서 변화된 신뢰도를 나타내는 척도이다. 그래서, 앞의 확률 $P(E_i)$을 **사전확률**(事前確率, Prior probability)이라 하고, 뒤의 확률 $P(E_i|F)$을 **사후확률**(事後確率, Posterior probability)이라고 한다.

이와 같은 논의를 화재사건에 비유해보면 사건 F는 화재사건을, 그리고 사건 E_i은 화재사건 F의 여러 가지 원인 중 어느 한 사건, 가령 전기가 누전이 될 사건이라고 할 수 있다. 따라서, 우리는 베이즈의 공식은 전확률과는 반대의 개념이라는 사실을 알 수 있게 되었다.

예제 2.7 지금부터 하는 이야기는 20세기의 마지막 부분에 대전 둔산동의 어느 아파트에서 일어난 실화를 바탕으로 만든 문제이다. 그 아파트는 아래의 그림과 같이 학교와 바로 담 하나를 사이에 두고 있었는데 학생들이 빙 둘러가는 길을 두고 그 아파트와 학교 사이에 자연적으로 만들어진 일명 개구멍을 통하여 등교를 하게 되었다(아래 그림을 보라!).

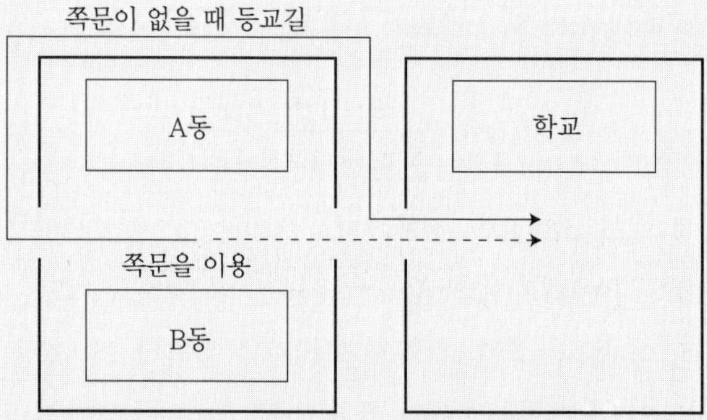

그래서, 학부모들은 학생들의 안전과 효율성을 위하여 문을 내는 것이 낫다는 생각을 하게 되었다. 그런데, 막상 쪽문을 만들고 나니 학교에서 조금 떨어진 동에 사는 학부모가 차로 아이를 태워다가 그 쪽문이 있는 동 앞에 아이를 내려주게 되고 그로 인하여 그 동의 사람들이 출근을 하는데 교통이 혼잡해지는 일이 생겼다. 그래서, 쪽문이 있는 해당 동 주민은 교통의 혼잡을 막기 위해서는 그 쪽문을 다시 폐쇄해야 한다는 의견도 나왔다. 그래서, 동 주민 투표를 통하여 결정을 하기로 하였다. 주민의 의견을 조사한 결과

학부모의 90%, 학부모가 아닌 사람의 10%는 쪽문을 그대로 두는 것에 찬성하였다고 한다. 이 동에 사는 전체가구 중 학부모의 비율은 70%라고 한다. 이 때 이 동에 살고 있는 어느 한 주민을 선택하여 의견을 물어보았을 때 그 주민이 쪽문을 내는 것에 찬성하였다고 한다면 그 주민이 학부모가 아닐 확률은 얼마일까?

풀이

먼저 학부모가 아니면서도 쪽문을 그대로 두는 것에 찬성한 시민에게 박수를 친다. 그리고, 우리는 앞에서 배운 베이즈의 정리를 이용하여 확률을 구할 수 있다. 우선, 선택된 주민이 학부모일 사건을 A라고 하고 쪽문개방을 찬성할 사건을 B라고 하자. 그러면, 위의 문제는 다음과 같이 모형화 할 수 있다.

$$P(A^c|B) = \frac{P(B|A^c)P(A^c)}{P(B|A)P(A)+P(B|A^c)P(A^c)} = \frac{0.1\times 0.3}{0.9\times 0.7+0.1\times 0.3}$$
$$= \frac{0.03}{0.66} = \frac{1}{22}$$

문제 2.5

다시 정확대 정보통신공학과 학생의 토익성적에 대해서 이야기를 하자. 아래의 표에 대하여 다음의 물음에 답하라.

토익점수	학년				
	1	2	3	4	합계
600점 미만	50	30	15	5	100
600~799	30	48	62	60	200
800점 이상	20	22	23	35	100
합계	100	100	100	100	400

❶ 800점 이상의 학생 중 한 명을 선택하였을 때 그 학생이 4학년 학생일 확률을 베이즈의 식을 이용해서 계산하라.

❷ 이번에는 아무 학생이나 선택을 하였을 때 그 학생이 4학년 학

생일 확률을 구하라.

❸ 위의 두 결과를 비교하여 그 값이 같은지 아니면 다른지를 판별하고 그 이유를 논하라.

문제 2.6

정확대 정보통신공학과에서 학과대표를 뽑기로 했다. 금년에는 3명의 후보가 나왔는데 사전 조사를 해보니까 나규휘가 당선될 확률은 50%, 이동선이 당선될 확률은 30%, 그리고 고임호가 학과대표에 당선될 확률은 20%라고 한다. 그런데, 규휘와 임호가 대표가 되면 학과비가 오를 확률이 70%이고 동선이가 대표가 되면 그 확률은 40%일 것으로 알려졌다. 학과대표 선거가 끝이 나고 난 몇 일 뒤 학과사무실에 붙은 공고를 보니 결국은 학과비가 인상되었다 (학생들의 반응: 으흐흑…^*^). 이 때 임호가 학과대표로 선출되었을 확률은 얼마인가?

대학생의 30%가 지나친 음주로 인하여 간에 이상이 있는 것으로 알려져 있다고 하자. 그런데 이 때 간에 진짜로 이상이 있다면 검사결과 90%는 이상 반응을 나타내고 그렇지 않은 경우에도 10%의 확률로 이상반응을 보인다고 하자. 여기서 임의로 한 학생을 택하여 조사한 바 그에게서 간에 이상반응을 일으켰다는 결과가 나왔다고 할 경우 실제로는 간에 이상이 없을 확률은 얼마인가? 01

어떤 가게에서 개점 기념행사를 벌였는데 추첨을 통하여 경품으로 한 명에게 자전거 한 대와 사은품으로 USB메모리 10개를 10명에게 준다고 한다. 단, 경품과 사은품은 별도로 추첨을 하므로 한 사람이 둘 다 받을 수도 있다고 한다. 그래서 정통이도 행사에 참가하기로 하였다. 만약 그날 경품과 사은품에 응모한 사람이 100명이었다고 하면 정통이가 경품과 사은품을 모두 받을 확률은 얼마인가? 02

어느 게임 아이템을 업그레이드 시키는데 업그레이드를 반복할수록 성공확률이 떨어진다고 한다. 처음 업그레이드를 할 때는 성공확률이 90%이고, 두번째 업그레이드를 할 때는 성공확률이 70%이고, 세번째 업그레이드를 할 때는 성공확률이 30%라고 한다. 이 때 정통이가 처음 두번째까지는 업그레이드에 성공하였지만 세번째 업그레이드에서 실패할 확률은 얼마인가? 03

어느 자격증 시험에서 30%는 응시경험이 없는 첫 응시자이고 나머지는 응시경험이 한 번 이상 있는 응시자이다. 첫 응시자의 합격률은 60%이고 응시경험이 있는 응시자의 합격률은 80%라고 04

하자. 이 때 자격증 취득에 성공한 사람을 한명 선택하였을 때 이 사람이 첫 응시자일 확률을 구하라.

05 중국음식점에서 우동에 랩을 씌우는 A회사 및 B회사의 기계를 두 대 도입하였다. 이 때 종업원은 두 기계를 임의로 사용을 하는데 A회사 및 B회사의 기계를 사용할 확률을 각각 60%와 40%라고 하자. 그런데 기계를 사용하여 랩을 씌우면 가끔 국물이 샌다고 한다. 만약 국물이 샐 확률이 A 및 B 회사의 제품의 기계에 대하여 각각 1%와 2.5%라고 하자. 이 때 배달된 우동이 국물이 샜다고 할 때 그 우동이 B회사가 만든 기계로 포장이 되었을 확률은 얼마인가?

06 100원을 넣고 손잡이를 돌리면 구슬동자가 나오는 기계가 있다고 한다. 그 기계 안에는 파란 옷을 입은 구슬동자가 3명, 그리고 빨간 옷을 입은 구슬동자가 6명이 들어 있다고 한다. 이 때 한 어린이가 이 기계를 보고 빨간 옷을 입은 구슬동자가 갖고 싶어졌다. 그래서 그는 돈 300원으로 세 번에 걸쳐서 구슬동자를 뽑았는데 모두 파란 옷을 입은 구술동자만 나올 확률은 얼마인가?

07 정확대 정보통신공학과 확률과정론 강의에 40명의 학생이 수업을 듣고 있었다. 여기서 20%의 학생이 A학점을 받았고, 그 중에서 60%가 남학생이며, 그 중에서 80%가 예비역이다. 이 때 무작위로 뽑은 한 학생이 A학점을 받은 예비역 남학생 일 확률은 얼마인가?

08 볼트를 만드는 공장에서 두 대의 기계 A와 B가 전체 생산량의 40%와 60%를 만든다고 한다. 그리고 각 기계가 만든 제품의 불량률은 기계 A와 B에 대하여 5%와 3%라고 한다. 이 때 만들어진 볼트가 가득 쌓인 상자에서 임의의 하나의 볼트를 끄집어 내었을

때 그 제품이 불량일 확률은 얼마인가?

어느 산골마을에 양치기 소년이 양을 치면서 평화롭게 살고 있었 다. 그런데 그 산에는 늑대 한 마리가 살고 있는데 그 늑대가 맑은 날에는 양을 잡아먹으러 올 확률이 10%인 반면 흐린 날에는 30% 나 된다고 한다. 한편 그 산골동네는 날씨가 흐릴(비가 오는 날도 포함) 확률이 70%, 맑을 확률은 30%라고 한다. 어느 날 양치기 소년이 잠시 누워서 잠에 빠진 동안 어린 양 한 마리가 늑대에게 잡혀갔다고 한다. 그날 날씨가 흐렸을 확률은 얼마인가? 09

두 개의 주사위를 던지는 실험에서 사건 E를 앞의 눈이 1이 나올 사건, 사건 F를 두 눈의 합이 6일 사건, 그리고 사건 G를 두 눈이 다 홀수일 사건이라고 할 때, 다음의 관계식이 성립하는지 아닌지를 판정을 하고 그 결과가 의미하는 바를 기술하라. 10

$$P(EG|F) = P(E|GF)P(G|F)$$

CHAPTER 03 확률변수와 분포함수

요약

제3장에서는 확률변수와 그에 대한 분포함수에 대하여 알아본다. 먼저 확률변수가 무엇인지를 정의하고 분포함수에 대해서 정의한다. 그리고 특히 공학적으로 중요한 물리적 의미를 가지는 몇 가지 확률변수에 대하여 종류를 열거하고 그들의 특징을 관찰하며, 마지막으로 이들에 대하여 확률변수 및 분포함수를 구하는 방법을 소개한다.

1 확률변수의 정의

확률변수(確率變數, Random variable)란 확률실험에서 임의의 확률을 가지고 일어나는 사건을 정의하는 변수이다. 즉, 어떤 객관적인 규칙을 가진 확률에 의하여 일어나는 사건을 나타내는 변수이다. 예를 들면, 주사위를 던졌을 때 나올 수 있는 값은 1, 2, 3, 4, 5 및 6이다. 이 때 각 값은 확률변수이다.

아래의 표는 주사위던지기를 여러 번 하였을 때 나온 결과와 그 결과를 확률변수로 지정하는 방법을 나타낸 것이다.

표 3-1 주사위던지기 실험과 확률변수

시행횟수	1	2	3	4	…
눈의 값	6	3	2	5	…
확률변수 X	$X_1=6$	$X_2=3$	$X_3=2$	$X_4=5$	…

위의 표에서 보는 바와 같이 첫 번째 던지기에서는 6의 눈이 나왔으므로 $X_1 = 6$이라고 표기하였다. 그래서 n번째 던지기에서 1부터 6까지의 눈이 나올 수 있으므로 X_n은 1부터 6까지 중 어느 한 수가 임의로 지정될 것이다.

그런데, 주사위를 수 없이 많이 던지면 각 값이 나올 확률이 1/6임을 쉽게 알 수 있다. 이 때 이 값이 바로 어떤 확률변수, 가령 6이라는 확률변수가 가지는 확률값이며 그 값은 1/6이다. 따라서 확률변수와 확률값은 그 개념이 서로 다르다는 것을 먼저 알아둘 필요가 있다.

확률변수는 두 가지 특징을 가지고 있다. 첫 번째는 변수의 값이 가지는 값이 확률을 내포하고 있다는 것이고 두 번째는 어떤 사건이든지 확실하게 일어나지 않고 임의적(Random)이라는 것이다. 그래서, 확률변수를 **랜덤변수**(Random variable)라고 부른다.

이와 같이 확률변수는 실험을 해보거나 어떤 조건을 가지고 추론을 해야 결과가 나타나는 값이므로 사전에 모른다는 뜻에서 보통 X로 나타낸다. 가령, X를 동전던지기를 10번 하였을 때 앞면이 나온 횟수라고 두면 X가 가질 수 있는 값은 0에서 10까지이다.

예제 3.1 동전을 두 개 던지는 실험에서 앞면이 나올 횟수를 X라고 정의할 때 다음의 물음에 답하라.

❶ X가 가질 수 있는 값을 정의하라.

❷ X가 가질 수 있는 값에 대하여 그 때의 확률을 구하라.

풀이

❶ 2개의 동전던지기의 실험에서 나올 수 있는 경우의 수는 다음과 같다.

(앞,앞), (앞,뒤), (뒤,앞), (뒤,뒤)

따라서, 앞면이 나올 횟수는 0,1,2이다. 물론 뒷면이 나올 횟수도 같다.

❷ X가 가질 수 있는 값에 대하여 그 때의 확률을 구하면 다음과 같다.

$$P(X=0)=\frac{1}{4},\ \ P(X=1)=\frac{1}{2},\ \ P(X=2)=\frac{1}{4}$$

문제 3.1

세 번의 동전던지기 실험에서 앞면이 나올 횟수를 X라고 할 때 다음 물음에 답하라.

❶ X가 가질 수 있는 값을 정의하라.
❷ X가 가질 수 있는 값에 대하여 그 때의 확률을 구하라.

2 확률변수와 분포함수

확률변수 X가 임의의 값 x보다 작은 값을 가질 확률을 나타낸 함수를 **확률분포함수**(確率分布函數, Probability distribution function, 이하 PDF라고 표시하며 단순히 분포함수라고 함. 여기서 대문자로 나타낸 점에 주목하라!!)라 하고 $F(x)$로 나타내며 아래와 같이 정의한다.

$$F(x)=P(X\le x)$$

한편, 위의 식에서도 볼 수 있는 것과 같이 확률변수가 $[-\infty,\infty]$에서 정의된다고 가정을 할 때 분포함수는 확률변수 X가 $-\infty$에서부터 x의 값 사이에 있을 확률이므로 엄격히 말하면 이를 **누적분포함수**(累積分布函數, Cumulative distribution function)라고 불러야 한다. 그러나, 편의상 분포함수라고 부른다.

고찰 3.1 PDF를 $F(x) = P(X \leq x)$와 같이 정의하는 이유는 무엇일까?

예제 3.2 주사위던지기에서 얻는 눈의 수에 대하여 누적확률분포를 구하고 그래프로 나타내라.

풀이

주사위던지기에서 눈의 값을 X라고 하고 각 눈이 나올 확률은 1/6로 같으므로 누적확률은 다음과 같다.

$$F(x) = P(X \leq x) = \frac{x}{6}, \text{ 단, } x = 1, 2, \quad , 6$$

한편, 분포함수의 그래프는 다음과 같다.

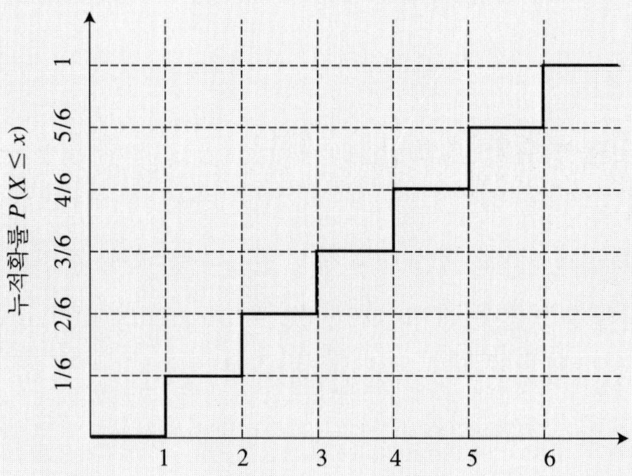

문제 3.2 동전을 두 개 던지는 실험에서 앞면이 나올 횟수를 X라고 정의할 때 X에 대하여 분포함수를 구하고 그래프로 그려라.

확률분포함수의 성질 확률분포함수는 몇 가지 특징을 가지고 있는데 다음과 같다.

첫 번째, $F(x)$는 x에 대해 증가함수이다. 즉, $x \le y \to F(x) \le F(y)$이다. 왜냐하면 $F(x) = P(X \le x)$로 정의된 것으로부터 자명하다.

두 번째, 모든 x에 대하여 $0 \le F(x) \le 1$이고 $\lim_{x \to \infty} F(x) = 1$, $\lim_{x \to -\infty} F(x) = 0$이다. 이 성질은 모든 확률을 합하면 1이므로 당연하다.

세 번째, 분포함수는 여러 가지 경우에 대하여 다양한 방법으로 표현이 가능하다. 먼저, 확률변수가 가지는 임의의 값의 구간에 대하여 구간함수를 정의한다. 즉, 다음의 관계가 성립한다.

$$F(y) - F(x) = P(X \le y) - P(X \le x) = P(x < X \le y)$$

한편, 누적확률분포함수의 반대편을 정의하는 함수도 존재하는데 다음과 같은 것이다.

$$P(X > z) = 1 - P(X \le z) = 1 - F(z)$$

이번에는 누적확률분포에서 상한치를 포함하지 않은 함수는 다음과 같이 표현한다.

$$F(a^{-}) = P(X < a)$$

마지막으로 어떤 특별한 한 점의 확률은 다음과 같이 나타낸다.

$$P(X = a) = P(X \le a) - P(x < a) = F(a) - F(a^{-})$$

예제 3.3 확률변수의 분포함수가 다음과 같이 정의된다고 가정을 할 때 아래의 물음에 답하라.

$$F(x) = \begin{cases} 0, \ x < 0 \\ x, \ 0 \le x < 0.5 \\ \frac{2}{3}, \ 0.5 \le x < 2 \\ 1 - 2^{-x}, \ x \ge 2 \end{cases}$$

❶ $F(x)$의 그래프를 그려라.

❷ $P(0 < X \leq 0.5)$를 계산하라.

❸ $P(X > 0.5)$를 계산하라.

❹ $P(X = 1)$를 계산하라.

❺ $P(X = 2)$를 계산하라.

풀이

❶ $F(x)$의 그래프는 x가 가지는 값의 각 구간에 대하여 다음과 같다. 단, 아래의 그래프에서 직선 및 곡선의 좌측에 표시된 검은 점은 그 점이 가리키는 x값에 대하여 $F(x)$의 값을 포함하는 것을 나타내고 우측은 포함하지 않는 것을 나타낸다.

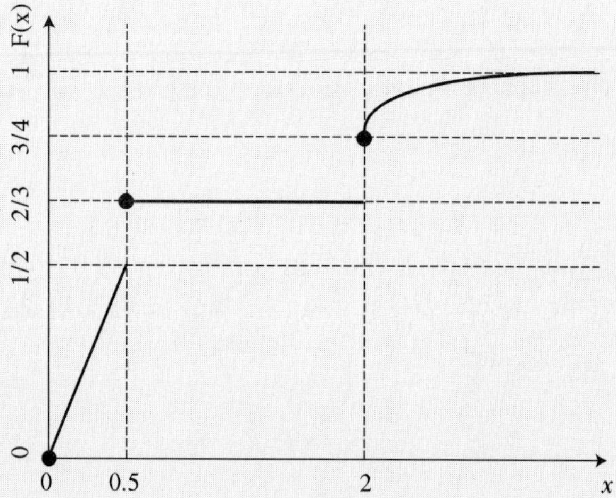

❷ $P(0 < X \leq 0.5) = F(0.5) - F(0) = 2/3 - 0 = 2/3$

❸ $P(X > 0.5) = 1 - P(0 < X \leq 0.5) = 1 - 2/3 = 1/3$

❹ $P(X = 1) = F(1) - F(1^{-}) = 0$

❺ $P(X = 2) = F(2) - F(2^{-}) = 3/4 - 2/3 = 1/12$

한편, 이번에는 **확률밀도함수**(確率密度函數, Probability density function, 이하 pdf, 이 때는 소문자로 표시한다는 것을 기억하라!!)에 대하여 알아보자. 확률밀도함수는 확률변수가 어떤 특정한 값을 가질 확률을 나타내는 것으로서 확률변수에 대해서 정의된 분포함수의 미소구간에 대한 변화율을 구함으로써 계산할 수 있다. 이 때 미소구간을 0으로 접근시키면 확률변수가 특정한 값을 가지는 것과 같게 되는데 이와 같은 이유에서 확률밀도함수라고 한다.

확률밀도함수는 일반적으로 $f(x)$라고 표시하는데 다음과 같이 정의한다.

$$f(x) = \lim_{\delta \to 0} \frac{F(x+\delta) - F(x)}{\delta} = \frac{dF(x)}{dx}$$

위의 식에서 좌우변을 정리하면 다음과 같이 나타낼 수 있다.

$$f(x)\,dx = dF(x) = P(x \le X \le x + dx)$$

위의 식에 대하여 $x = a$의 주변에서 다음의 관계가 성립한다.

$$f(a) = \left.\frac{dF(x)}{dx}\right|_{x=a}$$

따라서, 확률밀도함수는 확률분포함수를 미분한 것임을 알 수 있다. 한편, 확률밀도함수는 다음의 성질을 가진다. 증명은 자명하므로 생략한다.

① $f(x) \ge 0, \quad -\infty < x < \infty$
② $\int_{-\infty}^{\infty} f(x)\,dx = 1$
③ $F(x) = \int_{-\infty}^{x} f(u)\,du$
④ $P(x_1 < X \le x_2) = \int_{x_1}^{x_2} f(u)\,du$

문제 3.3

확률변수 X에 대하여 pdf $f(x)$를 다음과 같이 정의한다고 할 때 다음의 물음에 답하라.

$$f(x) = \begin{cases} \beta x^2, & 0 < x < 2 \\ 0, & else \end{cases}$$

❶ β의 값을 구하라.

❷ $F(x)$를 구하라.

❸ $P(1 < X < 2)$를 계산하라.

❹ $X = 1$일 확률은 얼마인가?

3 확률변수의 종류

한편, 확률변수는 두 가지로 구분할 수 있는데, 사건의 결과가 정수의 값으로 나타나는 확률변수를 **이산확률변수**(離散確率變數, Discrete random variable)라고 하며, 이때 각 결과에 대한 확률값을 나타내는 것이 **확률질량함수**(確率質量函數, Probability mass function, 이하 pmf로 부르기로 함)라 하고 x라는 사건이 일어날 확률을 $p(x)$라고 나타내기로 한다. 이산확률변수의 예로서는 동전던지기에서 앞의 눈이 나오는 사건을 0, 뒤의 눈이 나오는 사건을 1이라고 두는 경우가 있다. 이 때 $p(0) = p(1) = 0.5$임은 자명하다.

이산확률변수의 또 다른 예로서는 주사위 던지기가 있다. 주사위 던지기에서 $p(x) = 1/6$, 단, $x = 1, 2, \cdots, 6$이며 이것이 바로 확률밀도함수이다.

한편, 어떤 경우에는 확률변수가 유리수의 값을 가지는 경우가 있다. 가령 우리 집 앞을 지나가는 버스가 있다고 하자. 이 버스는 도시의 한 쪽의 먼 차고지(車庫地)에서 3분에 한 대씩 일정한 간격으로 출발한다고 한다. 그런데 이 버스가 우리 집 앞까지 오는 도중에 교통사정에 따라 걸리는 시간이 달라지는 관계로 집 앞을 지나가는 시간이 일정하지는 않다고 가정을 하자. 단, 평균적으로는 3분 간격으로 우리 집 앞까지 오는데 어느 날 아침 8시부터 9시까지 지나간 버스의 시간간격이 1분30초, 2분40초, 5분, 3분 15초, 10분, 4분20초, 등등 이렇게 다양한 값을 가진다고 하자. 이 경우 관측의 시간 단위를 분으로 통일하면 버스가 지나간 간격은

1.5, 2.67, 5, 3.25, 10, 4.33과 같이 유리수의 값을 가진다. 그리고, 이렇게 며칠간 차간 도착간격을 조사하다가 보면 버스가 지나간 간격이 임의의 상한과 하한의 값 사이의 거의 모든 유리수의 값을 가짐을 알 수가 있다. 이와 같은 확률변수를 **연속확률변수**(連續確率變數, Continuous random variable)라고 한다. 연속확률변수에서는 확률의 값을 나타내는 함수를 확률 밀도함수(위에서 이미 정의하였다!)라고 하며 보통 사건 x가 일어날 확률을 $f(x)$로 표시한다.

아래에서 각 종류의 확률변수에 대하여 좀 더 자세히 공부하기로 한다.

1) 연속확률변수

연속확률변수는 확률변수가 가지는 값이 확률적으로 변하는 연속량으로 정의된다. 여기서 연속량이라고 하는 것은 확률변수가 정의된 어떤 수의 구간 안에서 모든 값을 가질 수 있다는 것이므로 무한대 혹은 셀 수 없이 많은 값을 가진다는 개념이며, 좀 더 쉽게 말하면 확률변수가 연속적인 값(특히, 유리수) 인 경우를 말한다. 즉, 어떤 사건에 대한 결과치가 정수뿐만 아니라 소수의 값도 가질 수 있는 확률변수이다.

연속확률변수는 우리주변에서도 많이 발견되는 것으로서 물건의 길이, 사람의 키, 물건의 무게, 시간, 개수로 셀 수 없는 물건의 양 등 헤아릴 수 없이 많다.

연속확률변수의 확률밀도함수는 $f(x)$로 나타내며 다음과 같은 몇 가지 성질을 가진다.

① $P(X=x)=\int_x^x f(x)=0$. 이 결과를 잘 기억해 둘 필요가 있다! 즉, 연속확률변수에 대해서는 임의의 확률변수에 대한 Point 확률이 0이라는 사실이다.

② $P(x_1 < X \le x_2)=\int_{x_1}^{x_2} f(x)\,dx=F(x_2)-F(x_1)$. 즉, 확률변수 X가 임의의 두 값의 사이에 있을 확률을 분포함수로서 정의

할 수 있다.

③ $P(x < X \le b) = P(a \le X < b) = P(a < X < b) = P(a \le X \le b)$

: 이 관계식은 ①의 결과를 이용하면 자명하다.

연속확률변수의 확률밀도함수에 대하여 물리적인 의미를 조금 더 자세히 알 필요가 있는데 연속확률변수는 연속적인 값을 가지기 때문에 확률변수 X가 임의의 값을 가지는 확률은 사실상 0이다. 왜냐하면 확률밀도함수를 그래프로 그리면 어느 한 확률변수의 값은 그래프상에서 단지 하나의 선에 불과하기 때문에 선의 폭이 0이라면 그 선이 가지는 값이 존재하지 않기 때문이다. 따라서, 연속확률변수에 대해서는 나중에 이야기하는 이산확률변수와는 다르게 확률밀도함수 X가 가지는 확률값을 다르게 정의할 필요가 있다. 아래의 식이 이것을 나타낸 것이다. 먼저 구간확률의 정의로부터 다음의 관계식이 성립한다.

$$P(x < X \le x + \Delta x) = \int_{x}^{x+\Delta x} f(u)\, du \approx f(x)\, \Delta x$$

따라서, 좌우항을 정리하면 다음의 식을 얻는다.

$$f(x) = \frac{1}{\Delta x} P(x < X \le x + \Delta x)$$

위의 마지막 관계식을 통하여 우리는 확률밀도함수 $f(x)$가 확률변수 X가 가지는 확률의 값이 아니라 $f(x)\,\Delta x$가 충분히 작은 Δx에 대하여 확률변수 X가 가지는 값이 x의 근처에 있을 가능성의 평균치임을 알 수 있다.

우리 주변에서 가장 널리 사용되는 연속확률변수는 균등확률변수, 지수확률변수와 정규확률변수이다. 아래에서는 이들 세 가지 확률변수를 정의한다.

(1) 균등확률변수

균등확률변수(均等確率變數, Uniform random variable, 혹은

一様 확률변수라고도 함)는 확률변수가 가질 수 있는 결과의 값이 모든 값에 대하여 같은 확률을 가지는 변수를 말한다. 가장 간단한 예는 다음과 같은 것이다. 확률변수 X가 어떤 값이 a와 b사이의 값을 가지며 a와 b사이에는 무수히 많은 수가 존재한다. 그런데, 균등확률변수는 이 모든 값을 가질 확률이 모두 같다. 이 때 확률밀도함수는 다음과 같이 정의된다.

$$f(x) = \begin{cases} \dfrac{1}{b-a}, & a < x < b \\ 0, & else \end{cases}$$

이 때 이 확률변수는 $X \sim U(a,b)$라고 나타내며 U는 물론 Uniform에서 나온 것이다. 그런데 균등확률분포는 참 간단하고 이해는 쉬우면서도 공학적 문제에서 자주 등장하며 주변에서도 많은 예를 찾아볼 수 있다.

한편, 균등 확률변수의 분포함수는 다음과 같다.

$$F(x) = \int_{-\infty}^{x} f(x)\,dx = \int_{-\infty}^{x} \frac{1}{b-a}\,dx = \begin{cases} 0, & x \le a \\ \dfrac{x-a}{b-a}, & a < x < b \\ 1, & x \ge b \end{cases}$$

예제 3.4 균등 확률변수 X에 대하여 다음 물음에 답하라.

❶ $(a,b) = (0,10)$일 때 이 확률변수의 밀도함수와 분포함수를 그려라.

❷ $P(X < 5)$를 계산하라.

❸ $P(3 < X < 7)$을 계산하라.

풀이

❶ 확률변수 X가 $(a,b) = (0,10)$인 균등 확률변수이므로 확률밀도함수는 다음과 같다.

$$f(x) = \begin{cases} \frac{1}{10}, & 0 < x < 10 \\ 0, & else \end{cases}$$

한편, 밀도함수는 다음과 같이 나타낼 수 있다.

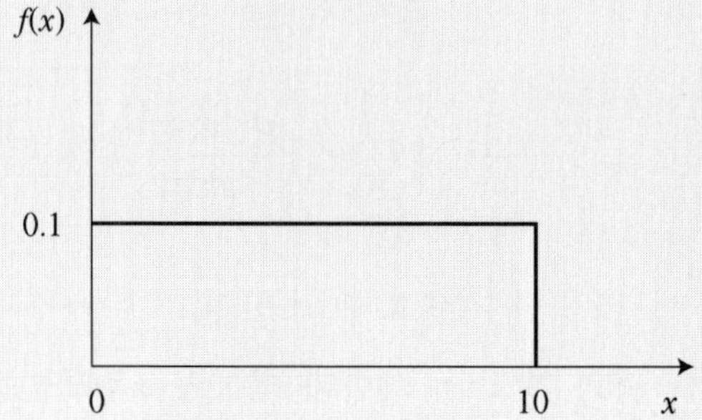

한편, 분포함수는 정의에 의하여 다음과 같이 얻어진다.

$$F(x) = \int_{-\infty}^{x} f(x)\,dx = \int_{-\infty}^{x} \frac{1}{10}\,dx = \begin{cases} 0, & x \leq 0 \\ \frac{x}{10}, & 0 < x < 10 \\ 1, & x \geq 10 \end{cases}$$

한편, 분포함수는 다음과 같이 나타낼 수 있다.

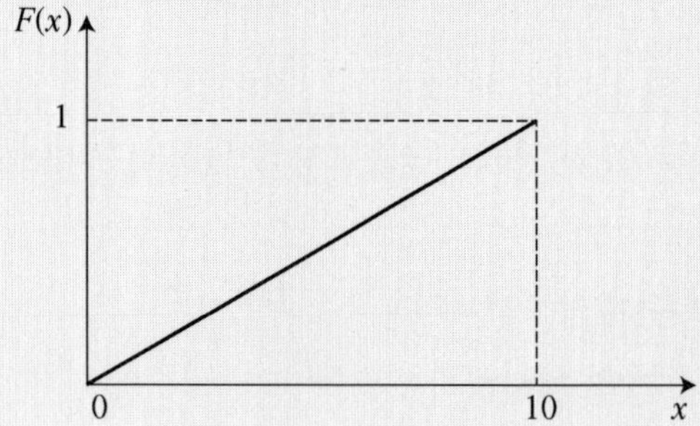

❷ $P(X < 5) = F(5) = \frac{5}{10}$

❸ $P(3 < X < 7) = F(7) - F(3) = \frac{4}{10}$

문제 3.4

균등확률변수 $X \sim U(a,b)$에 대하여 만약 $(a,b)=(0,1)$인 경우 다음에 답하라.

❶ 확률변수가 가지는 밀도함수의 값은 얼마인가?
❷ 위의 밀도 값에 대하여 물리적 의미를 논하라.

문제 3.5

균등확률변수 $X \sim U(a,b)$에 대하여 $(a,b)=(0,0.1)$인 경우 다음 물음에 답하라.

❶ 확률밀도함수를 구하라.
❷ 위의 확률밀도함수가 가지는 확률값과 실제의 확률과의 관계를 비교하고 (1)번에서 얻은 결과에 대하여 물리적 의미를 논하라.

문제 3.6

어떤 아나로그-디지털 변환장치(Analog-to-Digital Converter)는 입력으로 들어오는 아나로그 신호를 디지털 신호로 바꾸어서 출력을 하기 위하여 다음과 같이 연속적인 값을 양자화(量子化, Quantamization)한다고 한다. 이 때 이 아나로그 신호가 가지는 값을 Δx의 눈금단위로 표현할 때 다음의 물음에 답하라.

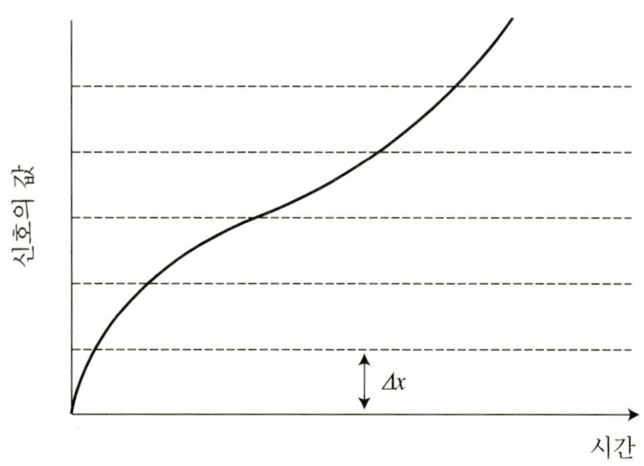

❶ 양자화한 신호의 오차의 범위는 얼마인가?

❷ 오차를 균등 확률변수로 나타낼 경우 밀도함수를 구하라.

(2) 지수확률변수

지수확률변수(指數確率變數, Exponential random variable)는 매개변수 (媒介變數, Parameter) λ를 가지는 어떤 확률변수가 다음과 같은 pdf를 가질 때 그 확률변수는 지수분포(指數分布, Exponential distribution) 를 따른다고 한다.

$$f(x) = \begin{cases} \lambda e^{-\lambda x}, & x \geq 0 \\ 0, & x < 0 \end{cases}$$

여기서 매개변수 λ는 지수확률변수의 특성을 나타내는 아주 중요한 역할을 하는데 이 파라미터가 의미하는 뜻을 버스의 도착을 예로 들면 버스의 평균 도착률과 같은 것이다. 즉, 버스가 평균 3분 간격으로 지수함수분포를 따라서 도착을 한다면 버스의 분당 도착률(도착대수/분)은 위의 식에서 λ에 해당하며 1/3이 된다. 여기서 평균을 구하는 시간의 단위에 따라 값이 달라지는 것을 알 수 있으며 따라서 지수확률변수의 밀도함수를 구할 때 λ의 값은 주의를 기울여서 잘 구해야 한다.

그럼 지수확률변수의 확률밀도함수가 왜 위와 같은 함수를 가지게 되는지 좀 더 자세히 알아보자. 우선 어떤 사건이 랜덤하게 발생하는데 만약 사건이 연속해서 일어날 경우에 사건이 일어나는 간격이 평균 $1/\lambda$ 시간이라고 하자. 이 때 우리가 초등학교에서 배운 시간과 속도와의 관계를 활용할 필요가 있다. 즉, 사건의 발생간격이 $1/\lambda$이면 하나의 사건이 발생하는 속도(이를 발생률이라고 한다)는 λ에 해당된다.

왜 그런지 위의 이야기를 가지고 말해보면 버스가 평균 3분 간격으로 1대씩 온다면 반대로 1분 동안에는 1/3대의 버스가 올 것이다. 그런데 버스는 1/3대가 없으므로 3분에 1대가 온다고 생각을 하는 것이다.

한편, 여기서 시간의 단위는 초, 분, 시간, 일, 월, 년 등 어느 것이어도 좋다. 시간의 크기가 다르면 파라미터의 값이 바뀔 뿐이다. 즉, 하루에 평균 10대가 지나간다면 한달(한 달은 30일로 가정한다)에는 평균 300대가 지나가는 셈이다.

따라서 지수함수를 가지는 확률변수를 논할 때 시간간격의 기준은 길이에는 무관하며 다만 우리가 관심을 두고 있는 시간간격이면 된다. 즉, 평균 도착률을 구하는데 있어서 관측기간은 자신이 원하는 구간으로 가정을 할 수 있다는 의미 정도로 이해를 하자.

이제 시간구간을 좀 더 잘게 세분하여서 임의의 관측시간 Δt 시간 동안 어떤 사건이 일어날 확률은 같다고 하자. 그렇다면 단위시간당 평균 발생률이 λ 인 사건에 대하여 임의의 짧은 시간구간 Δt 이내에 하나의 사건이 일어날 확률은 $\Delta\lambda t$ 이다.

$F(t)$를 t의 분포함수(즉 위의 버스에 대하여 시간 t이내에 차가 도착할 누적확률로 해석할 수 있다.)라고 두고 아래의 그림과 같은 상황을 생각하자.

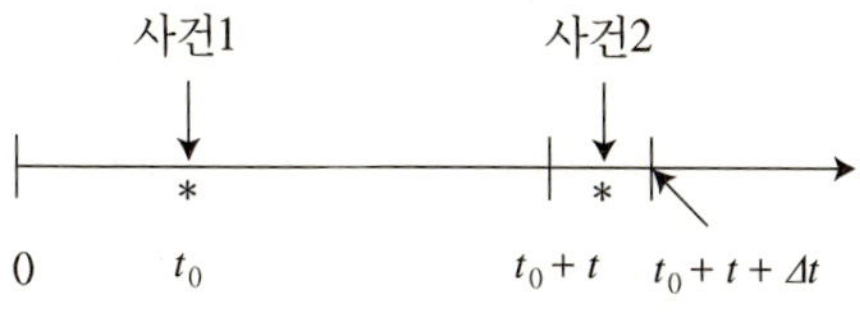

그림 3-1 시간축 상에서 사건의 발생 모습

위의 그림은 첫 번째 사건인 사건 1이 시간 t_0에 일어 난 후 t 시간 뒤인 $t_0 + t$까지는 새로운 사건이 일어나지 않다가, 미소 시간구간 $(t_0 + t, t_0 + t + \Delta t)$의 Δt 동안에 두 번째 사건인 사건 2가 일어날 경우이다. 따라서, 아주 짧은 관측시간 $(t_0 + t, t_0 + t + \Delta t)$ 동안에 두 번째 사건이 일어날 확률은 이전의 사건이 일어난 시간인 t_0에 무관하게 시간 $(0, t)$와 시간 $(t, t + \Delta t)$ 사이의 문제이므로 다음과 같이 전개될 수 있다.

P{시간 t_0에 사건 1이 일어난 뒤 시간$(t_0+t, t_0+t+\Delta t)$ 동안에 사건 2가 일어남}
$=P${시간(t_0, t_0+t) 동안 어떤 사건도 일어나지 않다가 시간$(t_0+t, t_0+t+\Delta t)$ 동안에 사건 2가 일어남}
$=P${시간$(0, t)$ 동안 어떤 사건도 일어나지 않다가 시간$(t, t+\Delta t)$ 동안에 하나의 사건이 일어남}
$=F(t+\Delta t)-F(t)=(1-F(t))\lambda\Delta t$

위의 식에서 맨 마지막의 등식을 가공하여 미분방정식으로 표시를 하면 다음과 같다.

$$\frac{dF(t)}{dt}=\lambda(1-F(t))$$

이 미분방정식은 계수가 1인 아주 간단한 상미분방정식이다. 1계 상미분방정식에 대한 기초적인 이야기는 공업수학을 공부한 사람이면 누구든지 알고 있을 것이다. 따라서, 이 문제에 대하여 여기서 논할 사항이 아닌 것으로 보이며 미분방정식의 풀이에 대하여 보충설명이 필요한 사람은 문헌을 참고하기 바란다.

그런데 우리는 어쨌든 위의 방정식은 풀어야 하므로 1계 상미분방정식에 대하여 모르는 사람을 위하여 풀이 과정을 적어보자.

먼저 위의 식이 변수분리형 방정식임에 착안을 하여 다음과 같이 바꾸자.

$$\frac{dF(t)}{1-F(t)}=\lambda dt$$

이번에는 위의 식을 방정식의 모양으로 나타내기 위하여 다음과 같이 쓴다.

$$\frac{dF(t)}{1-F(t)}-\lambda dt=0$$

위의 식에서 좌변을 가만히 쳐다보면 분모를 미분하되 부호만 바꾸면 분자에 해당하는 식이 나옴을 알 수 있으므로 위의 식을 다음과 같이 미리 부호를 바꾼다.

$$-\frac{dF(t)}{1-F(t)}+\lambda dt=0$$

위의 식은 다음의 식과 동치이다.

$$d\left[-\int\frac{dF(t)}{1-F(t)}+\int\lambda dt\right]=0$$

위의 식을 한 번 적분을 하면 다음과 같다.

$$-\int\frac{dF(t)}{1-F(t)}+\int\lambda dt=c$$

위의 식을 또 한 번 적분을 하면 다음과 같다.

$$\log(1-F(t))=-\lambda t+c$$

이제 우리는 $F(t)$에 관한 식을 얻었다! 그런데 $F(t)$가 로그함수안에 들어있으므로 위 식의 양변에 지수 Operation을 가하면 다음과 같이 바뀐다.

$$1-F(t)=e^{-\lambda t+c}$$

따라서, 결국 우리는 확률분포함수 $F(t)$에 대하여 다음의 결과를 얻는다.

$$F(t)=1-e^{-\lambda t+c}$$

그런데, 여기서 모르는 파라미터 c를 구해야 한다. 그런데 미분방정식에서 모르는 파라미터 c의 값은 보통 초기조건이라는 것으로부터 구할 수 있었음을 상기하자. 여기서는 초기조건이 시간 $t=0$이므로 확률분포함수의 성질로부터 이 값을 찾을 수 있다. 즉, 분포함수의 성질로부터 $F(0)=0$이므로 위의 미분방정식은 다음의 해를 가진다.

$$F(t) = 1 - e^{-\lambda t}, \quad x \ge 0$$

위의 식으로부터 확률밀도함수는 $F(t)$를 미분한 것이므로 결국 다음과 같다.

$$f(t) = \lambda e^{-\lambda t}, \quad x \ge 0$$

한편, 위의 식에서 $f(t)$는 무엇을 의미하는가? 다시 버스의 도착을 예를 들면 t시간에 관측자가 보았을 때 버스가 아직 오지 않을 확률을 나타내는 확률밀도함수이다. 단, 연속확률변수에서 point의 확률은 0이므로 엄격한 의미에서 확률의 값은 아니다.

이번에는 위의 pdf를 아래의 값에서부터 임의의 값 x까지 누적하여 적분한 확률값을 **누적확률분포**(累積確率分布, cumulative distribution 혹은 그냥 분포)라고 부르며 $F(x)$로 표기한다. 그러면 $F(x)$는 다음의 식이 된다.

$$F(x) = \int_0^x \lambda e^{-\lambda t} dt = 1 - e^{-\lambda t}, \quad x \ge 0$$

이 결과는 우리가 앞에서 이미 구한 바 있다.

다시 버스의 이야기로 돌아가면 $F(x)$는 0부터 x까지 합한 모든 x에 대하여 x시간이 지나도 버스가 오지 않을 확률의 합이다. 즉, 고객이 버스가 올 때까지 기다린 모든 시간들에 대한 확률이다. 반대로 $1 - F(x)$는 고객이 버스가 올 때까지 기다려야 할 시간이 x보다 클 모든 확률의 합이다.

물론, $F(x)$를 0에서 ∞까지 적분한 값은 1이다. 즉, 버스는 무한정 기다리면 언젠가는 온다! 다만, 시간이 걸릴 뿐이다.

예제 3.5 집 앞 버스정류장에서 학교로 가는 버스 101, 102, 103번 버스의 도착간격이 평균 1분, 2분 혹은 3분 간격으로 지수함수 분포를 따라서 도착을 한다고 가정을 할 때, 차를 타기 위해서 기다리는 고객이 버스정류장에 가서 차가 올 때까지 기다려야 할 시간이 1분에서 10분일 확률을 각각 구하여 그래프로 그려라.

풀이

$f(x)$에서 매개변수 λ는 1, 1/2, 혹은 1/3이며, x는 1부터 10까지의 값을 가지므로, 각 경우에 대하여 계산을 하여 그래프로 그리면 다음과 같다.

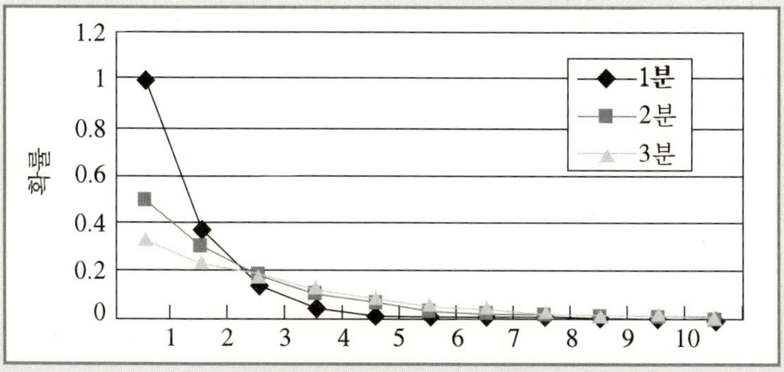

차가 올 때까지 기다려야 할 시간

고찰 3.2 위의 [예제 3.5]에서 버스의 도착간격이 평균 1분, 2분 혹은 3분 간격으로 지수함수분포를 따라서 도착을 한다고 가정을 하고 고객이 버스정류장에 가서 차가 올 때까지 기다려야 할 시간이 1분일 확률과 4분일 확률에 대하여 확률의 크기의 순서가 바뀐 것을 알 수 있을 것이다. 그 이유에 대하여 물리적인 의미를 논하라.

문제 3.7

버스의 도착간격이 평균 1분, 2분 혹은 3분 간격으로 지수함수분포를 따라서 도착을 한다고 가정을 할 때 고객이 버스정류장에 가서 차가 올 때까지 기다려야 할 시간이 1분 이하에서 10분 이하까지 매 1분단위로 나타나는 확률분포함수를 각각 구하여 그래프로 그려라.

치수함수의 무기억성 지수함수의 무기억성(無記憶性, Memoryless property of exponential random variable)이란 지수확률변수가 과거의 기억을 하지 못한다는 뜻이다. 그렇다면 확률변수가 사람이 아닌 이상 기억을 못하는 것은 당연할 텐데 ^^ 그럼 이 말은 무엇을 뜻하는가?
수학의 세계에서는 이와 같이 직관적으로 알 수 있는 이야기를 괜히 복잡하게 식을 써서 설명을 하려는 경향이 있는데 ^^ 아래에서 나타내는 식이 바로 지수확률변수의 무기억성을 말한다.

$$P\{X>s+t \mid X>t\}=P\{X>s\}$$

위의 식이 의미하는 것은 어떤 확률변수가 지수확률변수라고 하자. 이 때 이 확률변수 X가 t보다 더 크다는 조건에서 그 확률변수가 $s+t$보다 더 클 확률은 지금까지의 확률값에 무관하게 그냥 그 확률변수가 s보다 더 클 확률과 같다는 것이다. 엥? 언뜻 이해가 되지 않는 사람을 위해서 비유를 하면 이와 같다. 어떤 물건을 사서 시간 t동안 고장이 나지 않고 잘 썼다고 할 때, 그 이후로 시간 s동안 역시 고장이 나지 않고 잘 쓸 확률은 그 물건이 앞으로 s 시간 동안 고장이 나지 않고 잘 동작할 확률과 같다.

물리적으로 이해가 되었으면 이번에는 수학적으로 위의 식을 다음과 같이 증명할 수 있다. 먼저 조건부확률의 정의에 의하여 다음과 같이 나타내자.

$$P\{X>s+t \mid X>t\}=\frac{P\{X>s+t\}}{P\{x>t\}}$$

그리고 지수분포함수의 정의로부터 분모와 분자에 대하여 다음의 결과를 얻는다.

$$P\{X>s+t \mid X>t\}=\frac{P\{X>s+t\}}{P\{x>t\}}=\frac{e^{-\lambda(s+t)}}{e^{-\lambda t}}=e^{-\lambda s}$$

위의 식에서 맨 우측의 결과는 지수함수의 x–우측꼬리함수

(단, x-우측꼬리 함수란 분포함수 $F(x)$의 오른 쪽에 있는 부분을 나타내는 함수를 말하며 $1-F(x)$를 말함)의 식과 같으므로 다음의 관계식이 성립한다.

$$P\{X>s+t \mid X>t\}=e^{-\lambda s}=P\{X>s\}$$

위의 식으로부터 우리는 지수분포를 따르는 확률변수가 가지는 분포함수가 시간의 축 상에서 그 중심을 이동하여 생각을 할 때 과거의 사실에 의존하지 않는다는 것을 알 수 있다. 아래의 문제를 통하여 이 사실을 확인해 보자.

문제 3.8

어떤 스캐너의 수명은 평균 5년인 지수분포를 따른다고 한다. 어떤 사람이 그 스캐너를 사서 6년간 사용을 잘 했다라고 할 때, 이 사람이 앞으로 1년 이상 고장 없이 더 사용할 확률을 구하라.

(2) 정규확률변수

정규확률변수는 확률변수가 취하는 확률값이 정규분포를 따르는 것을 말한다. 그럼, **정규분포**(正規分布: Normal distribution)란 무엇인가? 분포가 "노멀하다"는 것이리라. 그럼 "노멀하다"는 것은 무슨 뜻인가? Normal이라는 단어를 사전[13]을 찾아보면 "標準的인, 典型的인, 普通의, 通常의" 등과 같은 뜻을 가지고 있다. 따라서, 이 분포는 우리주변에서 통상적으로 자주 나타나는 현상임을 내포하고 있음을 알 수 있다.

그래서, 공학적인 문제에 있어서 정규분포를 사용하는 이유를 좀 더 찾아보면 다음과 같은 이유에서이다.

첫째, 정규분포는 우리 주변의 랜덤한 많은 물리적 현상을 나타내는 이론적 기반이 된다.

13 Obunsha' s Comprehensive English-Japanese Dictionary.

둘째, 정규분포는 아주 큰 값($-\infty, \infty$)의 확률변수를 쉽게 나타낼 수 있다.

셋째, 정규분포를 여러 개 더하면 역시 정규분포가 된다.

넷째, 정규분포를 가지는 어떠한 랜덤현상도 1차 및 2차 모멘트[14]만 알면 완전히 표시할 수 있다.

자, 이와 같이 다른 확률변수와는 다르게 아주 서론을 길게 시작한 정규분포를 따르는 확률변수를 나타내보기로 한다. 평균 μ 및 분산 σ^2를 가지는 **정규확률변수**(Normally distributed random variable) X는 다음과 같은 pdf를 가진다.

$$f(x) = \frac{1}{\sqrt{2\pi}\,\sigma} e^{-\frac{(x-\mu)^2}{2\sigma^2}}, \quad -\infty < x < \infty$$

이 때 정규확률변수 X는 $X \sim (\mu, \sigma^2)$로 표기하기도 한다.

정규확률변수는 위의 pdf에서도 볼 수 있는 바와 같이 함수의 값이 평균값인 μ를 중심으로 좌우로 대칭의 값을 가짐을 알 수 있다. 보다 더 정확히 말하면 정규확률변수의 확률값은 평균 μ를 중심으로 종모양(bell shape)을 하고 있다. 그리고 위의 식에서 볼 수 있는 것과 같이 평균값인 μ가 클수록 그래프는 오른쪽으로 위치하고 분산 σ^2이 클수록 그래프의 꼭지점이 낮아지고 그래프는 좌우로 넓게 퍼짐을 알 수 있다.

정규확률변수는 일명 **가우스확률변수**(Gaussian random variable)라고도 불리는데, 그것은 Gauss가 이 확률변수를 발견하였기 때문이다. 정규확률변수는 주변에서 볼 수 있는 물리계에서 가장 많이 사용되는 확률변수인데, 그 이유는 크게 두 가지로 나눌 수 있다.

첫째, 아주 많은 양의 샘플을 가지고 관측을 하는 경우 대부분의 물리현상이 어떤 평균값을 중심으로 좌우대칭의 값을 가지

14 모멘트는 제4장에서 다룸.

는 경우가 많다. 우리가 즐겨먹는 사과를 예를 들어보자. 사과의 크기는 사과나무의 종류, 그리고 한 가지에 몇 개의 과일이 달리느냐, 나무의 영양상태가 어떠냐, 기후, 온도, 수분 등 수많은 요소들에 의하여 결정되겠지만, 동일한 조건에서 열리는 한 그루의 사과나무의 사과의 크기도 제각각 다르다. 그래서, 한 나무에서 열린 모든 사과를 크기 별로 구분하여 아래의 그림 3-2와 같이 나열할 수 있다. 물론 아래의 그림은 충분히 작위적이고 꼭 그렇게 대칭적이라고 할 수는 없지만, 대충 이렇게 나타낼 수 있다는 것을 보여주고자 함이다.

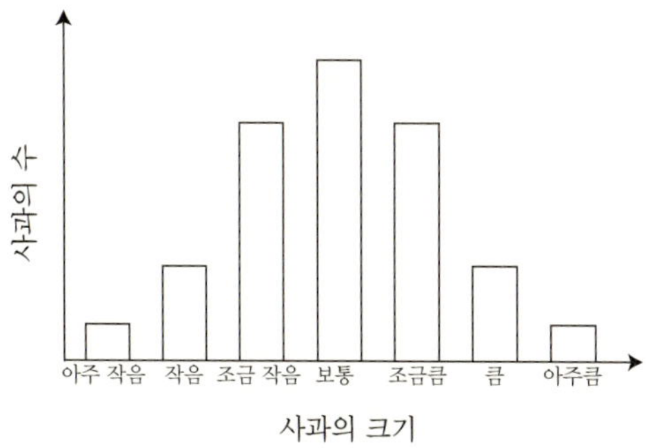

그림 3-2 사과의 크기와 수의 분포

정규확률변수가 많이 쓰이는 또 다른 한 가지 이유는 평균 μ 및 분산 σ^2를 가지는 특성이 다른 여러 가지 정규확률변수 X를 잘 가공하면 평균 0 및 분산 1을 가지는 아주 간단한 **표준정규분포**(標準正規分布, standard normal distribution)로 바꿀 수 있고 표준 정규분포의 값은 미리 계산을 하여 표로 만들어서 필요할 경우에는 언제든지 바로 활용을 할 수 있기 때문에 다양한 특성을 가지는 확률 모형을 통일된 하나의 모형 (Universal model)으로 쉽게 나타낼 수 있다는 점이다. 가령, 남자의 키와 여자의 몸무게는 서로 완전히 다른 확률변수이지만, 만약 두 확률변수가 정규분포를 따른다고 가정을 하면 두 확률변수에 대하여 약간의 가공을 하면 어느 확률변수도 표준 정규확률 분포로 나타낼 수가 있다.

정규분포에 대하여 좀 더 구체적으로 물리적 의미를 알기 위하여 아래와 같은 예를 든다.

예제 3.6 어떤 집단에서 사람의 키를 측정한 결과 남자의 키가 평균이 170이고 표준편차가 10인 정규분포를 따른다고 한다. 이때 이 확률변수의 pdf를 $x=[115, 225]$의 범위에 대하여 구하라.

풀이

위의 파라미터 값으로부터 정규확률변수의 pdf에 대하여 아래의 함수를 얻을 수 있다.

$$f(x)=\frac{1}{\sqrt{2\pi}10}e^{-\frac{(x-170)^2}{200}},\quad -115<x<225$$

아래의 그림은 위의 밀도함수에 대하여 계산한 결과를 나타낸 것이다.

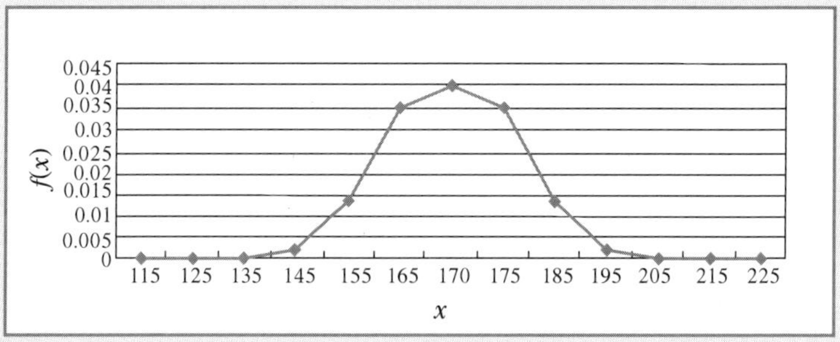

정규확률변수의 확률밀도 함수

그림을 보니까 남자에는 어린이도 포함되어있을 것 같다는 생각이 든다!! 왜냐하면 115cm도 있으니까. 그리고, 이 집단에는 키가 아주 큰 사람도 있음에 주의하자. 여기서 또 한 가지 주의할 것은 그림에서 x값의 간격을 10으로 두었기 때문에 그래프가 곡선처럼 보이지 않는데 x의 간격을 아주 작게 하면 곡선은 부드러운 종모양을 가지게 될 것이다. 단, 그래프에서도 볼 수 있듯이 정규확률변수의 pdf는 평균값 170을 중심으로 좌우대칭이고 평균값에서 멀어질수록 그 값이 급격히 감소함을 알 수 있다.

고찰 3.3 위의 그림에서 정규확률변수의 밀도함수 값이 평균을 중심으로 대칭을 이루는 것의 물리적인 의미를 논하라.

문제 3.9

평균이 170이고 표준편차가 10, 20, 30인 세 개의 정규확률변수의 pdf를 $x=[115, 225]$에 대하여 x의 값을 10씩 증가시키면서 각각 구하고 그래프의 변화 모양을 분석하라.

한편, 평균 μ 및 분산 σ^2를 가지는 정규확률변수 X를 변수로 하는 함수 $Y=\alpha X+\beta$는 어떠한 특성을 가질까? 결과부터 이야기하면 간단히 $Y \sim (\alpha\mu+\beta, \alpha^2\sigma^2)$로 표기할 수 있는데, 아래에 그 이유를 알아본다.

먼저 확률변수 Y, 단 $Y=\alpha X+\beta$가 어떤 값 x보다 작거나 같을 확률인 분포함수를 다음과 같이 정의하자.

$$F_Y(x)=P\{Y\le x\}=P\{\alpha X+\beta\le x\}$$

위의 식에서 등식의 맨 마지막 항에 대하여 다음과 같이 변환할 수 있다.

$$P\{\alpha X+\beta\le x\}=P\left\{X\le\frac{x-\beta}{\alpha}\right\}$$

위의 식에서 역시 맨 마지막 항에 주의를 기울이면 이 확률이 바로 확률변수 X에 대한 분포함수임을 알 수 있다. 따라서 다음과 같이 나타낼 수 있다.

$$P\left\{X\le\frac{x-\beta}{\alpha}\right\}=F_X\left(\frac{x-\beta}{\alpha}\right)$$

결국 우리는 다음의 결과를 얻는다.

$$F_Y(x) = F_X\left(\frac{x-\beta}{\alpha}\right)$$

한편, 확률밀도함수의 정의에 의해서

$$f_Y(x) = \frac{d}{dx}F_Y(x) = \frac{1}{\alpha}F_x^{'}\left(\frac{x-\beta}{\alpha}\right) = \frac{1}{\alpha}f_X\left(\frac{x-\beta}{\alpha}\right)$$

따라서, 위의 결과로부터 다음과 같은 결과를 얻을 수 있다.

$$f_Y(x) = \frac{1}{\sqrt{2\pi}\,\alpha\sigma}e^{-\frac{(x-(\alpha\mu+\beta))^2}{2\alpha^2\sigma^2}}$$

따라서, 확률변수 Y는 평균치가 $\alpha\mu+\beta$이고 분산이 $\alpha^2\sigma^2$인 정규분포를 가지는 확률변수가 된다. 즉, 정규분포를 따르는 확률변수 X에 α를 곱한 후 β라는 상수를 더한 새로운 확률변수 Y의 평균값은 선형적으로 $\alpha\mu+\beta$가 되고 분산은 당초의 분산값인 σ^2의 α^2배가 됨을 알 수 있다. 따라서, $Y\sim(\alpha\mu+\beta, \alpha^2\sigma^2)$로 표기할 수 있다.

예제 3.7 X가 평균이 10, 분산이 4인 정규분포를 가지는 확률변수라고 할 때 $Y = 3X+5$의 확률밀도함수를 구하라.

풀이

X가 평균이 10, 분산이 4인 정규분포를 가지는 확률변수이므로 X의 pdf는 다음과 같다.

$$f(x) = \frac{1}{2\sqrt{2\pi}}e^{-\frac{(x-10)^2}{8}}, \quad -\infty < x < \infty$$

한편, Y의 확률밀도함수는 다음과 같다.

$$f_Y(x) = \frac{1}{\sqrt{2\pi}\,\alpha\sigma}e^{-\frac{(x-(\alpha\mu+\beta))^2}{2\alpha^2\sigma^2}} = \frac{1}{6\sqrt{2\pi}}e^{-\frac{(x-35)^2}{72}}$$

위에서는 정규확률변수에 대하여 정의를 하고 정규확률변수의 1차함수의 확률밀도함수에 대해서도 알아보았다. 그래서, 어떤 표본의 평균과 분산을 안다면 그 표본이 가지는 확률밀도함수를 구할 수 있음을 보였다.

그런데, 우리가 접하게 되는 물리현상이 가지는 평균값과 분산의 값이 모두 다른데 이럴 경우 일일이 확률을 구하는 일은 번거로운 일임을 금새 알 수 있다. 그래서, 지금부터는 랜덤변수가 어떠한 값을 가지든지(가령, 남자고등학생의 키, 혹은 초등학교 6학년 학생의 수학점수, 혹은 대학생의 신발의 크기 등 전혀 다른 특성을 가지는 랜덤변수를 가정함)에 상관하지 않고 모든 랜덤변수가 정규분포를 따르기만 한다면, 그 랜덤변수가 가지는 평균치와 분산치에 대한 정보로부터 그 랜덤변수의 확률분포를 구하는 방법을 알아본다. 이를 위해서는 표준화라는 개념을 도입하여야 한다. 표준화(標準化, Standardization)란 무엇인가? 어느 누가 보더라도 알기 쉽게 정형화된 틀에 맞추어서 무엇을 만드는 것이 아닌가? 수학에서도 이와 같은 표준화가 중요함을 알 수 있다!

표준정규분포함수 (標準正規分布函數, Standard normal distribution function) 앞에서 정의한 정규확률변수 X를 가정하자. 그리고 Z를 X에서 먼저 평균값을 뺀 후 그 값을 다시로 나누어서 정규화한 값이라고 둔다. 따라서 Z와 X간에는 다음과 같은 관계가 성립한다.

$$Z = \frac{X-\mu}{\sigma} \longleftrightarrow X = \mu + \sigma Z$$

한편, X와 Z의 pdf 간에는 다음과 같은 변화가 있다.

$$f(x) = \frac{1}{\sqrt{2\pi}\,\sigma} e^{-\frac{(x-\mu)^2}{2\sigma^2}} \leftrightarrow f(z) = \frac{1}{\sqrt{2\pi}} e^{-\frac{z^2}{2}}$$

위의 식을 잘 관찰해 보면 오른쪽 식은 왼쪽 식에서 평균이 0이고 분산이 1인 결과임을 알 수 있다. 즉, 평균이 μ이고 분산이

σ^2인 어떤 정규확률변수를 평균이 0이고 분산이 1인 표준정규확률변수로 바꾸었다는 말이 된다.

여기서 위의 결과가 중요한 이유가 숨어있다. 즉, 다음을 가정해 보자.

- 평균이 170이고 분산이 2인 남자고등학생의 키,
- 평균이 50점 분산이 4인 초등학교 6학년 학생의 수학점수,
- 평균이 250이고 분산이 5인 대학생의 신발의 크기

위의 변수는 모두 특성이 아주 다른 확률변수이다. 그러나, 매개변수의 값이 전혀 다른 특성을 가지는 이들 랜덤변수들도 위와 같은 작업만 거치면 모두 평균이 0이고 분산이 1인 표준정규확률변수로 바꿀 수 있다는 말이 된다. 이 얼마나 편리한 시스템인가?

우리는 이와 같은 pdf를 표준정규확률밀도함수라고 하고 이와 같은 분포를 따르는 랜덤변수를 **표준정규분포**(標準正規分布, Standard normal distribution)를 따른다고 하며 Z~(0,1)로 표기한다. 아래의 그림은 정규분포와 표준정규분포간의 차이를 비교한 것이다.

그림3-3의 (A)에서 사람의 체중, 지능, 그리고 키의 분포는 서로 다른 평균과 분산을 가지고 있음을 알 수 있다. 그래서, 어떤 사람이 체중이 얼마 이상일 확률을 구할 때는 체중의 분포 그래프를 보고 확률을 구해야 하고 지능이나 키도 이와 같은 방법으로 각각 구해야 한다. 따라서, 이들 데이터를 저장하고 가공하는 일이 각 경우에 대하여 별도로 이루어져야 한다.

한편, 그림 3-3의 (B)에서 보는 바와 같이 표준정규분포의 경우에는 모든 분포함수가 중심이 0인 그래프이므로 분산의 값만 안다면 모든 경우에 대하여 하나의 표(부록의 표준 정규분포표 참조)를 이용하여 확률을 간단히 구할 수가 있다. 얼마나 편리한가?

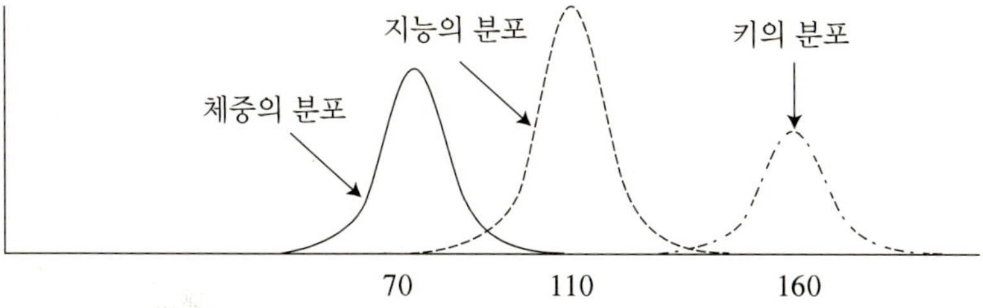

(A) 정규분포

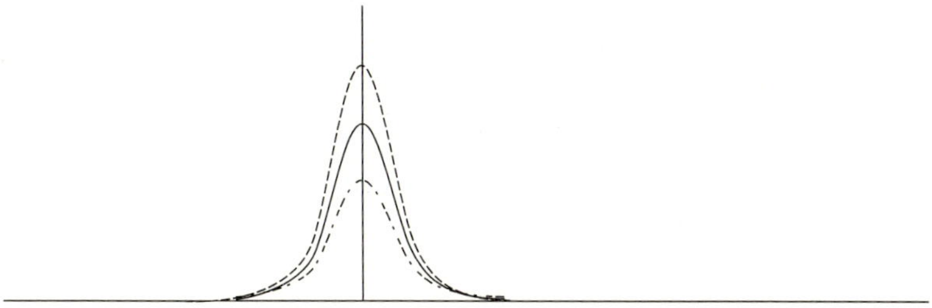

(B) 표준정규분포

그림 3-3 정규분포와 표준정규분포

이제는 표준정규분포를 따르는 랜덤변수의 분포함수를 다음과 같이 정의한다.

$$\Phi(x) = \Pr\{Z < x\} = \int_{-\infty}^{x} f(z)\,dz$$

한편, $\Phi(x)$가 $\Phi(x) = \Pr\{Z < x\}$를 나타내는 함수라면 가끔은 $\Pr\{Z > x\}$를 나타내는 함수도 공학적 문제에 있어서 관심의 대상이 될 수 있다. 따라서, $Q(x) = \Pr\{Z > x\}$로 정의한다. 즉, $\Phi(x)$와 $Q(x)$사이에는 $Q(x) = 1 - \Phi(x)$의 관계가 성립한다.

그리고 정규분포의 대칭 특성으로부터 다음의 관계도 성립한다.

$$Q(x) = 1 - \Phi(x) = \Phi(-x)$$

그리고, 여기서 사용의 편의를 위하여 또 다른 함수 하나를 정의한다. 우리는 앞에서 표준정규분포함수의 pdf가 평균을 중심으로 대칭이라는 사실을 알았다. 즉, 표준정규분포를 따르는 확률변수가 $Z = 0$을 중심으로 좌우대칭인 밀도함수를 가지므로 x가

$[-\infty, 0]$의 밀도함수의 값과 $[0, \infty]$의 밀도함수의 값이 같다. 따라서, $\boldsymbol{\Phi}(0) = 0.5$이며, 임의의 양수 a에 대하여 $\boldsymbol{\Phi}(-a) = 1 - \boldsymbol{\Phi}(a)$가 성립한다.

따라서, 표현의 편의를 위하여 표준정규 밀도함수의 어느 한 쪽만을 고려하기 위하여 $\boldsymbol{\Phi}^H(x)$를 다음과 같이 정의한다.

$$\boldsymbol{\Phi}^H(x) = \Pr\{0 < Z < x\}$$

따라서, 만약 임의의 양수 a에 대하여 $\boldsymbol{\Phi}(a)$를 구하고자 할 때 우리는 다음과 같이 구할 수 있다.

$$\boldsymbol{\Phi}(a) = 0.5 + \boldsymbol{\Phi}^H(a)$$

실제 문제해결에 있어서 계산의 편의를 돕기 위하여 $\boldsymbol{\Phi}^H(x)$로 표시되는 표준정규분포함수의 값을 부록에 첨부하였다.

예제 3.8 표준정규분포를 따르는 랜덤변수 Z의 분포함수를 x의 범위 $[-3,3]$에 대해서 x의 값이 1씩 증가한 값에 대하여 그래프를 그려라.

풀이

문제에서 요구하는 것이 $\boldsymbol{\Phi}(x)$를 x가 -3에서 3까지 1씩 증가시키면서 구하라는 이야기이다. 따라서, 먼저 표준정규분포 조견표로부터 다음의 결과를 얻는다.

$\boldsymbol{\Phi}(-3) = 0.0013,\ \ \boldsymbol{\Phi}(-2) = 0.0228,\ \ \boldsymbol{\Phi}(-1) = 0.1587,$
$\boldsymbol{\Phi}(0) = 0.5,\ \ \boldsymbol{\Phi}(1) = 0.8413,\ \ \boldsymbol{\Phi}(2) = 0.9772,\ \ \boldsymbol{\Phi}(3) = 0.9987$

다음의 그래프는 결과를 그린 것이다.

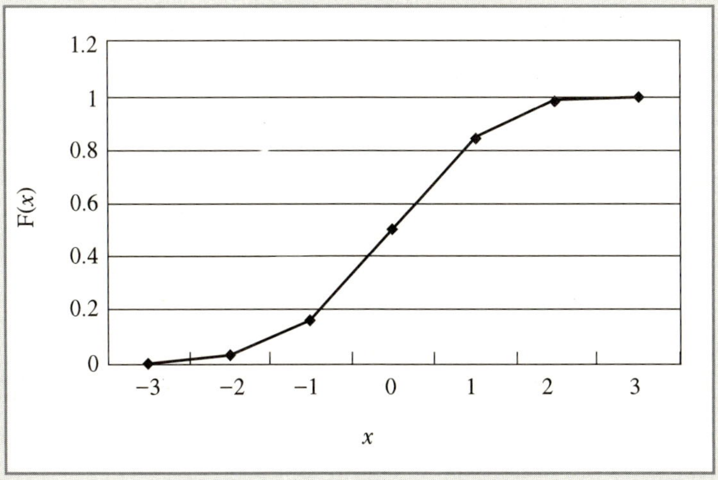

예제 3.9 어느 마을에서 그 마을에 사는 어른 및 아이를 포함한 사람의 평균 키는 160cm이고, 분산이 100일 때 어느 한 사람을 세워 놓고 키를 재었을 때 그의 키가 190cm보다 더 클 확률은 얼마인가? 만약 다른 값은 같고 표준편차가 30이면 그 확률은 어떻게 되는가?

풀이

우선, X가 키를 나타내는 랜덤변수라고 두고, 표준편차가 10일 때 키가 190보다 클 확률은 다음과 같이 표현할 수 있다.

$$P\{X > 190\} = P\left\{\frac{X-160}{10} > \frac{30}{10}\right\} = P\{Z > 3\}$$

$$= 1 - \Phi(3) = 1 - (0.5 + \Phi^{H}(3)) = 1 - 0.9987 = 0.0013$$

따라서, 어느 한 사람을 세워 놓고 키를 재었을 때 그의 키가 190cm보다 더 클 확률은 0.13%로서 아주 작음을 알 수 있다.

이번에는 표준편차가 30이면 그 확률은 다음과 같다.

$$P\{X>190\}=P\left\{\frac{X-160}{30}>\frac{30}{30}\right\}=P\{Z>1\}$$

$$=1-\Phi(1)=1-0.8413=0.1587$$

따라서, 어느 한 사람을 세워 놓고 키를 재었을 때 그의 키가 190cm보다 더 클 확률은 약16%이다.

고찰 3.4 위의 두 결과가 의미하는 것은 무엇인지 자신의 생각을 말해보자.

문제 3.10

어떤 확률변수 X가 평균 5, 분산 4인 정규분포를 따른다고 한다. 이 때 다음 물음에 답하라.

❶ X가 1보다 작은 값을 가질 확률을 $\Phi(x)$의 함수로 나타내고 그 값을 구하라.

❷ X가 2에서 6사이의 값을 가질 확률을 $\Phi(x)$의 함수로 나타내고 그 값을 구하라.

❸ X가 7보다 큰 값을 가질 확률을 $\Phi(x)$의 함수로 나타내고 그 값을 구하라.

❹ 확률변수와 평균의 차가 2보다 클 확률을 $\Phi(x)$의 함수로 나타내고 그 값을 구하라.

문제 3.11

어떤 확률변수 X가 평균 μ, 표준편차 σ인 정규분포를 따른다고 한다. 이 때 다음 물음에 답하라.

❶ X가 $\mu \pm \sigma$ 사이의 값을 가질 확률은 얼마인가?

❷ X가 $\mu \pm 2\sigma$ 사이의 값을 가질 확률은 얼마인가?

❸ X가 $\mu \pm 3\sigma$ 사이의 값을 가질 확률은 얼마인가?

문제 3.12

어떤 전기회로가 평소에는 꺼져 있다가 1.5V의 전압이 들어오면 켜진다고 한다. 그런데 이 전기회로에는 스위치를 켜지 않아도 평소에 평균 0.3V, 분산 0.09의 정규분포를 따라서 전압이 흐른다고 한다. 이 때 어느 날 스위치를 켜지도 않았는데 입력전압이 1.5V를 넘게 되어 전기회로가 켜지는 사고가 일어날 확률은 얼마인가?

2) 이산확률변수

이산확률변수(離散確率變數, Discrete random variable)는 확률변수가 가지는 값이 유한하거나 셀 수 있을 만큼 아주 큰 범위의 정수의 값을 가지는 변수를 말하며, 어떤 사건에 대한 결과치를 나타내는 변수의 값이 정수인 경우를 말한다. 이산확률변수는 앞에서 연속확률변수에서 보인 바와 같이 몇 가지 특징을 가진다.

① 이산확률변수의 분포함수는 점 단위(Point-wise)의 확률의 합으로 계산된다. 즉, 다음의 식이 성립한다.

$$F(x) = P(X \le x) = \sum_{x_i \le x} p(x_i)$$

② 이산확률변수 X가 x의 값을 가질 확률은 0이 아니고 다음의 식으로 구한다.

$$P(x) = P(X = x) = F(x) - F(x^-) \ge 0$$

여기서 이산확률변수는 연속확률변수와는 다르게 Point확률은 0이 아님을 주의하자!!

③ 이산확률변수의 구간확률은 연속확률변수와 같은 방법으로 구한다. 즉, 다음의 관계식이 성립한다.

$$P(X_i < X \le x_2) = F(x_2) - F(x_1)$$

한편, $P(x_1 \le X < x_2) = F(x_2) - F(x_1^-)$ 임도 유의하자.

우리 주변에서 가장 널리 사용되는 이산확률변수는 균등확률분포, 이항분포, 그리고 기하확률분포와 푸아송분포를 따르는 확률변수이다. 아래에서는 이들 네 가지 확률변수를 정의한다.

(1) 균등확률분포

앞에서 연속확률변수에서 균등확률변수는 확률변수가 가질 수 있는 결과의 값이 모든 값에 대하여 같은 확률을 가지는 변수를 말한다. 확률변수가 이산일 경우에도 이 정의는 같다. 단, 한 가지 다른 점은 여기서는 확률변수가 가질 수 있는 값이 정수값과 같이 유한하게 셀 수 있는 값을 가진다는 것이다.

균등확률변수의 가장 간단한 예는 다음과 같은 것이다. 확률변수 X가 주사위 던지기의 결과 얻어지는 눈의 값이라고 할 때 결과의 값이 1과 6사이의 정수 값을 가지며 이 때 확률밀도함수는 모든 값에 대하여 1/6이다.

좀 더 수학적으로 나타내기 위하여 다음과 같이 정의한다. 확률변수 X가 유한한 집합 $\{x_1, x_2, \quad , x_N\}$의 값을 가질 때 $X = x_i$, $i = 1, 2, \quad , N$ 일 확률은 $P(x_i) = 1/N$ 이다.

문제 3.13

두 개의 주사위던지기 실험에서 두 눈의 수의 합을 X라고 둘 때 다음 물음에 답하라.

❶ 두 눈의 수의 합에 대한 확률질량함수를 구하라. 즉, $p(x)$를 구하라.

❷ $p(x)$의 그래프를 구하라.

❸ 두 눈의 수의 합에 대한 분포함수의 그래프를 그려라. 즉, $F(x)$를 구하라.

(2) 베르누이 시행과 이항분포

먼저 **베르누이시행**(Bernoulli trial)에 대하여 설명을 하고 **이항분포**(二項分布, Binomial distribution)를 정의한다. 그 이유는 이항분포가 베르누이시행의 결과로 얻어지는 확률분포함수이기 때문이다.

베르누이 시행 베르누이시행은 스위스의 수학자 베르누이(James Bernoulli (1654~1705)[15])라는 사람이 고안을 하였다고 하여 붙여진 이름인데, 간단히 말하자면 매 실험이 상호 독립이고 실험의 결과가 두 가지의 사건으로 표시되는 표본공간을 가지는 확률실험이다.

가장 쉬운 예로는 동전던지기를 하였을 때 동전의 앞면과 뒷면이 나오는 사건 혹은 구슬놀이에서 홀짝 맞추기 등이다. 동전던지기에서는 경험상 앞면과 뒷면이 나올 확률이 0.5라고 쉽게 알 수 있다. 그러나, 구슬놀이에서는 구슬을 쥔 사람이 상대방의 부르는 패턴을 학습하면서 개수를 조작할 수 있으므로 홀과 짝이 나올 확률은 다를 것이다. 물론 아무 생각 없이 구슬을 대충 나누어서 내미는 사람은 수도 없이 반복실험을 하다가 보면 홀수와 짝수가 나올 확률은 같게 될 수도 있다.

좀 더 불확실한 결과가 나타나는 실험으로서 중매결혼에 대해서 생각을 하면 미혼남녀가 선을 보아서 그 자리에서 두 사람이 서로 마음에 들어서 곧 결혼에 성공할 확률이 p라고 한다면 성공을 하지 못할 확률은 $1-p$가 될 것이다. 당사자가 한 눈에 반하면 결혼 성공확률이 높을 것이고 서로 생각하는 조건이 상호 맞지 않으면 확률은 낮아질 수도 있을 것이다! 하여간, 이 문제는 참으로

15 그는 무려 300년 전에 이미 죽었다!! 그런데 "베르누이"는 일본사람들이 부르는 방식인데 우리도 그대로 따라 부른 것이고 미국이나 유럽사람들은 "버~누이"라고 발음을 한다. 따라서 상대를 봐가면서 말을 하면 더 낫겠다. 단, "베르노울리"라고 발음을 하지는 말자!! ^^. 이건 아니다.

복잡한 문제이다 ^^.

베르누이시행의 또 다른 예로서 통신네트워크에서 디지털신호가 0혹은 1의 값으로 랜덤한 순서에 의해서 생성된다고 하면 이때 0이 나올 확률을 p라고 하면 1이 나올 확률은 $1-p$가 될 것이다.

따라서, 베르누이 시행에 대하여 다음과 같은 사실을 알 수 있다.

시행결과	확률
o	p
x	1−p

이항분포 위의 예에서 공학적으로 의미가 있는 것을 예를 들어보자. 통신네트워크에서 디지털신호에 대하여 생각을 하자. 이 때 디지털신호를 나타내는 0과 1이 랜덤하게 나타나는 경우 이 실험은 베르누이 시행에 해당한다. 단, 여기서 0이 나타날 확률은 p이고 1이 나타날 확률은 1−p이다. 이 때 이와 같은 실험을 n번 반복하였을 때 우리가 관심을 가지는 문제로서 0이 나온 횟수가 k번일 확률이 얼마인지 그 값을 구해보자.

먼저 통신네트워크에서 디지털신호가 0혹은 1의 값으로 랜덤한 순서에 의해서 생성된다고 하고 이때 X를 n개의 비트를 관찰하였을 때 0이 나올 횟수라고 하자. 그러면, X가 가질 수 있는 값의 범위는 0부터 n까지의 값이 된다. 여기서, 우리의 관심은 0이 나온 횟수가 k일 확률이 얼마인지를 알아보는 것이다.

이를 위하여 임의의 i, 단, $i = 1, 2, \quad , n$번째 관측시점에서 디지털신호가 가지는 값을 A_i라고 두자. 그리고 i번째 관측에서 0혹은 1이 나올 사건을 각각 Z_i와 O_i로 표기한다. 즉 모든 i에 대하여 A_i는 Z_i와 O_i 중의 한 값을 가지게 된다.

한편, n개의 비트를 관찰하였을 때 각 관측결과는 상호독립이므로 전체의 실험결과의 확률을 아래와 같이 나타내기로 한다.

$$P\{A_1, A_2, \cdots, A_n\} = P\{A_1\}P\{A_2\}\cdots P\{A_n\}$$

이 때 총 n번의 관측에서 0을 k번 관측할 경우는 전체 n번의 관측 중에서 0이 k번 관측되고 나머지 $n-k$번은 1이 관측되는 경우이므로 위의 식은 다음과 같다.

$$P\{k\text{번 0이 나옴}\} = p^k(1-p)^{n-k}$$

그런데, n번의 시행에서 k번 0이 나올 경우의 수는 $\binom{n}{k}$가지이므로 결국 0이 k번 나올 확률은 다음과 같다.

$$P\{n\text{번의 관측에서 }k\text{번 0이 나옴}\} = \binom{n}{k}p^k(1-p)^{n-k}$$

위의 식을 기억을 하기 쉽게 기호를 써서 다음과 같이 나타내기로 하자.

$$P\{n\text{번의 관측에서 }k\text{번 0이 나옴}\} = P(n,k,p) = \binom{n}{k}p^k(1-p)^{n-k}$$

위의 식에서 경우의 수를 나타내는 $\binom{n}{k}$는 파스칼의 삼각형에 해당한다. 따라서 만약 $p=0.5$라면 이 함수는 좌우대칭함수가 됨을 알 수 있다.

그런데, 위의 식은 확률을 나타내는 식이고 일반적으로 확률변수가 이항분포를 따른다고 할 때 그 확률변수를 $B(n,p)$와 같이 써서 그 확률변수가 이항분포를 따름을 표시한다. 이 기호가 나타내는 것은 성공과 실패로 구분되는 어떤 확률실험에 대하여 총 시행횟수가 n회이고 매 실험마다 성공확률이 p인 확률과정을 말한다.

위의 식으로부터 우리는 중요한 결과를 얻었는데 요약을 하면 다음과 같다. 실험의 결과가 두 가지로 나타나는 베르누이 시행을 n번 하여서 그 중에서 어떤 한 결과가 k번 나올 확률을 구하였더니 총 경우의 수가 ${}_nC_k$가지이고 두 결과가 각각 k번과 $n-k$번이 나오는 확률을 가짐을 알 수 있었다. 이와 같이 두 가지 실험의 결과가 서로 상관이 있는 변수를 가지고 두 개의 항으로 표시된다고 하여 이와 같은 확률분포함수를 **이항분포**(二項分布, Binomial distribution)라고 한다.

이항분포를 이용하여 확률을 계산할 수 있는 가장 대표적인 것이 윷놀이의 결과에 대한 확률의 계산이다. 우리는 보통 나무로 된 윷을 가지고 윷놀이를 한다고만 생각해 왔는데 사실은 동전 4개만 있으면 윷놀이가 가능하다. 동전은 10원, 50원, 100원, 500원 등 무엇이든 가능하기에 돈이 많이 드는 것도 아니다. 최소한 40원만 있으면 되니까 아마 세상에서 가장 싼 윷이 아닐까? ^^

아래의 예제를 보기로 한다.

예제 3.10 앞면과 뒷면이 나올 확률이 같은 500원짜리 동전을 4개 이용하여 꼼수를 부리지 않고 (가령, 동전 4개를 모두 윗면을 향하게 한 뒤 손바닥을 뒤집어서 땅을 집는다든지 등등 ^^) 충분히 높이 던져서 윷놀이를 한다고 하자. 이 때 도, 개, 걸, 윷 그리고 모 중에서 나올 확률이 높은 순서대로 나열하라.

풀이

동전에서 앞면과 뒷면이 나올 확률이 같으므로 $p = 1 - p = 0.5$이다. 그리고 도, 개, 걸, 윷 그리고 모가 나올 확률은 각각 다음과 같다.

도: 앞면이 3개, 뒷면이 하나가 나옴 $\rightarrow P\{\text{도}\} = \binom{4}{3}\left(\frac{1}{2}\right)^4 = \frac{1}{4}$

개: 앞면과 뒷면이 각각 2개가 나옴 $\rightarrow P\{\text{개}\} = \binom{4}{2}\left(\frac{1}{2}\right)^4 = \frac{6}{16} = \frac{3}{8}$

걸: 앞면이 1개 뒷면이 3개가 나옴 $\rightarrow P\{\text{걸}\} = \binom{4}{1}\left(\frac{1}{2}\right)^4 = \frac{1}{4}$

윷: 모두 뒷면이 나옴 $\rightarrow P\{\text{윷}\} = \binom{4}{4}\left(\frac{1}{2}\right)^4 = \frac{1}{16}$

모: 모두 앞면이 나옴 $\rightarrow P\{\text{모}\} = \binom{4}{4}\left(\frac{1}{2}\right)^4 = \frac{1}{16}$

위의 실험결과를 바탕으로 도, 개, 걸, 윷 그리고 모에 대하여 나올 확률이 높은 순서대로 나열하면 개가 나올 확률이 가장 높고 그 다음으로 도와 걸이 나올 확률이 같은 값을 가지며, 마지막으로 가장 나오기 어려운 경우는 윷과 모이다. 물론 윷과 모는 나올 확률이 같다. 그래서, 윷과 모가 나오면 윷말을 가장 멀리까지 보내게 한 것이 아닐까?

그런데, 여기서 질문 하나! 윷놀이에서 윷이 주인인데 그럼 왜 모가 윷보다 윷말을 한 칸 더 멀리 가게 한 것일까?

문제 3.14

어떤 네트워크 라우터에 고객이 n명이 연결되어 있다고 한다. 그리고 임의의 관측시간에 각 고객이 패킷을 발생할 확률은 상호독립적이고 그 확률은 모두 같으며 p라고 한다. 만약 $n=10$이고 $p=0.1$이라고 할 때 다음의 물음에 답하라.

❶ 관측시점에 2개의 패킷이 발생될 확률을 구하라.
❷ 관측시점에 많아 봐야 5개의 패킷이 발생될 확률을 구하라.
❸ 관측시점에 최소한 3개의 패킷이 발생될 확률을 구하라.
❹ 관측시점에 발생된 패킷이 2개 보다 적을 확률을 구하라.
❺ 관측시점에 발생된 패킷이 9개 보다 많을 확률을 구하라.

문제 3.15

이항분포를 따르는 확률과정 $B(n,p)$에서 확률 값이 가장 큰 것은 확률변수의 값이 얼마일 때인가?

음이항분포함수 이항분포를 공부할 때 한 가지 더 알아두면 도움이 되는 확률분포함수로서 음이항분포(陰二項分布, Negative binomial distribution) 함수가 있다. 앞에서 다루었던 성공확률이 p인 베르누이 시행에서부터 이 이야기를 진행한다.

베르누이 시행에서는 매 시행 때마다 실험의 결과가 독립이므로 각 시행에서 성공할 확률은 p이고 실패할 확률은 $1-p$이다.

이 때 이 시행에서 k번 성공을 하기 위해서 필요한 시행의 횟수를 확률변수 X로 두자. 그렇다면 반대로 이렇게 생각할 수도 있음을 알 필요가 있다. 즉, k번 성공을 하기 위해서 필요한 시행의 횟수를 X라고 할 때 만약 $X=n$이라고 함은 이를 다시 말하면 $n-1$번의 시행 중 $k-1$번을 성공한 후 마지막 n번째 될 때 성공을 하여 결국은 n번째 되는 시행에서 성공한 횟수가 k가 되어야 한다.

위와 같은 상황을 확률로 나타내면 다음과 같다.

$$P\{X=n\}=\binom{n-1}{k-1}p^{k-1}(1-p)^{n-k}p=\binom{n-1}{k-1}p^{k}(1-p)^{n-k}$$

위의 확률밀도함수를 음이항 확률밀도함수(Negative binomial probbility density function)라고 부른다.

예제 3.11 어떤 사람이 농구장에 자유투를 하려고 갔다. 그런데 그는 골을 10번을 넣지 않으면 집에 가지 않으려는 야무진 결심을 했다. 그런데 문제는 그가 공을 던져서 골을 넣을 확률이 10%밖에 안된다는 것에 있다. 하여간, 그가 목표를 달성하려고 한다면 그는 집에 가기 위해서 공을 100번이나 던져야 할 확률은 얼마일까?

풀이

그가 10번을 골을 넣어야 집에 간다고 하였으므로 문제에서 구하라고 하는 것은 10번을 골을 넣기 위하여 공을 100번이나 던져야 할 확률이다. 따라서, 위의 공식에서 $n=100$, $k=10$일 경우이며 그 확률은 다음과 같다.

$$P\{X=100\}=\binom{99}{9}0.1^{9}\,0.9^{90}$$

Wow, 그런데 위의 값을 계산하는 것이 장난이 아닐 것 같다. 먼저 0.9를 90번이나 제곱을 해야 하고, 앞의 조합계산도 그렇고…. 계산은 각자 컴퓨터를 이용하여 해보자.

문제 3.16

A, B 두 팀이 농구를 하였는데 득점이 같아서 자유투를 던져서 5개를 먼저 성공시키는 팀이 이기는 것으로 하였다. 자유투는 A팀이 먼저 던지는 것으로 하고 각 팀은 번갈아 가면서 공을 던지기로 하였다. 이 때 A, B 팀의 자유투 성공확률은 50%라고 한다. 이 때 승부가 결정이 난 것이 10번째일 확률은 얼마인가?

(3) 기하분포

기하분포(幾何分布, Geometric distribution)는 이항분포에서와 같이 베르누이시행을 한 결과로부터 유래한다. 따라서, 각 관측간에 상호 독립인 사건이 나오는 확률실험에서 앞에서와 같이 어느 미혼인 남자와 여자가 선을 보고 두 사람이 서로 마음에 들어서 곧 결혼에 성공할 확률이 p라고 한다면 결혼에 성공을 하지 못할 확률은 $1-p$가 되는데 이 때 우리가 관심을 가지는 것은 한 남자가 결혼에 성공할 때까지 선을 보아야 하는 횟수에 관한 것이다.

여기서 결혼에 성공하는 사건은 사실 매번 독립적인 사건이므로(어쩌다가 예전에 선을 본 사람과 다시 만난다면 문제가 조금 복잡해지겠지만 …) 일반적으로 선을 볼 때 과거의 일이 현재에 아무런 영향을 미치지 못한다고 가정을 할 수 있다. 그래서, 남자가 선을 보아서 언제 결혼에 성공할지는 사실 아무도 모른다!

여기서 확률변수 X를 남자가 결혼에 성공할 때까지 보아야 하는 선의 횟수라고 하자. 그리고 $X=n$일 확률 $P\{X=n\}$을 구해보자. 이를 위해서 명심해야 할 것은 $X=n$이라는 말은 이 남자가 n번 선을 보았는데 $n-1$번은 연거푸 결혼에 까지 도달하는데 실패를 하였고 마지막 n번째 드디어 결혼에 성공을 하였다는 뜻임을 알 수 있다.

이 때 i번째 선을 보았을 때 성공하는 사건을 S_i라고 하고 실패하는 사건을 F_i라고 하면 위에서 이야기한 것을 집합기호로 나타내면 처음부터 $n-1$번 선을 보아서 계속 실패를 하고 맨 마지막인 n번째 선을 보았을 때 성공을 한 경우이며 각 사건을 상호 독립이므로 이 상황을 수식으로 표현하면 다음과 같다.

$$
\begin{aligned}
P\{X=n\} &= P\{\bigcap_{i=1}^{n-1} F_i\} \cap P\{S_n\} = \prod_{i=1}^{n-1} P\{F_i\} P\{S_n\} \\
&= (1-p)^{n-1} p
\end{aligned}
$$

위와 같이 베르누이 시행을 기반으로 하는 어떤 확률실험을 할 때, 가령 성공과 실패라는 두 가지 가능한 상황이 있다고 하면 처음으로 성공을 하기 위하여 시행해야 하는 실험의 횟수를 나타내는 함수인 이유로 이 확률함수를 **기하**(幾何=아이 참, "도대체 몇 번이나" 반복을 하란 말이야? ^^) 분포라고 부른다.

예제 3.12 어떤 남자가 선을 보고 결혼에 성공할 확률이 50%라고 한다. 그렇다면 이 남자가 세 번 만에 결혼에 성공할 확률은 얼마인가?

풀이

위의 식에서 $p=0.5$이고 $n=3$이므로 세 번 만에 결혼에 성공할 확률은 다음과 같다.

$$P\{X=3\} = 0.5^3 = 12.5\%$$

예제 3.13 어떤 남자가 선을 보고 결혼에 성공할 확률이 1%라고 한다. 그렇다면 이 남자가 언젠가는 결혼에 성공할 확률은 얼마일까?

풀이

우선 직관적으로 생각을 하면 이 남자가 어떤 여자와 만나서 선을 보고 결혼에 성공할 확률이 1%밖에 되지 않고 또 매 번 선을 보는 사건은 독립사건이므로 새로운 여자를 만나도 매번 성공할 확률은 1%일 것이고 따라서 도대체 결혼에 성공을 할 수 있을지 심히 걱정이 될지도 모른다.
그러나, But, 이 남자가 좌절하지 않고 또 포기[16]하지 않고 성공할 때까지 선을 계속 본다고 하면 결혼에 성공할 확률은 1이 된다. 그리고 수학적으로도 이 주장은 사실이다. 보시라 다음과 같다.

$$P\{X < \infty\} = \sum_{n=1}^{\infty}(1-p)^{n-1}p = \frac{p}{1-(1-p)} = 1$$

* 결론: 이 남자는 희망을 가지고 계속 선을 보아야 할 것이다!

문제 3.17

항아리에 W개의 흰 공과 B개의 검은 공이 들어있다고 한다. 그리고 끄집어 낸 공은 다시 항아리에 집어넣는다고 한다. 이 때 물음에 답하라.

❶ n번째 시행에서 처음으로 검은 공을 끄집어 낼 확률을 구하라.
❷ 검은 공을 끄집어 내기 위해서는 최소한 n번은 시행해야 할 확률을 구하라.

기하확률변수의 무기억성 기하확률변수도 기억을 못하는 무기억성(無記憶性, Memoryless property of geometric random variable)으로 알려져 있다. 기하확률변수 X의 무기억성은 다음과 같이 나타낸다.

$$P\{X = n + k \mid X > n\} = P\{X = k\}$$

16 '포기'는 배추를 세는 단위이다 ~~^*^~~

위의 식에서 보면 어떤 확률변수 X가 기하확률변수일 때 n번째까지 성공을 못한 상황에서 성공할 때까지의 시행횟수가 $n+k$일 확률은 n번 시행 동안의 성공여부에 관계 없이 k번 더 시행을 하여야 한다는 것을 의미한다. 위의 식이 사실인지 증명한 것이 아래에 나타나 있다.

$$P\{X>n\} = \sum_{k=n+1}^{\infty} q^{k-1} p = p\frac{q^n}{1-q} = q^n,$$

$$P\{X=n+k \mid X>n\} = \frac{P\{X=n+k\}}{p\{X>n\}} = \frac{q^{n+k-1}p}{q^n} = q^{k-1}p = P\{X=k\}$$

예제 3.14 어떤 장난감이 고장이 날 확률이 5%라고 한다. 그런데 이 장난감을 사서 고장이 없이 10년간을 잘 썼는데 그 뒤 1년 안에 고장이 날 확률은 얼마일까?

풀이

장난감이 고장이 날 확률이 0.05이므로 원래는 다음과 같이 계산을 하여야 한다.

$$\{X=11 \mid X>10\} = \frac{P\{X=11\}}{P\{X>10\}} = \frac{q^{10}p}{q^{10}} = q^0 p = P\{X=1\}$$

결국 위의 확률은 $P\{X=k\} = (1-p)^{k-1}p$에서 $k=1$이고 p가 0.05일 확률이다. 따라서, 장난감을 사서 고장이 없이 10년간을 잘 썼는데 그 뒤 1년 안에 고장이 날 확률은 그냥 1년 밖에서 쓰지 못할 확률이며 다음과 같다.

$$p\{X=1\} = 0.05$$

문제 2.1 어떤 로또에서 1등으로 당첨될 확률은 8,140,000분의 1이라고 한다. 나일등씨는 오직 로또 일등에 당첨되겠다는 일념으로 그 동안 8,139,999번이나 로또를 샀는데 한 번도 1등에 당첨되지 못하였다. 그럼 이 사람이 8,140,000번째에 로또를 산다면 이 때 1등에 당첨될 확률은 얼마인가?

(4) 푸아송분포

여러분은 어렸을 때 여름방학을 이용하여 시골의 할머니 댁에서 보내곤 했을 것이다. 나도 여름방학을 가야산이 바로 보이는 물 맑고 산 깊은 경북 성주의 할머니, 할아버지 댁에서 보내곤 하였다. 그 당시 우리 집에는 소를 키웠는데 늦은 오후에는 동네 아이들이 소를 몰고 강가의 들로 나가서 해가 질 무렵까지 소에게 풀을 먹였다.

그곳에는 낙동강의 지류치고는 꽤나 넓고 물이 맑아서 피리, 버들치 등 빛깔이 예쁜 물고기가 많이 살고 있는 하천이 흐르고 있었고 그 너머에 국도가 지나고 있었는데 나는 소가 풀을 뜯어먹는 여름 오후의 지루한 시간을 멱도 감고 강가의 나무 그늘 아래에 앉아서 국도를 지나가는 차의 수를 헤아리면서 보내곤 하였다. 그 당시만 해도 우리나라에는 자가용이 거의 없었고 차가 귀하던 시절이라 시골에서 차를 보는 일은 큰 즐거움이었다.

그 당시 나는 확률이나 평균값이 무엇인지를 아직 모르던 시절이었으므로 다음에 또 차가 지나가는 것이 언제인지를 궁금해 하곤 하였다. 이와 같이 일정한 관측 시간 동안에 자신이 관심을 가지는 사건이 몇 번이나 일어날지를 알아보는 일은 여가 이상의 의미가 있는데 특히 공학적인 문제에 있어서 이와 같은 문제는 큰 의미를 지닌다. 한편, 이와 같은 특징을 잘 모형화하는 함수로 푸아송분포 함수가 있다.

푸아송분포 푸아송[17] 분포를 따르는 확률함수는 임의의 연속하는

17 사실, Poisson의 정확한 불어발음은 필자가 가지고 있는 불어사전인 Dictionnaire Francais-Japonais Royal에 의하면 "프와송"이다. 그런데, 일본사람들이 발음을 이렇게 망가뜨려 놓았다!!

시간구간 t 동안 k개의 사건이 일어날 확률을 나타낼 때 유용한 함수이다. 푸아송 분포함수는 19세기의 스위스 수학자 푸아송(S.D. Poisson, 1781-1840)이 생각해 낸 이산확률분포함수이다. 여기서 관측기간은 연속시간이고 사건의 개수가 이산치를 가짐을 유의할 필요가 있다. 즉, 푸아송 분포는 시간적으로 임의적으로 발생하는 다수의 독립사건으로 구성된다.

푸아송 분포를 따르는 사건의 예로는 어느 공장에서 하루 동안 고장이 나는 기계의 대수, 가게로 일정 시간 동안 물건을 사러 오는 고객의 수, 하루 동안 고속도로를 지나가는 차량의 대수, 또는 그 고속도로에서 일어나는 자동차 사고의 수, 그리고 인터넷에서 일정한 관측기간 동안 네트워크 라우터로 들어온 패킷의 수 등 특정한 시간 동안에 일어나는 사건의 수를 모형화하는데 아주 유용한 확률분포함수로서 물리적으로 아주 의미가 큰 함수이다. 눈치가 빠른 사람이라면 이 대목에서 벌써 자신이 모형화하려는 어떤 문제가 푸아송 분포를 따르는 확률변수로 나타낼 수 있음을 알아차렸을 것이다.

하여간, 이와 같이 활용범위가 아주 넓은 푸아송 분포함수를 정의하기 위해서는 다음과 같은 몇 가지 가정이 필요하다.

- 가정 1: 임의의 시간 구간 내에서의 사건발생은 서로 다른 시간구간에서 발생한 사건과 상호 독립이다.
- 가정 2: 임의의 충분히 작은 시간구간 $\Delta t \to 0$에서 사건은 오직 한 번만 일어나며[18] 그때의 확률은 $p = \lambda \Delta t$이다. 단, 여기서 λ는 긴 시간을 단위로 하였을 때의 사건의 평균발생률이다. 이 가정으로부터 한 가지 알 수 있는 사실은 시간구간 Δt 동안 사건이 일어나지 않을 확률 q는 $q = 1 - p$이다. 따라서,

18 최근 세계육상선수권대회에서 선수들의 기량이 너무 비슷해서 결승점을 통과한 순서를 초고속 연속 촬영 카메라로 판독을 하여 1/000초의 단위로 1등을 가리는 일과 같이 시간 단위를 쪼개면 어떻게든 어느 순간에 하나의 사건만 일어난다는 사실을 판명할 수 있다!

이 사건은 베르누이 과정을 따른다.

임의의 시간구간 $[0, t]$ 동안 k개의 사건이 일어날 확률을 $P(k, t)$라고 하고 이를 구하기 위하여 우선, 시간 $[0, t+\Delta t]$ 동안에 사건이 하나도 일어나지 않을 확률은 구하면 다음과 같다.

$P(0, t+\Delta t) = P\{(0, t)$간에 사건이 하나도 일어나지 않고 시간 $(t, t+\Delta t)$에 역시 사건이 하나도 일어나지 않음$\}$

이 때 서로 다른 시간 구간간에 사건이 일어날 경우 이들은 상호 독립이므로 위의 식을 구간별로 독립적인 확률로 구할 수 있다. 따라서, 위의 식은 다음과 같이 표현이 가능하다.

$P(0, t+\Delta t) = P\{[(0, t)$간에 사건이 하나도 일어나지 않음$\}$
$\times P\{(t, t+\Delta t)$에 사건이 하나도 일어나지 않음$\}$

이 때 위의 식은 다시 다음과 같이 표현이 가능하다.

$$P(0, t+\Delta t) = P(0, t)q = P(0, t)(1-\lambda\Delta t)$$

위의 식에서 맨 좌측의 항과 맨 우측의 항을 좌우로 정리하여 아래와 같이 바꾸어 쓰기로 한다.

$$\frac{P(0, t+\Delta t) - P(0, t)}{\Delta t} = -\lambda P(0, t), t \geq 0$$

여기서 $\Delta t \to 0$에 대하여 위의 식은 다음과 같은 미분방정식으로 귀결된다.

$$\frac{d}{dt}P(0, t) = -\lambda P(0, t)$$

위의 식은 1계 미분방적식이므로 위에서 $P(0, t)$를 왼쪽으로 넘겨서 양변을 적분을 하면 아래의 결과를 얻는다.

$$LogP(0, t) = -\lambda t + C$$

이번에는 위의 식에 대하여 양변에 지수함수를 가하면 다음의 결과를 얻는다.

$P(0,t) = e^{-\lambda t + C} = Ae^{-\lambda t}$, 단, $A = e^C$이다.

우리는 이제 위의 식에서 A를 구하여야 한다. 한편, 미분방정식에서 앞의 계수는 초기조건으로부터 구하는데 관측시간구간이 0인 경우에서는 사건이 일어나지 않을 확률이 1이라는 사실로부터 $P(0,0) = 1$임을 알 수 있다. 따라서, 위의 마지막 식은 다음과 같이 단순화된다.

$$P(0,t) = e^{-\lambda t}$$

이번에는 시간 $t + \Delta t$ 동안에 k개의 사건이 일어날 확률을 구하기로 한다. 시간 $t + \Delta t$ 동안에 k개의 사건이 일어날 확률을 $P(k, t + \Delta t)$로 표기하면 그 확률은 두 가지 경우로 나누어서 생각을 할 수 있는데, 다음과 같다.

> 첫 번째는 시간 t동안에 k개의 사건이 일어나고 나머지 Δt 동안에 사건이 하나도 일어나지 않을 경우
> 두 번째는 시간 t동안에 $k-1$개의 사건이 일어나고 나머지 Δt 동안에 사건이 하나 일어날 경우

따라서, 위의 두 가지 경우를 고려한 확률은 다음과 같다.

$$\begin{aligned} P(k, t+\Delta t) &= P(k,t)q + P(k-1,t)p \\ &= P(k,t)(1 - \lambda \Delta t) + P(k-1,t)\lambda \Delta t \end{aligned}$$

위의 식에서 좌항과 우항을 정리하면 다음과 같은 관계식을 얻을 수 있다.

$$\frac{P(k, t+\Delta t) - P(k,t)}{\Delta t} = -\lambda P(k,t) + \lambda P(k-1,t)$$

여기서도 앞에서와 마찬가지로 $\Delta t \to 0$에 대하여 위의 식은 다음과 같은 미분방정식으로 귀결된다.

$$\frac{d}{dt}P(k,t)+\lambda P(k,t)=\lambda P(k-1,t)$$

위의 미분방정식을 풀기 위하여 초기조건으로 다음의 조건을 생각한다. 즉, 관측시간구간 0동안에 k개의 사건이 일어날 확률은 없다.

$$P(k,0)=0$$

먼저, $k=1$일 경우를 생각하자. 그러면 위의 방정식 $\frac{d}{dt}P(k,t)+\lambda P(k,t)=\lambda P(k-1,t)$은 다음의 식으로 나타낼 수 있다.

$$\frac{dP(1,t)}{dt}+\lambda P(1,t)=\lambda P(0,t)$$

위의 식을 풀기 위하여 이 지점에서 나는 여러분이 공업수학에서 미분방정식을 충분히 배웠다는 것을 가정하고 있다. 하여간, 우리는 위의 미분방정식이 일반해(homogeneous solution, 따라서 그 해를 $P_h(1,t)$로 표시함)와 특별해(particular solution, 같은 의미로 $P_p(1,t)$로 표시함)의 두 개의 해를 가진다는 사실을 알 필요가 있다. 즉, 위의 방정식의 해는 다음과 같이 표기할 수 있다.

$$P(1,t)=P_h(1,t)+P_p(1,t)$$

여기서 먼저 일반해는 다음의 식을 만족한다.

$$\frac{dP_h(1,t)}{dt}+\lambda P_h(1,t)=0$$

위의 방정식의 해는 다음과 같다.

$$P_h(1,t)=0$$

한편, 특별해는 방정식 $\frac{dP(1,t)}{dt}+\lambda P(1,t)=\lambda P(0,t)$에서 우항

의 영향을 받는 해로서 다음과 같다.

$$P_p(1,t) = \int_0^t \exp[-\lambda(t-\tau)]\lambda\exp[-\lambda\tau]d\tau = \lambda te^{-\lambda t}$$

결국 $P(1,t)$는 다음의 식으로 나타낼 수 있다.

$$P(1,t) = \lambda te^{-\lambda t}$$

위와 같은 방법을 반복하여 k가 2인 경우에도 방정식의 해를 얻을 수 있고 그 결과는 다음과 같다.

$$P(2,t) = \frac{(\lambda t)^2}{2}e^{-\lambda t}$$

위의 결과로부터 우리는 어떤 일정한 규칙을 얻을 수 있고 같은 방법으로 k가 2보다 더 큰 경우에도 방정식의 해를 얻을 수 있으며 그 결과는 다음과 같다.

$$P(k,t) = \frac{(\lambda t)^k}{k!}e^{-\lambda t}$$

위의 식은 이 식을 고안한 프랑스의 수학자의 이름을 따서 푸아송(Poisson) 분포라고 부른다. 위의 식에서 한 가지 알아두면 편리한 사항으로서 관측기간인 t에 대하여 비교적 자유로운 설정이 가능하다는 것이다. 즉, 관측시간을 1초, 1분, 혹은 1시간이나 하루로 가정을 하면 t의 값이 1로 정규화되어서 확률밀도함수가 아래와 같이 보다 더 간단하게 표시될 수 있다.

$$P(k) = \frac{(\lambda)^k}{k!}e^{-\lambda}$$

보라. 식이 조금 외우기 쉬워지지 않았는가?

푸아송 분포는 일정한 시간간격 동안 일어난 사건의 수에 대한 확률을 계산하기에 편한 이유로 주변의 거의 모든 물리적 현상에서 사용되어오고 있으나, 특히 네트워크 모델링에서는 단골손님으로 등장하는 확률질량함수이다. 즉, 대규모네트워크에 대하여 충분히 큰 수의 가입자를 수용하는 스위치(교환기)나 인터넷 라우터로 들어오는 호(Call)의 수나 패킷(Packet)의 수를 모델링할 때 아주 유용한 확률함수로 널리 알려져 있다.

예제 3.15 창원시에 있는 경상남도 도청 앞을 지나가는 시내버스의 수는 1분에 평균 5대라고 한다. 어느 날 도청 앞에 서서 1분 동안 지나가는 버스의 수를 관찰하였을 때 지나간 버스의 수가 5대 이상일 확률은 얼마인가?

풀이

버스의 평균 도착률이 1분당 5대이므로 $\lambda = 5$이다. 1분 동안 지나가는 버스의 수를 관찰하였을 때 지나간 버스의 수가 5대 이상일 확률은 전체 확률에서 버스가 지나갈 확률이 4대 이하일 확률을 빼면 되므로 그 결과는 다음과 같다.

$$P\{1\text{분동안 지나간 버스의 수가 5대 이상}\} = 1 - \sum_{k=0}^{4} \frac{(5)^k}{k!} e^{-5}$$

문제 3.19

어떤 사람의 PC에는 1시간 동안 평균적으로 60개의 이메일이 들어온다고 한다. 이 때 아래의 물음에 답하라.

❶ 5분 동안에 단 한 개의 이메일도 도착하지 않을 확률은 얼마인가?

❷ 1분 동안에 3건 이상의 이메일이 도착할 확률은 얼마인가?

문제 3.20

평균도착률이 λ인 푸아송분포를 따르는 확률변수는 그 변수의 값이 얼마일 때 확률이 최대인가?

3) 긴 꼬리분포를 가지는 확률변수

1995년 빌게이츠의 마이크로소프트(Microsoft)가 윈도우95를 발매하기 이전에는 주된 통신수단이라고 해야 고작 고정 전화밖에 없었다. 이와 같이 고정 전화망이 주류를 이루던 시절에는 음성신호를 담은 패킷의 길이는 ITU-T의 표준 음성 코딩방식인 G.711에 의하여 정의된 약 260바이트의 고정길이의 크기였다고 한다. 왜냐하면, 대부분의 사람들의 음성신호로부터 나오는 신호의 특성이 크게 다르지 않고 그 음성을 하나의 코딩기술을 사용했기 때문이다.

그런데, 그 후 인터넷과 무선전화의 발달로 다양한 형태의 코딩기술이 등장함에 따라 정보통신 네트워크를 흐르는 패킷의 길이는 다양한 값을 가지게 되어서 이들 서비스가 동일한 네트워크상을 따라 흐르게 되면 다양한 응용서비스로부터 발생된 각기 다른 패킷은 그 길이가 확률변수와 같은 동작을 하게 된다.

한편, 1994년 르랜드(Leland), 타크(Taqqu), 그리고 윌링거(Willinger) 등은 이더넷랜(Ethernet LAN) 상을 흐르는 패킷의 길이를 측정한 결과 그들이 자기유사성과 긴 꼬리 분포를 가지고 있는 것을 세계에서 최초로 발견하였다.

최근에는 장거리 정보통신 네트워크를 흐르는 패킷의 길이를 조사해 본 결과 패킷의 길이가 아주 작은 것에서부터 아주 긴 것까지 다양한 크기에 걸쳐 무시할 수 없는 확률을 가지고 나타남을 발견하였다는 연구결과도 있다. 즉, 현재의 네트워크상에는 무시할 수 없는 수의 패킷의 길이가 짧은 것부터 중간 크기의 것, 그리고 긴 패킷까지 다양한 길이를 가지고 있다는 의미이다. 그 이유는 네트워크를 흐르는 데이터가 종래의 음성뿐만 아니라 텍스트, 이미지, 비디오, 오디오, 게임, 파일 등 응용서비스의 형태가 너무나 다양해졌기 때문이다.

한편, 일반적으로 확률의 세계에서 **짧은 꼬리**를 가지는(Short-tailed) 확률분포함수는 확률변수의 값이 커짐에 따라 그 변수가 나타날 확률이 지수함수적으로 작아져서 충분히 큰 확률변수 값에 대하여 그 변수 값이 나타날 확률이 0으로 근접한다고 알려져 있다. 즉, 우리가 앞에서 공부한 지수확률분포를 가진다.

한편, **긴 꼬리**를 가지는(Heavy-tailed, 혹은 Long-tailed) 확률변수는 그렇지 않다. 즉, 확률변수의 값이 커져도 그 확률변수가 나타날 확률이 0으로 근접하지 않는다. 이와 같은 분포함수를 따르는 예로서는 LAN 트래픽을 비롯하여 최근의 인터넷 응용서비스가 발생시키는 대부분의 서비스들이다.

그림 3-4는 네트워크 엔지니어가 이와 같은 현상을 설명하는데 자주 인용하고 있는 긴 꼬리를 가지는 확률변수의 대표적인 그래프이다.

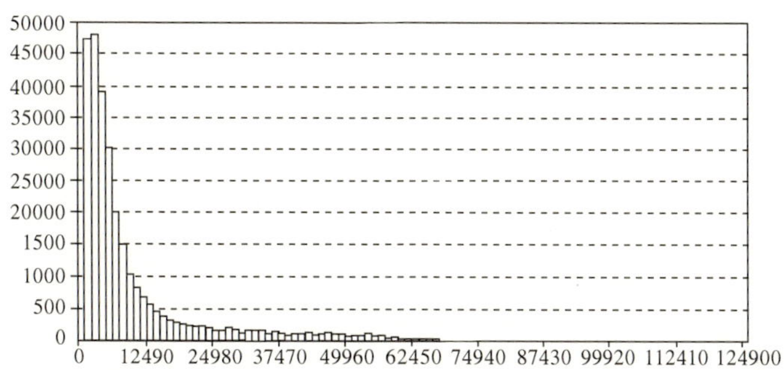

그림 3.4 Star Wars의 프레임 크기분포[단위:Kbits]

그림에서도 보는 바와 같이 영화 스타워즈(Star Wars)가 등장인물의 복장도 화려하고 또 움직임도 다양하여 비디오화면을 구성하는 프레임을 나타내기 위하여 필요로 하는 픽셀수의 크기가 다양하다. 따라서, 대부분의 프레임의 길이가 작은 값을 가지는 가운데서도 한편으로는 꽤 큰 크기의 프레임도 무시할 수 없을 정도로 많다는 것을 알 수 있다. 그래서, 프레임의 크기분포를 보면 오른 쪽으로도 꽤 긴 꼬리를 가지고 있는 것을 볼 수 있다. 따라서, 이와 같은 현상을 네트워크의 설계 시에는 무시할 수 없는 것이다.

긴 꼬리 분포 가운데서 대표적인 분포로는 **파레토**(Pareto)**분포**와 **와이블**(Weibull)**분포**가 있다. 아래에서 각 분포에 대하여 알아본다. 먼저 파레토 분포를 소개한다.

(1) 파레토 분포

파레토 분포는 이탈리아의 경제학자 빌프레도 파레토(Vilfredo Pareto, 1848–1923)가 고안한 것으로서 두 개의 파라미터를 가지는 분포함수이다. X를 확률변수, m을 확률변수가 가질 수 있는 최소값, α는 분포함수의 꼬리지수라고 할 때 파레토 분포를 따르는 확률변수는 다음의 식을 만족한다.

$$F(x) = \Pr\{X \le x\} = 1 - \left(\frac{m}{x}\right)^{\alpha}, \quad (x > m, \alpha > 0)$$

한편, 위의 분포함수로부터 확률밀도함수는 다음과 같다.

$$p(x) = \Pr\{X = x\} = \alpha m^{\alpha} x^{-\alpha-1}, \quad (x > m, \alpha > 0)$$

여러 분은 이와 같이 수식으로만 확률의 특성을 나타내어서는 그의 물리적 의미를 관찰하기에는 감이 잘 떠오르지 않을 것이다. 그래서, 格物致知라고 했지 않은가? 그럼 어떻게 해야 할까? 일단 그림을 그려보는 것이 나을 것이다. 아래에 예를 들어본다.

예제 3.16 파레토 분포를 따르는 확률변수 X가 최소값 1, 꼬리지수 0.5의 값을가질 때 [1, 100]의 범위에서 확률질량함수와 분포함수를 각각 그려라. 단, 편의를 위하여 X의 간격은 10씩 증가하는 경우에 대하여 그래프를 그려라.

풀이

위에서 가정한 파라미터를 고려하였을 때 위의 파레토 분포를 따르는 확률변수 X의 확률밀도함수는 $p(x) = 0.5x^{-1.5}, (x > 1, \alpha > 0.5)$임을 알 수 있다. 한편 분포함수는 $F(x) = 1 - 1/\sqrt{x}, (x > 1, \alpha > 0.5)$이다.

다음의 그림은 이들 함수를 나타낸 것이다.

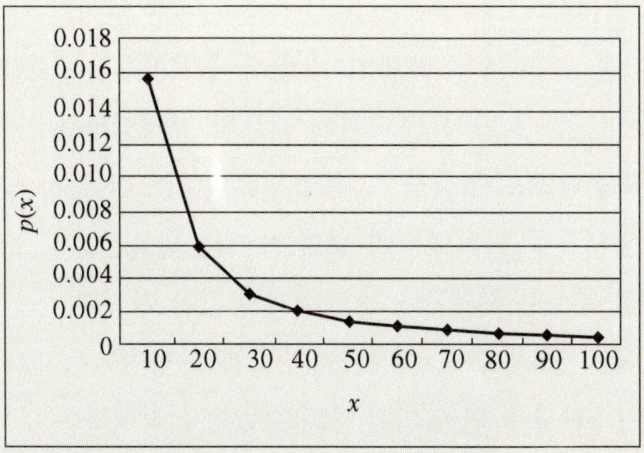

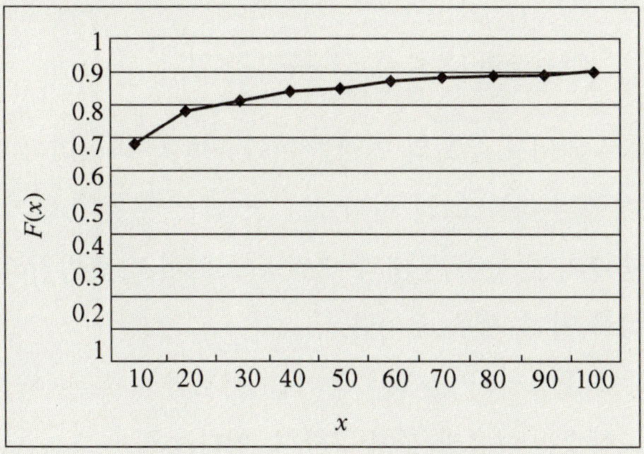

위의 예에서도 볼 수 있는 바와 같이 파레토분포를 따르는 확률변수 X의 값이 증가하여도 확률밀도함수의 값은 무시할 수 없을 만큼의 크기를 가지고 있음을 알 수 있다. 그리고 확률밀도함수는 X의 값이 커질수록 기울기가 완만해짐을 알 수 있다. 따라서, 꼬리가 길어지는 것이다!!

문제 2.2

영화 D-War의 프레임을 패킷으로 만들어서 인터넷상으로 보여주는 주문형 비디오(VoD) 서비스를 분석하여 보았더니 패킷의 길이분포가 최소값 60, 꼬리지수가 0.7인 파레토 분포를 따른다고 알려졌다. 이 때 임의의 패킷을 끄집어 내어서 관찰해 보았을 때 그 패킷의 길이가 1500보다 클 확률은 얼마인가?

(2) 와이블 분포

와이블 분포는 스웨덴의 기술자 왈로디 와이블(Waloddi Weibull)이라는 사람이 1937년에 재료의 파괴강도를 분석하면서 고안한 확률분포로서 금속 및 복합재료의 강도나 전자 및 기계부품의 수명분포를 나타내는데 널리 쓰이는 확률분포로 알려져 있다. 와이블 분포는 확률변수가 연속적인 값을 가진다.

와이블 분포함수도 파라미터가 2개로 정의되는 함수인데 X를 확률변수라고 하면 임의의 양의 수 α와 c에 대하여 분포함수는 다음의 식을 만족한다.

$$F(x) = \Pr\{X \le x\} = 1 - e^{-\left(\frac{x-m}{c}\right)^{\alpha}}, \qquad x > m$$

여기서 와이블 분포의 매개변수(媒介變數, 파라미터)인 α와 c에 대하여 양수라는 조건 이외에는 별 다른 조건이 없기 때문에 이 분포함수가 공학적 문제의 모델링에 있어서 광범위하게 사용이 가능함을 알 수 있을 것이다.

위의 식으로부터 우리는 와이블 분포를 따르는 확률변수의 확률 밀도함수는 다음과 같이 구할 수 있다.

$$f(x) = \Pr\{X = x\} = \left(\frac{\alpha}{c}\right)\left(\frac{x-m}{c}\right)^{\alpha-1} e^{-\left(\frac{x-m}{c}\right)^{\alpha}}, \qquad x > m$$

여기서도 확률밀도함수가 x의 Power함수로 주어진 것 이외에는 물리적인 현상을 감지하기가 쉽지 않다. 그래서, 예를 들어서 성질을 알아보자.

예제 3.17 와이블 분포를 따르는 확률변수 X가 모수 $m = 0$, $\alpha = 0.5$, $c = 2$일 때 [1, 100]의 범위에서 확률 밀도함수와 분포함수를 그려라. 단, 편의를 위하여 X의 간격은 10씩 증가하는 경우에 대하여 그래프를 그려라.

풀이

위에서 가정한 파라미터를 고려하였을 때 위의 와이블 분포를 따르는 확률변수 X의 확률밀도함수는 $f(x) = \dfrac{1}{2\sqrt{2}\,x} e^{\sqrt{\frac{2}{x}}}$임을 알 수 있다. 한편 분포함수는 $F(x) = 1 - e^{-\sqrt{\frac{x}{2}}}$이다.

아래의 그림은 이들 함수를 나타낸 것이다.

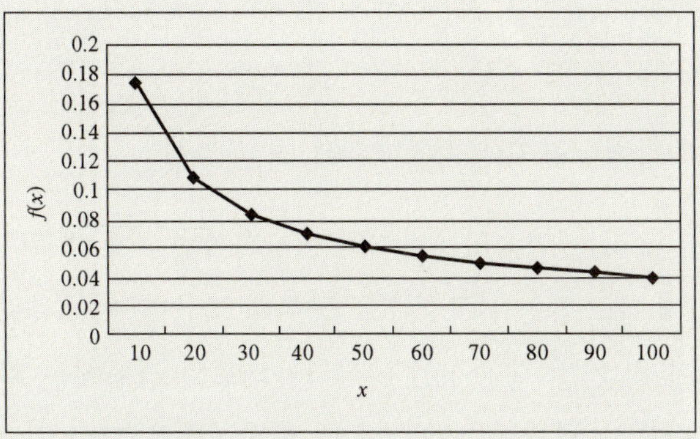

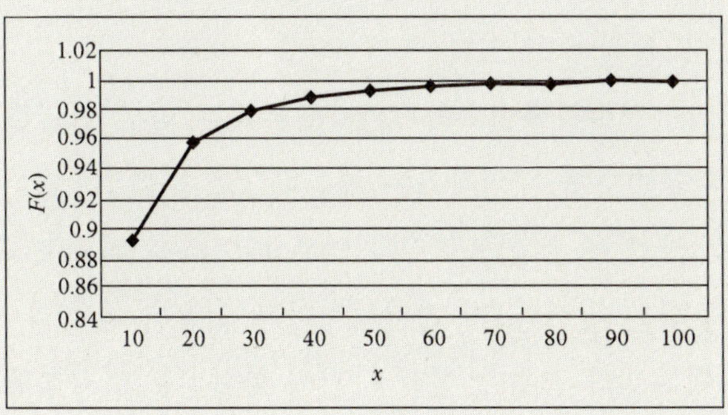

위의 예에서도 볼 수 있는 바와 같이 와이블분포를 따르는 확률변수 X의 값이 증가하여도 확률밀도함수의 값은 무시할 수 없을 만큼의 크기를 가지고 있음을 알 수 있다. 그리고 확률질량함수는 X의 값이 커질수록 기울기가 완만해짐을 알 수 있다. 따라서, 꼬리가 길어지는 것이다!!

그런데, 위의 두 예, 즉 파레토분포와 와이블분포, 에서 보는 바와 같이 두 함수의파라미터가 다르기 때문에 두 그래프의 모양이 약간 다른 것을 제외하고는 사실은 두 그래프가 너무나 유사함을 알 수 있을 것이다. 그래서, 이들 두 분포를 잘 구별하지 못하는 사람들도 있다. 그러나, 이 책을 공부한 여러분은 이들 두 함수의 차이에 대해서는 분명히 알고 있을 것으로 믿는다. ^^

문제 3.22

인터넷에서 사람들이 웹사이트에 접속하는 시간이 모수 $m = 0$, $c = 3$, $\alpha = 1$인 와이블 분포를 따른다고 한다. 어떤 사람이 웹사이트에 접속할 시간이 1시간 이하일 확률은 얼마인가?

4) 연속확률변수와 이산확률변수에 대한 고찰

지금까지 우리는 연속확률변수와 이산확률변수에 대하여 정의하고 몇 가지 대표적인 분포함수를 공부해 보았다. 위에서도 살펴본 바와 같이 몇 가지 대표적인 이산확률분포의 경우에는 확률의 정의를 바탕으로 확률변수의 분포를 이론적으로 그리고 명시적인 수식으로 도출할 수 있었다.

그러나, 연속확률변수와 같은 경우에는 일부 간단한 특성을 따르는 확률변수를 제외하고는 이론적으로 구할 수 없는 확률변수도 존재하고 또 실험으로부터 얻은 데이터를 가지고 확률분포함수를 구하는 것도 그리 간단하지만은 않음을 추측할 수 있다. 따라서, 대부분의 경우에 어떤 사건의 확률분포를 구함에 있어서 단순화된 이론적 도출보다는 자신의 경험에 의하여 분포함수를 도출하는 경우가 많다. 따라서, 연속확률변수의 모델링을 함에 있어서는 이론적인 모형으로 접근을 하기 보다는 실험을 통하여 분포함수를 구하는 것이 더 유용함을 알 수 있다.

한편, 대부분의 경우 실험을 통하여 확률변수의 분포를 얻기 위해서는 엄청난 양의 데이터를 확보하여야 한다. 다행히 얻어낸 데이터의 샘플의 양이 충분히 큰 경우에는 확률 변수의 특성을 근사적인 해석법을 이용하여 나타낼 수 있는데 이 때 등장하는 이론이 중심극한정리(中心極限定理)나 대수(大數)의 법칙 등이다.

실제로 공학적인 문제의 해결에 있어서는 확률변수의 특성이 무엇인지 알 수 없는 경우에 대하여 근사해석법을 이용하여 정규분포로 근사하는 방법을 많이 취하고 있다. 중심극한정리나 대수의 법칙 등을 이용한 근사확률의 계산 문제에 대해서는 제6장 확률의 근사 해석법에서 자세히 다루기로 한다.

제3장 연습문제

01 안빈나양과 노원한군이 등산을 갔는데 원한이가 이런 제안을 했다. "빈나야 가방 무겁지? 나도 무거워…. 빈나야~ 우리 동전 네 개로 윷놀이나 하여 도나 개가 나오면 네가 가방을 매고 걸,윷,모가 나오면 내가 가방을 매고 가는 거 어때? 너는 도와 개 단 두 개고 나는 걸, 윷, 모 세 개니까 네가 더 유리한 거 알지?" 그렇다면 과연 빈나는 이 제안을 수락해야 할까?

02 선거를 앞 두고 후보별 선호도를 조사하기 위해서 임의로 전화를 걸어서 설문을 하려고 한다. 이 때 총 10명에게 전화를 하기로 하였는데, 전화를 건 사람 중에서 평균 20%의 사람만이 설문에 응하겠다고 답한다고 할 때 다음의 물음에 답하라.

(1) 네 번째 시도에서 처음으로 설문에 응하겠다고 할 확률은 얼마인가?

(2) 단 한 명도 응답을 하지 않겠다고 할 확률은 얼마인가?

03 살인사건의 용의자 A씨가 있었는데 그는 스칼라라는 술집에 가끔 들르는 것으로 알려져 있다. 그런데 그는 그 술집에 아주 랜덤하게 들르는데 그가 스칼라에 들를 확률은 날짜에 무관하게 10%라고 한다. 그를 잡기 위하여 경찰이 8일이나 잠복근무를 하고 있었으나 그는 나타나지 않았다. 그렇다면 10일째 되는 날 경찰이 그를 검거할 확률은 얼마일까?

04 이성 왈텍에서 만든 가습기는 평균수명이 10년인 지수분포함수를 따른다고 한다. 2007년 이 가습기를 시판하여 만 몇 년이 되면 그 해에 팔린 것 중에서 태반이 고장이 나있을까? 단, $\ln 1=0$, $\ln 2=0.7$, $\ln 3=1.1$, $\ln 5=1.6$, $\ln 10=2.3$이다.

05 기상청에서는 무선통신을 이용하여 멀리 떨어진 곳의 기상정보를 받는데 이 장비가 멀리 떨어진 센서로부터 데이터를 수신하는데 평균 5분인 지수함수분포를 따른다고 한다. 그리고 전송실패가 발생하면 자동으로 재전송을 할 수 있다고 한다. 이 때 아래의 물음에 답하라.

(1) 임의의 데이터를 받는데 소요되는 시간이 3분 이상 6분 미만일 확률을 구하라.

(2) 하나의 데이터를 받으려고 대기하고 있는 수신기가 지금까지 5분을 기다렸다고 한다면 앞으로 2분 안에 데이터가 도착할 확률을 구하라.

06 명희는 겨울방학 동안 보러와 시네마에서 검표원으로 일을 하게 되었다. 그런데 보통 검표를 영화 시작 1시간 전부터 하는데 검표를 시작하여 얼마 되지 않은 시각에는 보통 10분에 평균 10명 정도의 사람이 푸아송분포를 따라서 입장한다는 사실을 알게 되었다. 이 때 다음의 물음에 답하라.

(1) 명희는 성화와 함께 검표를 하는데 오늘 따라 성화가 아직 출근을 하지 않아서 혼자서 검표를 하고 있는 중에 갑자기 화장실을 다녀올 일이 생겨서 딱 3분을 자리를 비웠다. 이 시간 동안에 다행히 손님이 입장하지 않을 확률은 얼마인가?

(2) 명희와 성화는 심심했다. 그래서, 둘이서 내기를 하였는데 5분 동안 5명 이상이 입장하면 명희가 점심을 사고 아니면 성화가 점심을 사기로 했다고 할 때 명희가 점심을 사야 할 확률은 얼마인가?

07 창원대 도박공학과에서는 기말고사 시험을 쳐서 하위 10%의 학생에게 F학점을 주기로 하였다고 한다. 만약 이 학과의 학생의 기말고사 성적의 평균이 50점이고 분산이 100이라면 학생이 F학점을 받지 않기 위해서는 최소한 몇 점 이상을 맞아야 하는가? 반올

림하여 정수로 나타내어라.

08 창원대에서는 신입생의 학력테스트를 하였는데 과학과목에서 물리와 생물을 선택하게 하였다. 그런데 이들 과목의 시험의 난이도는 10점 만점에 물리는 평균 5점, 표준편차 4점을, 그리고 생물은 평균 6점에 표준편차 3인 정규분포를 따르도록 하였다고 한다. 이때 어떤 학생이 물리점수를 7점 맞았다면 이 학생은 생물에서 몇점을 맞은 학생과 같은 점수로 인정을 하면 될까?

09 창원대 정보통신공학과 2학년 학생 40명이 확률론 기말 고사를 보았다. 성적을 매긴 결과 평균 50점에 표준편차가 10인 정규분포 곡선을 얻었다고 한다. 이 때 반장인 나일등 학생이 75점을 받았다고 할 때 과연 그는 몇 등일까?

10 창원대 네트워크연구실에서는 비디오 스트림 트래픽 전송실험을 하였다. 비디오 패킷은 트래픽 발생기로부터 가입자 단말까지 도착하는데 평균 10초 표준편차 2인 정규분포를 따른다고 한다. 이 때 100개의 패킷을 보낸 후 측정을 한 결과 전송시간이 평균으로부터 5초 이상 떨어져 있을 확률은 얼마인가?

CHAPTER 04

확률의 기대치 해석

요약

제4장에서는 확률변수의 기대치에 대하여 소개한다. 우선, 기대치에 대한 기본적인 개념으로부터 이야기를 시작하여 통계적 방법을 사용한 기대치 계산방법 및 확률을 이용한 기대치를 구하기 위한 방법을 이야기한다. 그리고, 기대치를 구하는 또 다른 방법으로 모멘트생성함수를 이용하여 기대치를 구하는 방법을 소개한다. 그리고, 마지막으로 확률생성함수에 대하여 정의하고, 확률생성함수로부터 확률을 구하는 방법도 소개한다.

1 기대치란?

확률변수의 기대치[19](期待値, Expected value)란 어떤 확률실험을 하였을 때 실험결과로부터 얻을 수 있는 평균적인 값을 말한다. 먼저 주변의 예를 하나 들어보자. 미국의 네바다(Nevada)주에 있는 사막의 한가운데에 주변이 황량한 흙산으로 둘러싸인 조그마한 도시가 하나 있는데 밤낮으로 불야성을 이루고 있는 라스 베이거스(Las Vegas)라는 도시다. 그 곳은 온 도시가 도박장으로 하루 24시간, 일주일에 7일간, 일년에 365일 사람들로 북적이면서 활황을 띄고 있는 것을 볼 수 있다. 그리고 지금 이 순간에도 라스 베이거스에는 새로운 빌딩들이 경쟁을 하듯 치솟고 있다.

19 기대치는 영어로 Expectation 혹은 Expected value라고 하는데, 보통 확률변수 X의 기대치를 E[X]로 표시한다. 기대치는 우리나라 말로는 평균값에 해당하는 개념이다. 그래서, 기대치를 Mean value로 부르기도 한다.

그런데, 여기서 의문 사항 하나. 어디서 그 돈이 나올까? 답은 전 세계의 사람들이 비행기를 타고 혹은 차를 몰고 직접 그 곳까지 찾아가서 쓴 돈이다. 라스 베이거스가 도박의 도시이고 그 도시가 이렇게 번창한다는 것은 그 도시가 도박에서 돈을 잘 벌었다는 증거이자 일반인들은 돈을 잃는다는 소리이다.

한편, 도박장이 돈을 번다는 말은 개인들이 도박장에 가져오는 돈에 비해서 그들이 되가져 가는 돈이 적다는 것이다. 이 때 사람들이 도박장에서 게임을 하여 평균적으로 버는 돈이 바로 기대값인데 그것이 실제로는 아주 적다. 사실 라스 베이거스를 찾는 많은 사람들이 관광이나 업무를 위해서이고 대부분의 사람들은 그저 재미삼아 약간의 돈으로 시간을 보내는 경우가 대부분이겠지만, 진짜로 도박을 하기 위하여 그곳을 방문하는 사람들은 돈을 딸 기대를 하고 도박장에 오지만 그들의 기대는 여지없이 깨지고 결국은 대부분이 돈을 잃어버린다는 말이다.

왜 그럴까? 그 이유는 단순하다. 개인이 도박장에서 돈을 딸 확률이 매우 작기 때문이다!! 돈을 딸 확률이 커지면 개인은 돈을 벌 수 있겠지만 그렇다면 과연 도박장이 그렇게 활기를 띠겠는가? 전부 도산하고 말 일이다 ^^.

한편 프랑스의 수학자 루이 바슐리에 (Louis Bachelier)는 1900년에 주식가격의 움직임을 브라운 운동(Brownian motion)을 이용하여 모형화하는 연구를 하여 세계 최초로 주식시장의 시세 변동을 수학적으로 분석한 그의 박사학위논문 "투기의 이론"에서 **"주식투기의 수학적 기대치는 0"**이라고 결론을 내렸다. 즉, 개인이 주식시장에서 투기를 목적으로 투자를 해서 이익을 얻기란 거의 불가능하다는 것을 말하며 이 이론은 100년이 지난 21세기 현재 지금도 정설로 되어있다. 2007년 7월말 필자가 이 책을 열심히 쓰고 있던 어느 더운 여름날, 연초부터 가파르게 오르기를 반복하여 2,000까지 치솟았던 주가는 미국의 서브프라임 모기지[20](Subprime

20 신용이 좋지 않은 사람에게 돈을 빌려주어서 집을 사게 하는 금융을 말함.

Mortgage)의 부실을 계기로 8월에는 한 때 코스피지수가 1,650까지 곤두박질을 치면서 당시 증시에 대한 막연한 기대를 가지고 집을 팔아서까지 투자를 서슴치 않았던 국내의 많은 개미투자자들의 푼돈을 빼앗아 먹었다!! 이와 같이 막연한 기대를 가지고 묻지마 투자를 하면 기대에 못 미치는 일을 당할 확률이 크다. 물론 앞으로 그 주가가 어떤 행보를 할지는 모르겠으나 바슐리에가 하고자 하는 말은 시장에 대한 분석이나 주식투자의 정석을 모르는 가운데 아무런 정보도 없이 랜덤하게 사고 파는 묻지마 투자를 하면 나중에 얻을 수 있는 수익의 기대치가 거의 없다는 것을 말한 것이라고 생각된다.

한편, 다시 본래의 이야기로 돌아와서, 시간이 변함에 따라서 임의적으로 변화하는 어떤 신호에 대하여 평균적인 값이란, 시간적으로 변화하는 값들을 모두 더한 후 그 값을 경과한 시간으로 나누면 될 것이다. 예를 들면 아나로그 신호의 관점에서 보면 평균값이란 그 신호의 기본을 형성하는 불변의 값 즉 상수치(Constant value)를 말한다고 할 수 있는데 결국은 시간축 상에서 변화하는 어떤 신호를 긴 시간에서 보았을 때 **시간평균치**(時間平均値, Time average)에 해당함을 알 수 있다. 즉, 시간에 따라 변화하는 어떤 신호 $s(t)$의 기대치는 다음과 같이 정의할 수 있다.

$$\text{시간평균} = \frac{1}{T}\int_0^T s(t)\,dt$$

한편 반복해서 시행하는 실험에 의해 얻어진 결과에 대한 기대치는 통계적인 방법을 이용해서 구할 수가 있는데 가장 단순하게 생각하여(이런 경우는 거의 없겠지만 …) 주사위를 여섯 번 던졌는데 그 값이 1,2,3,4,5,6이 나왔다고 하자. 그러면 이들 값의 평균은 $\frac{1+2+3+4+5+6}{6} = \frac{21}{6} = 3.5$이므로 그 기대치는 3.5라고 할 수 있다. 이 결과를 수학적인 관점에서 기술하면 다음과 같을 것이다. 즉, 어떤 사람이 같은 조건에서 n번의 실험을 반복하였는데 각 실험에서 얻어진 값이 X_i라고 하자. 그러면 이 사람이 얻는 기대치는 다음과 같이 나타낼 수 있다.

$$통계적\ 평균 = \frac{1}{n}\sum_{i=1}^{n} X_i$$

그러나, 실제로는 주사위를 여섯 번 던져서 이런 값이 나오기는 거의 희박하다. 그러면 주사위를 몇 번 던져야 3.5와 유사한 값을 얻을 수 있을까? 아니, 결과를 신뢰할 만한 기대치를 얻을 수 있을까? 보다 더 신뢰도를 높이기 위하여 주사위를 1,000,000,000번 던졌을 때 그 기대치는 얼마인지 생각해보자. 주사위를 이렇게 많이 던졌을 때 그 주사위가 정상적인 주사위라면 1부터 6까지 각 눈이 나올 확률이 같으므로 각 눈에 대하여 약 166,666,666번은 나올 것이다. 따라서 기대치는 $\frac{1+2+3=4+5+6}{1,000,000,000} \times 166,666,666 = 3.5$ 이며 이 값은 위의 값과 같다.

그런데, 주사위를 한 번 던지고 다시 줍는데 5초가 걸린다고 한다면 하루 24시간 동안에는 17,280번 주사위를 던질 수 있다. 그리고, 이 속도로 1,000,000,000번을 던지려면 57,870일 동안 던져야 하는데 이게 또 159년이 걸린다. 사람의 평균 수명이 80세라고 본다면 두 명이 적어도 주사위를 던져서 그 숫자를 아는 나이가 된 후 평생을 던져야 나올 수 있는 횟수이다. 과연 기대치를 구하기 위하여 아무 일도 하지 않고 이렇게 주사위를 던지고 있어야 할까? 지금부터는 이와 같은 수고를 하지 않고 확률변수의 기대치를 구하는 방법을 소개한다.

기대치를 구하는 방법은 크게 두 가지로 나눌 수 있다. 한 가지 방법은 확률로부터 바로 구하는 방법이고, 다른 하나는 **적률생성함수**(積率生成函數, Moment generating function)를 정의하여 구하는 방법이다. 아래에서는 이 두 가지 방법에 대하여 기술한다.

2 확률로부터의 기대치

확률실험의 기대치는 실험의 결과 얻어지는 특정한 확률변수가 가지는 값이 얼마인지와 그 확률변수가 얼마나 높은 확률로 나오느냐에 따라 기대치가 달라질 것이라는 것은 직관적으로 알 수가 있다. 가령 윷놀이를 하여 도,개,걸,윷,모에 대하여 윷판에서 1,2,3,4,5칸을 갈 수 있는 규칙에서 앞으로 빨리 전진하려면 일단은 많은 칸을 전진할 수 있는 윷이나 모가 나오는 것이 유리할 것임은 자명하다. 그러나 한편으로는 앞에서 공부한 바와 같이 윷이나 모가 나올 확률은 다른 것이 나올 확률보다 작다. 따라서 기대치를 정확하게 구하려면 확률실험에서 확률변수의 값과 그 값이 나올 확률을 정확히 알면 기대치를 구할 수 있다. 그러나, 이런 방법을 쓰지 않고 그냥 단순히 기대치를 예측하는 것은 쉽지 않을 경우가 많다.

한편 확률변수가 가지는 값은 정수일 수도 있고 또 유리수일 수도 있다. 따라서, 확률변수가 가질 수 있는 값의 특성에 따라 기대치를 구하는 방법도 달라져야 함을 알게 될 것이다. 아래에서는 이와 같은 상황을 고려하여 확률변수를 연속확률변수와 이산확률변수로 나누어서 생각을 해본다.

1) 연속확률변수의 기대치

연속확률변수의 기대치는 확률변수가 가지는 값이 유리수이고 그 변수에 대한 확률밀도함수도 연속함수이므로 각 확률변수에 대하여 그 변수가 가지는 확률밀도함수를 곱하여 적분을 한 것이 기대치가 된다. 이 정의는 상당히 수학적인 개념이다! 그래서 좀 더 쉬운 용어로 다시 말하면 이렇게 된다!

> 하나의 확률변수가 여러 개의 값을 가질 수 있을 때 각 변수가 가지는 값이 나올 확률을 안다고 하면 그 확률변수의 값에 대하여 그 값

이 나올 확률을 곱하여 모두 더하면 그 값이 바로 기대치가 된다.

앞에서 예를 든 바와 같이 주사위를 던졌을 때 1부터 6까지의 눈에 대하여 각 눈이 나올 확률은 모두 1/6이므로 이 실험의 기대치는 $(1+2+3+4+5+6)/6 = 3.5$이므로 주사위 실험의 기대치는 3.5라고 할 수 있다.

이제 기대치가 무엇인지 좀 더 쉽게 이해할 수 있을 것이다. 따라서, pdf $f(x)$를 가지는 확률변수 X에 대하여 기대치 $E[X]$는 다음과 같이 정의된다.

$$E[X] = \int_{-\infty}^{\infty} xf(x)\,dx$$

앞에서 정의한 시간평균치에 반하여 위의 기대치는 보통 **앙상블평균**(Ensemble average)이라고 부른다. 한편, 앙상블 평균은 모든 확률변수에 대하여 그 확률변수가 나올 확률을 곱해서 평균을 낸다는 의미에서 집합평균(集合平均)이라고 부르기도 한다.

예제 4.1 pdf가 다음과 같이 정의되는 지수분포 확률변수 X에 대하여 아래의 물음에 답하라.

$$f(x) = \begin{cases} \lambda e^{-\lambda x}, & x \geq 0 \\ 0, & x < 0 \end{cases}$$

❶ 확률변수 X의 기대치를 구하라.

❷ 그 결과에 대하여 예를 들어서 기대치가 가지는 물리적인 의미를 논하라.

풀이

❶ 기대치의 정의 및 부분적분법[21](고등학교 수학의 기억이 나지 않는 사람을 위하여 주석을 달아놓음)에 의하여

21 $\int u'v dx = uv - \int uv' dx$

$$E[X] = \int_{-\infty}^{\infty} xf(x)\,dx = \int_{0}^{\infty} x\lambda e^{-\lambda x}\,dx$$

$$= -xe^{-\lambda x}\Big|_0^{\infty} + \int_0^{\infty} e^{-\lambda x}\,dx = -\frac{1}{\lambda}e^{-\lambda x}\Big|_0^{\infty} = \frac{1}{\lambda}$$

❷ 위의 결과를 보면 파라미터가 λ인 지수확률분포를 따르는 확률변수 X의 기대치는 $1/\lambda$이다. 예를 들면 평균 고객도착률이 시간당 3명인 병원에서 고객의 평균 도착시간 간격은 1/3시간 즉, 20분이다.

예제 4.2 pdf가 (μ, σ^2)로 정의되는 정규확률변수 X에 대하여 다음 물음에 답하라.

❶ 확률변수의 기대치와 분산을 구하라.

❷ 결과에 대하여 물리적 의미를 논하라.

풀이

❶ 우선 pdf가 (μ, σ^2)로 정의되는 정규확률변수 X의 pdf는 다음과 같다.

$$f(x) = \frac{1}{\sqrt{2\pi}\,\sigma} e^{-\frac{(x-\mu)^2}{2\sigma^2}}, \qquad -\infty < x < \infty$$

따라서, 위의 확률밀도함수에 대하여 정규확률변수 X의 기대치는 다음과 같다.

$$E[X] = \int_{-\infty}^{\infty} xf(x)\,dx = \int_{-\infty}^{\infty} \frac{1}{\sqrt{2\pi}\,\sigma} e^{-\frac{(x-\mu)^2}{2\sigma^2}}\,dx$$

$$= \frac{1}{\sqrt{2\pi}\,\sigma}\int_{-\infty}^{\infty}(x-\mu)\,e^{-\frac{(x-\mu)^2}{2\sigma^2}}\,dx + \mu\frac{1}{\sqrt{2\pi}\,\sigma}\int_{-\infty}^{\infty} e^{-\frac{(x-\mu)^2}{2\sigma^2}}\,dx$$

$$= \frac{1}{\sqrt{2\pi}\,\sigma}\int_{-\infty}^{\infty} ye^{-\frac{y^2}{2\sigma^2}}\,dy + \mu\frac{1}{\sqrt{2\pi}\,\sigma}\int_{-\infty}^{\infty} e^{-\frac{(x-\mu)^2}{2\sigma^2}}\,dx = \mu$$

한편, 분산은 다음과 같이 정의된다.

$$Var[X] = E[(x-\mu)^2] = \frac{1}{\sqrt{2\pi}\,\sigma}\int_{-\infty}^{\infty}(x-\mu)^2 e^{-\frac{(x-\mu)^2}{2\sigma^2}}dx$$

이 때 $y = \dfrac{x-\mu}{\sigma}$라고 두면,

$$Var[X] = \frac{\sigma^2}{\sqrt{2\pi}}\int_{-\infty}^{\infty} y^2 e^{-\frac{y^2}{2}}dy = \frac{\sigma^2}{\sqrt{2\pi}} \times \sqrt{2\pi} = \sigma^2$$

❷ 위에서 구한 결과로부터 pdf가 (μ, σ^2)로 정의되는 정규확률변수 X의 평균과 분산은 (μ, σ^2)임을 알았다. 따라서 당초의 정의가 맞음을 알 수 있다. 우리는 여기서 정규분포의 파라미터가 평균 μ와 분산 σ^2으로 정의되는 것이 얼마나 유용한지를 알 필요가 있다.

문제 4.1

확률변수가 [0,20]사이에서 균일한 확률값을 가지는 연속확률변수일 때 이 확률변수의 기대치는 얼마인가?

꼬리분포함수를 이용한 기대치의 계산 지금까지 우리는 확률변수의 기대치를 확률밀도함수를 이용하여 구하였다. 한편, 확률변수의 기대치는 확률의 꼬리분포함수[22]로 부터도 구할 수 있다. 아래에서 이 사실을 보여준다.

먼저 꼬리분포함수의 정의로부터 다음의 관계식을 얻는다.

$$\int_0^{\infty} P(X > x)\,dx = \int_0^{\infty}\int_x^{\infty} f(t)\,dtdx$$

위의 식에서 우항에 대하여 적분의 순서를 바꾸면 다음과 같다.

22 꼬리분포함수는 확률변수 X가 어떤 값 x보다 클 확률인 $P(X > x)$로 정의한다. 한편, 꼬리분포함수는 누적분포함수를 이용하여 $1 - F(x)$로도 나타낼 수 있다.

$$\int_0^\infty \int_x^\infty f(t)\,dtdx = \int_{t=0}^\infty \int_{x=0}^t dxf(t)\,dt$$

그리고, 위의 식에서 우항에 대하여 적분을 한 결과는 다음과 같다.

$$\int_{t=0}^\infty \int_{x=0}^t dxf(t)\,dt = \int_0^\infty tf(t)\,dt$$

그런데, 위의 식에서 우항을 보면 그것은 바로 앞에서 정의한 확률밀도함수를 이용한 확률변수 기대치의 정의와 같음을 알 수가 있다!! 즉, 아래의 식과 같다.

$$E[X] = \int_0^\infty tf(t)\,dt$$

따라서, 우리는 다음의 결과를 얻는다.

$$E[X] = \int_0^\infty P(X > x)\,dx = \int_0^\infty (1 - F(x))\,dx$$

위의 결과로부터 우리는 확률변수의 기대치를 그 확률변수의 꼬리분포함수(Tail distribution) 혹은 분포함수로부터도 구할 수 있음을 알 수 있다.

예제 4.3 매개변수가 $\lambda > 0$인 지수확률변수 X에 대하여 그 확률변수의 꼬리분포함수를 이용하여 기대치를 구하라.

풀이

먼저 지수확률변수에 대하여 그 확률변수의 꼬리분포함수를 구하면 다음과 같다.

$$P(X > x) = \int_x^\infty \lambda e^{-\lambda x}\,dx = e^{-\lambda x}$$

한편, 기대치의 정의에 의하여

$$E[X] = \int_0^\infty P(X > x)\,dx = \int_0^\infty e^{-\lambda x}\,dx = \frac{1}{\lambda}$$

[注] 위의 결과는 우리가 앞에서 확률밀도함수를 이용하여 구한 결과와 같음을 알 수 있다!!

문제 4.2

확률변수 X는 $[a,b]=[0,10]$인 균등확률변수라고 한다. 이 때 이 확률변수의 기대치를 꼬리분포함수를 이용하여 구하고 문제 4.1의 결과와 비교하라.

문제 4.3

Pareto분포에 대하여 X를 확률변수, m을 확률변수가 가질 수 있는 최저값, α는 분포함수의 꼬리지수라하고 분포함수가 다음의 식을 만족할 때

$$F(x)=\Pr\{X \le x\}=1-\left(\frac{m}{x}\right)^{\alpha}, \quad (x \ge m, \alpha > 0)$$

❶ 위와 같은 확률분포를 가지는 확률변수에 대하여 꼬리분포함수를 이용하여 기대치를 구하라.

❷ 위와 같은 확률분포를 가지는 확률변수에 대하여 확률밀도함수를 이용하여 기대치를 구하여 (1)의 결과와 비교하라.

참고 공학적인 문제의 해결에 있어서 Weibull변수도 자주 사용된다. 따라서 여기서 Weibull변수의 기대치에 대하여 간단히 소개한다. 임의의 α와 c에 대하여 연속확률변수를 가지는 Weibull변수의 분포함수는 다음의 식을 만족한다.

$$F(x)=\Pr\{X \le x\}=1-e^{-\left(\frac{x}{c}\right)^{\alpha}}, \quad x \ge 0$$

이 때 이 확률변수의 평균과 분산은 각각 다음과 같다.

$$E[X]=c\Gamma\left(1+\frac{1}{\alpha}\right)$$
$$Var[X]=c^2\left[\Gamma\left(1+\frac{2}{\alpha}\right)-\Gamma^2\left(1+\frac{1}{\alpha}\right)\right]$$

단, 위에서 $\Gamma(x)$는 감마함수이다.

확률함수의 기대치 앞에서 우리는 단순하게 어떤 확률변수에 대하여 기대치를 구하였다. 한편, 어떤 확률변수를 변수로 가지는 함수의 기대치도 구할 수가 있는데 지금부터 이와 같은 문제를 알아보자.

어떤 확률변수 X가 pdf $f(x)$를 가진다고 할 때 X의 함수 $u(X)$의 기대치는 다음과 같이 정의한다.

$$E[u(X)] = \int_{-\infty}^{\infty} u(x) f(x)\, dx$$

위에서 만약 $u(X) = x^n$이면 이 때의 기대치는 확률변수 X의 n차 적률(積率, 혹은 n차 모멘트, n−th moment)라고 부르며 다음과 같이 정의된다.

$$E[X^n] = \int_{-\infty}^{\infty} x^n f(x)\, dx$$

위에서 $n = 1$이면 기대치이고 $n = 2$이면 2차적률이다.

예제 4.4 확률변수 X의 기대치가 μ일 때 이 확률변수의 선형함수 $Y = aX + b$의 기대치는 얼마일까?

풀이

상식적으로 본다면 X에 a를 곱하고 난 뒤 상수 b를 더하였으니 $a\mu + b$가 될 것인데 수학은 그냥 짐작으로만 할 수는 없지 않은가? 그래서, 직접 구해보기로 하자.

먼저 확률변수 X의 기대치에 대한 정의에서와 같은 방법으로 확률변수 X의 선형함수 $Y = aX + b$의 기대치는 다음과 같이 나타낼 수 있다.

$$E[Y] = \int_{-\infty}^{\infty} (ax + b) f(x)\, dx = a \int_{-\infty}^{\infty} x f(x)\, dx + b \int_{-\infty}^{\infty} f(x)\, dx = a\mu + b$$

따라서, 우리는 당초의 짐작이 맞음을 알 수 있다!

예제 4.5 확률변수 X의 기대치가 μ이고 분산이 σ^2일 때 이 확률변수의 선형함수 $Y = aX + b$의 분산을 구하라. 단, 확률변수 X의 분산은 $Var[X] = E[(x-\mu)^2]$과 같이 정의된다.

풀이

분산의 정의로부터 다음 식으로부터 출발한다.

$$Var[Y] = E[\{(ax+b)-(a\mu+b)\}^2] = \int_{-\infty}^{\infty} a^2 (x-\mu)^2 f(x)\,dx$$

위의 식을 풀어서 간단히 하면 다음의 식을 얻는다.

$$Var[Y] = a^2 \left(\int_{-\infty}^{\infty} x^2 f(x)\,dx - 2\mu \int_{-\infty}^{\infty} xf(x)\,dx + \mu^2 \int_{-\infty}^{\infty} f(x)\,dx\right)$$

위의 식에는 우리가 이미 알고 있는 결과가 많이 들어있는데 하나씩 나열해보면 다음과 같다.

우선 2차 모멘트의 정의로부터 $\int_{-\infty}^{\infty} x^2 f(x)\,dx = E[X^2] = \sigma^2 + \mu^2$ 이고, 이어서 기대치의 정의로부터 $\int_{-\infty}^{\infty} xf(x)\,dx = E[X] = \mu$이며, 마지막으로 확률의 정의로부터 $\int_{-\infty}^{\infty} f(x)\,dx = 1$이다.

따라서 이 결과들을 위의 식에 각각 대입하면 다음의 결과를 얻는다.

$$Var[Y] = a^2\{(\sigma^2 + \mu^2) - 2\mu^2 + \mu^2\}$$

이제 마지막 한 가지 작업을 거치면 우리는 다음의 결과를 얻는다.

$$Var[Y] = a^2 \sigma^2$$

위의 예제의 결과로부터 우리는 확률변수 X의 분산이 $Var[X] = \sigma^2$ 일 때 이 확률변수의 선형함수 $Y = aX + b$의 분산은 $Var[Y] = a^2\sigma^2$ 임을 알았다. 따라서 임의의 확률변수에 대하여 그 확률변수의 선형함수의 분산은 원래의 확률변수의 분산보다 더욱 더 커짐을 알 수 있다.

문제 4.4

확률변수 X의 기대치가 μ이고 분산이 σ^2일 때 정규화된 확률변수 $z = \dfrac{X-\mu}{\sigma}$의 평균과 분산은 각각 0과 1임을 증명하라.

2) 이산확률변수의 기대치

이산확률변수의 기대치는 확률변수가 가지는 값이 정수이고 그에 대한 확률도 이산함수이므로 앞에서 연속함수의 기대치를 구하는 방법과 같이 적분을 통하여 구할 수는 없다는 것을 직관적으로 알 필요가 있다. 그럼 어떻게 하여야 할까?

여러분은 이전에 공부한 수학에서 이산치의 수학에서는 보통 적분보다는 수열의 합을 구한 경험이 있을 것이다. 왜냐하면 우리가 관심이 있는 수의 값이 1,2,3,⋯ 처럼 정수의 값이기 때문이다. 따라서, 이와 같은 과거로부터의 경험을 통한 직관을 가지고 수학문제를 푸는 것이 바로 독창성 있는 공부이다. ^^

위의 사실을 염두에 두고 다른 한편으로는 연속확률변수에서 기대치에 대한 정의에 대하여 배운 사실을 이용하여 이산확률변수의 기대치는 각 확률변수에 대하여 그 변수가 가지는 확률을 곱하여 모두 더한 것이 평균치가 된다는 결론을 얻을 수 있다. 따라서, 확률질량함수(pmf)가 $p(x)$인 확률변수 X에 대하여 기대치 $E[X]$는 다음과 같이 정의된다.

$$E[X] = \sum_{x} xp(x)$$

이 때 수열의 합은 가능한 모든 x에 대한 합이다.

예제 4.6 앞에서 이야기 한 주사위 던지기 실험에서의 기대치를 확률변수의 기대치의 정의에 의해서 구하라.

풀이

주사위 던지기 실험에서 각 눈이 나올 확률은 모두 1/6이다. 따라서, 다음과 같은 결과를 얻는다.

$$E[X]=\sum_x xp(x)=\frac{1}{6}(1+2+\cdots+6)=3.5$$

그리고 이 결과는 우리가 앞에서 통계적 방법으로 얻은 값과 일치함을 알 수 있다!!

예제 4.7 확률질량함수가 다음과 같이 정의되는 기하확률변수 X에 대하여 다음 물음에 답하라.

$$p(n)=(1-p)^{n-1}p$$

❶ 확률변수의 기대치를 구하여라.

❷ 결과에 대하여 물리적인 의미를 논하라.

풀이

❶ 기대치의 정의에 의하여

$$\begin{aligned}E[X]&=\sum_{n=1}^{\infty}np(n)=\sum_{n=1}^{\infty}n(1-p)^{n-1}p\\&=p\sum_{n=1}^{\infty}n(1-p)^{n-1}\end{aligned}$$

여기서, $1-p=q$로 치환하면, 다음의 결과를 얻을 수 있다.

$$E[X]=\sum_{n=1}^{\infty}nq^{n-1}p=p\sum_{n=1}^{\infty}nq^{n-1}$$

그런데, 위의 식을 가만히 들여다 보면 바로 이 부분 $\Rightarrow \sum_{n=1}^{\infty}nq^{n-1}$에서 어떤 힌트를 발견할 수 있다! 즉, $\sum_{n=1}^{\infty}nq^{n-1}=\frac{d}{dq}\left(\sum_{n=1}^{\infty}q^n\right)$라는 사실이다. 그리고, $\sum_{n=1}^{\infty}q^n=\frac{q}{1-q}$임은 잘 알 것이다. 이 사실을 위에 적용을 하면 다음의 결과를 얻는다.

$$E[X]=p\frac{d}{dq}\left(\sum_{n=1}^{\infty}q^n\right)=p\frac{d}{dq}\frac{q}{1-q}=\frac{p}{(1-q)^2}=\frac{1}{p}$$

❷ 위의 결과로부터 파라미터가 p인 기하확률변수 X의 기대치는 $1/p$임을 알 수 있다. 하나의 예를 들면 베르누이 시행에서 성공

확률이 20%인 실험에 대하여 이 실험으로부터 얻을 수 있는 기대치는 5라는 것이다. 이 사실은 매번의 실험이 독립적이고 실험의 결과가 성공 혹은 실패일 확률실험중 한 번의 실험에서 성공할 확률이 20%인 어떤 사람이 성공을 할 때까지 시행하여야 할 실험의 횟수는 평균 5회임을 말한다.

예제 4.8 확률질량함수가 다음과 같이 정의되는 푸아송 확률변수 X에 대하여 다음의 물음에 답하라.

$$p(n) = \frac{\lambda^n e^{-\lambda}}{n!}$$

❶ 확률변수 X의 기대치를 구하여라.

❷ 얻어진 결과에 대하여 물리적 의미를 논하라.

풀이

❶ 여기서 눈치가 빠른 사람들은 "푸아송 확률변수에서 파라미터는 하나밖에 없고 그것이 λ이니, 직관에 의해서 답은 당연히 λ일텐데 뭐하려고 구하라고 하나…" 라는 사람이 있을 것이다.. 그대는 귀차니스트… 그러나, 심증은 있어도 물증이 없으니 참 난감할 것이다.

한편, 수학은 언제나 외로운 양치기처럼 꼼수를 부리려고 하지 않고 솔직하게 접근할 수 밖에 없다….

기대치의 정의에 의하여 먼저 다음의 결과를 얻는다.

$$E[X] = \sum_{n=0}^{\infty} np(n) = \sum_{n=0}^{\infty} n\frac{\lambda^n e^{-\lambda}}{n!} = \sum_{n=1}^{\infty} \frac{e^{-\lambda}\lambda^n}{(n-1)!}$$

위의 식에서 수열에 관계되는 변수 부분을 제외한 나머지 상수 부분을 일단 앞으로 빼내면 다음과 같다.

$$E[X] = \lambda e^{-\lambda} \sum_{n=1}^{\infty} \frac{\lambda^{n-1}}{(n-1)!}$$

여기서 오른쪽의 수열부분을 가만히 보면 어쩐지 조금 더 작업을 하여야 할 것 같다. 분모와 분자에 모두 $n-1$이라는 것이 있는데 $n-1=k$로 두고 이렇게 해보자!

$$\lambda e^{-\lambda}\sum_{n=1}^{\infty}\frac{\lambda^{n-1}}{(n-1)!}=\lambda e^{-\lambda}\sum_{k=0}^{\infty}\frac{\lambda^{k}}{k!}$$

이제 훨씬 보기가 간편해졌다. 그런데, 여기서 이 부분 $\Rightarrow \sum_{k=0}^{\infty}\frac{\lambda^{k}}{k!}$을 주의하자. 이게 무엇인가? 바로 지수함수의 정의가 아닌가? 즉, $\sum_{k=0}^{\infty}\frac{\lambda^{k}}{k!}=e^{\lambda}$이다. 따라서, 우리는 다음과 같은 결론에 도달하였다!!

$$E[X]=\lambda e^{-\lambda}\sum_{k=0}^{\infty}\frac{\lambda^{k}}{k!}=\lambda e^{-\lambda}e^{\lambda}=\lambda$$

❷ 위의 결과로부터 파라미터가 λ인 푸아송 확률변수 X의 기대치는 λ임을 알 수 있다. 즉, 경남도청 앞에 서서 자전거가 지나가는 것을 관측하는 사람이 시간당 평균 20대의 자전거가 지나가는 것을 발견할 확률이 푸아송분포 $p(n)=\frac{20^{n}e^{-20}}{n!}$를 따른다고 하면 그 사람은 한 시간 뒤에 결국은 시간당 평균 20대가 지나가는 것을 알 수 있다는 말이다.

꼬리분포함수를 이용한 기대치의 계산 우리는 앞에서 연속확률변수에 대하여 기대치를 확률밀도함수와 꼬리분포함수를 이용하여 꼭 같은 결과를 얻을 수 있음을 알아보았다. 이번에는 이산확률변수의 기대치도 확률의 꼬리분포함수로부터 구할 수 있는지 알아본다. 당근 답은 Yes이다. ^^ 아래에서 이 사실을 보여준다.

먼저 꼬리분포함수의 합에 대한 다음의 식으로부터 시작한다.

$$\sum_{n=0}^{\infty}P(X>n)=\sum_{n=0}^{\infty}\sum_{k=n+1}^{\infty}P(X=n)$$

위의 식에서 우항에 대한 변수의 치환으로부터 다음의 식을 얻는다.

$$\sum_{n=0}^{\infty} \sum_{k=n+1}^{\infty} P(X=n) = \sum_{k=1}^{\infty} \sum_{n=0}^{k-1} P(X=k)$$

그런데, 위의 식에서 이 부분 $\Rightarrow \sum_{n=0}^{k-1} P(X=k)$에는 n에 대한 아무런 정보가 없으므로 위의 식의 우항을 다음과 같이 쓸 수 있다.

$$\sum_{k=1}^{\infty} \sum_{n=0}^{k-1} P(X=k) = \sum_{k=1}^{\infty} kP(X=k)$$

다시 위의 식의 맨 우항을 들여다보니 이것 역시 우리가 앞에서 정의한 바로 그 기대치의 공식이 아닌가? 따라서 우리는 최종적으로 다음의 결과를 얻는다.

$$E[X] = \sum_{n=0}^{\infty} P(X>n)$$

따라서, 이산확률변수의 기대치도 연속확률변수와 같은 원리로 확률의 꼬리분포함수로부터 구할 수 있음을 알았다!!

예제 4.9 주사위 던지기 실험에서의 기대치를 확률변수의 꼬리분포를 이용한 기대치의 정의에 의해서 구하고 그 결과가 확률질량함수를 이용한 것과 같음을 보여라.

풀이

확률변수의 꼬리분포를 이용한 기대치의 정의로부터

$$E[X] = \sum_{n=0}^{\infty} P(X>n) = \frac{6}{6} + \frac{5}{6} + \cdots + \frac{1}{6} = 3.5$$

따라서, 우리는 앞에서 확률질량함수를 이용하여 얻은 결과와 같은 값을 얻을 수 있음을 알았다.

확률함수의 기대치 한편, 연속확률변수에서와 마찬가지로 어떤 이산확률변수 X가 pmf $p(x)$를 가진다고 할 때 X의 함수 $u(X)$의 기대치는 다음과 같이 정의한다.

$$E[u(X)] = \sum_{-\infty}^{\infty} u(x) p(x)$$

위에서 만약 $u(X) = x^n$이면 이 때의 기대치는 확률변수 X의 n차 모멘트라고 부르며 다음과 같이 정의된다.

$$E[X^n] = \sum_{-\infty}^{\infty} x^n p(x)$$

위에서 $n = 1$이면 기대치이고, $n = 2$이면 2차적률이다.

예제 4.10 주사위를 던져서 나온 눈에 대하여 그 눈의 제곱만큼의 돈을 받는 실험에서 얻을 수 있는 기대치를 확률변수의 기대치의 정의에 의해서 구하라.

풀이

주사위 던지기 실험에서 각 눈이 나올 확률은 모두 1/6이다. 따라서, 다음과 같은 결과를 얻는다.

$$E[X] = \sum_x x^2 p(x) = \frac{1}{6}(1 + 2^2 + \cdots + 6^2) = \frac{91}{6} = 15.17$$

3 적률생성함수를 이용한 기대치

지금까지 우리는 확률변수의 분포함수를 이용하여 기대치를 구하는 방법을 연속확률변수 및 이산확률변수에 대하여 각각 알아보았다.

지금부터는 적률생성함수(積率生成函數, Moment Generating function)를 이용한 기대치의 계산에 대하여 연속확률변수 및 이산확률변수에 대하여 각각 알아보기로 한다.

앞에서 우리는 확률변수의 기대치(1차 적률)를 구하기 위하여 변수의 종류에 따라 적분이나 수열의 합을 구하는 과정을 거쳐야 함을 알 수 있다. 그러나, 때로는 이와 같은 작업이 그리 간단하지 않을 경우도 있을 것이다. 이와 같은 경우에는 또 다른 방법으로 모멘트를 구할 수 있다.

기대치를 구하기에 앞서 먼저 적률생성함수(積率生成函數, Moment generating function, 이하 MGF라고 함)를 정의하기로 한다. 확률변수 X의 적률생성함수는 확률변수의 기대치나 2차적률 등과 같은 적률(積率, Moment)을 구하기 위한 함수이다.

MGF를 만드는 방법은 확률변수(연속 혹은 이산확률변수) X에 대하여 임의의 변수(주로 t로 표시함)를 곱하여 지수함수를 취한 후 그 값의 기대치를 구한 것이다. 이를 위하여 얻어진 지수함수에 확률변수의 pdf(이산확률변수의 경우에는 pmf)를 곱한 다음 그 확률변수가 가지는 모든 범위의 값에 대하여 적분 (이산확률변수의 경우에는 수열의 합)을 하여서 구한다. 확률변수 X에 대하여 MGF $\phi(t)$를 다음과 같이 정의한다.

$$\phi(t) = E[e^{tX}] = \begin{cases} \int_{-\infty}^{\infty} e^{tx} f(x)\,dx, & x\text{가 연속확률변수일 때} \\ \sum_x e^{tx} p(x), & x\text{가 이산확률변수일 때} \end{cases}$$

주의 위의 식에서 우리는 중요한 개념을 하나 알아둘 필요가 있다. 즉, 확률변수가 연속확률변수이면 보통 위의 식의 윗부분의 등식을 이용하여 MGF를 구하여 기대치를 구하고, 확률변수가 이산확률변수이면 $e^{tX} = z$로 치환하여서 이번에는 이 함수의 MGF를 확률생성함수(確率生成函數, Probability generating function, 이하 PGF, 나중에 이에 대하여 자세히 언급됨)라고 명명하고 이 결과를 이용하여 기대치를 구한다. 우선, 아래에서 MGF를 구하는 문제를 몇 개 다루어 본다.

예제 4.11 평균이 μ이고 표준편차가 σ인 정규분포를 따르는 확률변수 X의 MGF를 구하라.

풀이

평균이 μ이고 표준편차가 σ인 정규분포를 따르는 확률변수 X의 MGF를 구하려면 MGF의 정의식에서 확률밀도함수에 이들 정보가 들어가서 함수가 복잡해질 것이다. 먼저 적분의 편의를 위하여 위의 확률변수를 정규화하여 평균이 0이고 분산이 1인 표준정규확률변수 Z로 만든다.

그리고 이 확률변수에 대하여 MGF를 구한 후 다시 정규화조건을 해제하는 방법을 취한다. 이렇게 함으로써 적분이 훨씬 수월해짐을 보일 예정이다.

먼저 표준정규확률변수 Z의 MGF를 $\varphi(t)$라고 두면 $\varphi(t)$는 다음과 같이 계산할 수 있다.

$$\varphi(t) = E[e^{tZ}] = \int_{-\infty}^{\infty} e^{tz} f(z)\, dz = \frac{1}{\sqrt{2\pi}} \int_{-\infty}^{\infty} e^{tz} e^{-\frac{z^2}{2}} dz$$

이 결과로부터 맨 우측의 함수에 대하여 약간의 가공을 하여 MGF를 구하면 다음과 같다.

$$\varphi(t) = \frac{1}{\sqrt{2\pi}} \int_{-\infty}^{\infty} e^{-\frac{(x-t)z^2}{2}} e^{\frac{t^2}{2}} dx = e^{\frac{t^2}{2}} \times \frac{1}{\sqrt{2\pi}} \int_{-\infty}^{\infty} e^{-\frac{(x-t)^2}{2}} dx = e^{\frac{t^2}{2}}$$

최종적으로 다음의 결과를 얻는다.

$$\varphi(t) = e^{\frac{t^2}{2}}$$

따라서, 우리는 평균이 0이고 분산이 1인 표준정규확률변수 Z의 MGF가 위의 관계식으로 얻어짐을 알았다.

이번에는 평균이 μ이고 표준편차가 σ인 정규분포를 따르는 확률변수 X의 MGF를 $\psi(t)$라고 두면 위의 결과로부터 다음과 같은 관계식을 얻을 수 있다.

$$\psi(t) = E[e^{tX}] = E[e^{t(\mu + \sigma Z)}] = e^{\mu t} E[e^{t\sigma Z}] = e^{\mu t} e^{\frac{(\sigma t)^2}{2}} = e^{\mu t + \frac{\sigma^2 t^2}{2}}$$

결국 평균이 μ이고 표준편차가 σ인 정규분포를 따르는 확률변수 X의 MGF $\psi(t)$는 다음의 식과 같이 지수함수에 평균이 μ와 표준편차 σ가 실려있는 지수함수로 표현 가능하다.

$$\psi(t) = e^{\mu t + \frac{\sigma^2 t^2}{2}}$$

1) 연속확률변수의 기대치

이번에는 MGF를 이용하여 확률변수의 1차 및 2차 모멘트를 구할 수 있음을 보기로 한다. 먼저 MGF를 이용한 연속확률변수의 기대치를 구하는 방법을 소개한다.

일단, MGF를 한 번 미분을 하여보자.

$$\phi'(t) = \frac{d}{dt} E[e^{tX}]$$

위의 식에서 우측의 항에 대하여 미분은 t에 대하여 동작을 하므로 기대치의 기호 안으로 들어갈 수 있음을 알 수 있다. 따라서 다음의 결과를 얻는다.

$$\phi'(t) = \frac{d}{dt} E[e^{tX}] = E\left[\frac{d}{dt} e^{tX}\right]$$

한편 위의 우측의 식에서 e^{tX}를 t에 대하여 미분을 하면 다음과 같은 식을 얻는다.

$$\phi'(t) = E[Xe^{tX}]$$

Wow! 위의 식으로부터 우리는 $E[Xe^{tX}] = \phi'(t)$의 결과를 얻었다. 여기서 다시 잠시 사색의 시간을 가진다. 즉, 우리는 $E[Xe^{tX}]$에서 만약 $t = 0$이면 $E[X]$가 된다는 것을 알 수 있을 것이다. 이것이 무엇인가? 바로 우리가 얻으려고 하는 기대치가 아닌가?

따라서, 확률변수 X의 기대치는 다음과 같이 얻을 수 있다.

$$E[X] = \phi'(0)$$

Wow! How easy it is? 위의 식으로부터 우리는 어떤 확률변수의 MGF를 안다면 그 함수를 한 번 미분을 하여 매개변수 $t = 0$으로 두기만 하면 기대치를 구할 수 있음을 알았다!!

한편, 우리는 하나를 알면 그로부터 규칙을 알 수 있는 직관력이 뛰어난 엔지니어이다. 즉, MGF를 다시 한 번 더 미분을 하여 보자!

$$\phi''(t) = \frac{d}{dt}\phi'(t) = E[X^2 e^{tX}]$$

여기서도 우리는 $E[X^2 e^{tX}]$으로부터 $t = 0$으로 두기만 하면 확률변수의 2차 적률인 $E[X^2]$를 얻을 수 있음을 알 수 있다!! 즉, 확률변수의 2차 모멘트는 $\phi'(t)$를 다시 한 번 미분을 하여 $t = 0$으로 하면 됨을 알았다. 아래처럼…

$$\phi''(0) = E[X^2]$$

Wow! How simple it is?

위의 결과로부터 우리는 MGF를 이용하여 어떤 확률변수의 분산을 쉽게 구할 수 있다는 것을 보였다. 왜냐하면 분산은 1차 적률과 2차 적률로부터 구할 수 있기 때문이다. 어떤 확률변수의 분산을 $Var[X]$라고 하면 다음의 결과를 얻는다.

$$Var[X] = E[X^2] - E[X]^2 = \phi''(0) - (\phi'(0))^2$$

자, 그럼 더욱 더 자신을 얻어서 어떤 확률변수의 n차 모멘트를 구하려면 어떻게 하면 될까? 답은 간단하다. 우리는 MGF를 n번 미분하여 또 $t = 0$으로 하면 된다. 즉,

$$\phi^n(0) = E[X^n]$$

역시 수학은 규칙의 학문이다!! 우리나라 옛말에 聞一知十이라는 말이 바로 이것을 두고 하는 말이 아니겠는가? ^^

예제 4.12 어떤 확률변수의 MGF가 다음과 같이 주어질 때 그 확률변수의 평균과 분산을 구하라.

$$\phi(t) = e^{\lambda(e^t - 1)}$$

풀이

평균과 분산을 구하려면 최소한 2차 적률까지는 구해야 함을 알 것이다. 정의에 의하여 우선 $\phi(t)$를 두 번 미분한다.

$$\phi'(t) = \lambda e^t e^{\lambda(e^t - 1)}$$
$$\phi''(t) = \lambda^2 e^{2t} e^{\lambda(e^t - 1)} + \lambda e^t e^{\lambda(e^t - 1)} = \lambda e^{\lambda(e^t - 1)}(e^t + \lambda e^{2t})$$

따라서, 평균과 분산은 각각 다음과 같다.

$$E[X] = \phi'(0) = \lambda$$
$$Var[X] = E[X^2] - (E[X])^2$$
$$= \phi''(0) - \lambda^2 = \lambda$$

정규분포의 합의 법칙 한편, MGF를 이용하여 정규분포의 합의 법칙을 증명하자. 정규분포의 합의 법칙이란, 평균과 분산이 각각 (μ_1, σ_1^2), (μ_2, σ_2^2)로 정의되는 서로 독립적인 두 개의 정규확률변수 X와 Y의 합의 평균과 분산이 $(\mu_1 + \mu_2, \sigma_1^2 + \sigma_2^2)$로 표현이 되는 것을 말한다. 이에 대해서는 앞에서 다룬 바가 있는데 기억을 하고 있을 것이다.

MGF를 통하여 정규분포의 합의 법칙이 성립하는지를 알아보자. 즉, $X + Y$가 $(\mu_1 + \mu_2, \sigma_1^2 + \sigma_2^2)$로 표현이 되는지를 알아본다.

우선, 아래와 같이 정규확률변수 X의 MGF를 정의한다.

$$\phi(t) = E[e^{tX}] = \frac{1}{\sqrt{2\pi}\,\sigma}\int_{-\infty}^{\infty} e^{tx} e^{-\frac{(x-\mu)^2}{2\sigma^2}} dx$$

위의 우측항에 대하여 적분기호 안의 지수함수에 대하여 아래와 같이 교통정리를 좀 할 필요가 있다!!

$$\int_{-\infty}^{\infty} e^{tx} e^{-\frac{(x-\mu)^2}{2\sigma^2}} dx = \int_{-\infty}^{\infty} \exp\left\{\frac{-(x^2 - 2\mu x + \mu^2 - 2\sigma^2 tx)}{2\sigma^2}\right\} dx$$

한편 다시 우측항에서 지수함수의 특성으로부터 다음과 같이 좀 더 유용한 식을 만든다.

$$\exp\left\{\frac{-(x^2 - 2\mu x + \mu^2 - 2\sigma^2 tx)}{2\sigma^2}\right\}$$
$$= \exp\left\{\mu t + \frac{\sigma^2 t^2}{2}\right\} \exp\left\{\frac{-(x - (\mu + \sigma^2 t^2)}{2\sigma^2}\right\}$$

이 결과를 원래의 식에 대입하면 다음의 결과가 나온다.

$$\phi(t) = \exp\left\{\mu t + \frac{\sigma^2 t^2}{2}\right\} \frac{1}{\sqrt{2\pi}\,\sigma}\int_{-\infty}^{\infty} \exp\left\{\frac{-(x - (\mu + \sigma^2 t^2))^2}{2\sigma^2}\right\} dx$$

이제 거의 종착점에 도달했다. 위의 식에서 우측의 적분결과가 정규분포확률밀도함수의 적분이므로 1인 점을 고려하면 다음과 같은 결론을 얻는다.

$$\phi(t) = \exp\left\{\mu t + \frac{\sigma^2 t^2}{2}\right\}$$

오잉? 이 식은 앞에서 우리가 어렵게 구한 식이 아닌가?

한편, 상호 독립적인 정규분포확률변수의 합에 대하여 MGF를 구하여 그 특성을 알아본다. 먼저 두 개의 상호 독립인 정규분포확률변수에 대하여 이야기를 진행하여 나중에 연역적인 추론을 해 보자.

두 개의 상호 독립인 정규분포확률변수에 대하여 두 변수의 독립성[23]으로부터 다음관계가 성립한다.

23 두 변수의 독립성과 특성함수에 대해서는 제5장에서 다룰 예정이다.

$$
\begin{aligned}
\phi_{X+Y}(t) &= \phi_X(t)\phi_Y(t) \\
&= \exp\left\{\mu_1 t + \frac{\sigma_1^2 t^2}{2}\right\}\exp\left\{\mu_2 t + \frac{\sigma_2^2 t^2}{2}\right\} \\
&= \exp\left\{(\mu_1 + \mu_2)t + \frac{(\sigma_1^2 + \sigma_2^2)t^2}{2}\right\}
\end{aligned}
$$

따라서, 독립인 두 정규확률변수의 합도 역시 정규확률변수이다!! 위의 결과로부터 우리는 정규분포를 따르는 독립적인 확률변수를 여러개 더한 결과도 역시 정규분포를 따른다는 것을 알 수 있다. 즉, 평균과 분산이 각각 (μ_1, σ_1^2), (μ_2, σ_2^2), $\cdots(\mu_n, \sigma_n^2)$로 정의되는 서로 독립적인 n 의 정규확률변수의 합의 평균과 분산이 $\left(\sum_{i=1}^{n}\mu_i, \sum_{i=1}^{n}\sigma_i^2\right)$로 표현이 되는 것을 말한다. 이와 같은 성질을 정규분포의 재생성 (再生性, Regenerability)이라고 한다.

문제 4.5

어떤 학교에서 국어, 영어, 수학, 과학, 사회의 5개 교과목에 대하여 시험을 친 결과 각 과목의 점수가 아래의 표와 같이 평균과 분산을 가진 정규분포로 나왔다고 할 때 이들 과목을 합한 총점의 평균과 분산은 얼마인가?

과목	국어	영어	수학	과학	사회
평균	60	55	45	35	70
분산	15	12	10	8	20

2) 이산확률 변수의 기대치

한편, 이번에는 이산확률변수에 대하여 적률생성함수로부터 기대치를 구하는 방법을 알아본다. 여기서 기본적인 원칙은 연속확률변수에서와 방법이 유사하다는 것을 알고 시작하는 것이다. 이를 위하여 먼저 이산확률변수에 대한 적률생성함수에 대하여 자세히 알아보자.

X가 음이 아닌 정수의 값 0, 1, 2, ⋯인 값을 가지는 이산확률변수라고 하고 이 확률변수의 확률질량함수(pmf), 즉 X가 k의 값을 가질 함수를 $p(k)$라고 두자. 이 때 X의 적률생성함수 $G(z)$는 다음과 같이 정의된다.

$$G(z) = E[z^X] = \sum_{k=0}^{\infty} p(k) z^k$$

몇 가지 확률분포에 대하여 MGF를 소개한다. 먼저, 상수확률변수, 즉, $P\{X = c\} = 1$의 MGF는 다음과 같다.

$$G(z) = z^c$$

예제 4.13 위의 식을 증명하고 물리적 의미를 논하라.

풀이

상수확률변수, 즉, $P\{X = c\} = 1$의 MGF는 정의에 의하여 다음과 같다.

$$G(z) = E[z^X] = \sum_{k=0}^{\infty} p(k) z^k = z^c$$

위의 결과는 $X = c$인 경우를 제외하고는 확률변수의 값이 없으므로 적률생성함수는 위와 같이 된다.

한편, 매개변수가 λ인 푸아송 확률변수에 대한 MGF는 다음과 같다.

$$G(z) = e^{\lambda(z-1)}$$

예제 4.14 위의 식을 증명하라.

풀이

푸아송 확률변수, 즉, $P(k) = \frac{(\lambda)^k}{k!} e^{-\lambda}$의 MGF는 정의에 의하여 다음과 같다.

$$G(z) = E[z^X] = \sum_{k=0}^{\infty} \frac{(\lambda)^k}{k!} e^{-\lambda} z^k = e^{-\lambda} \sum_{k=0}^{\infty} \frac{(\lambda z)^k}{k!} = e^{\lambda(z-1)}$$

문제 4.6

매개변수가 p인 기하확률변수의 MGF를 구하라.

지금까지 우리는 몇 가지 대표적인 이산확률변수에 대하여 MGF를 구해보았다. 이제 MGF를 이용하여 이산확률변수 X의 기대치를 구하기로 한다. 이를 위하여 이번에는 적률생성함수 $G(z) = \sum_{k=0}^{\infty} p(k) z^k$를 한 번 미분을 하면 아래의 식을 얻는다.

$$G'(z) = \sum_{k=0}^{\infty} kp(k) z^{k-1}$$

여기서 만약 $z = 1$을 대입하면

$$G'(1) = \sum_{k=0}^{\infty} kp(k)$$

이 되는데 이것이 무엇인가? 바로 이산확률변수의 기대치이다. 따라서, 이산확률변수의 기대치는 다음과 같이 정의된다.

$$E[X] = G'(1)$$

앞에서 연속확률변수에 대해서 MGF를 n번 미분한 것과 마찬가지 방법으로 $G(z)$를 n번 미분한 결과에다가 $z = 1$을 대입해보자. 그러면 다음의 결과를 얻는다.

$$G^{(n)}(z) = \sum_{k=n}^{\infty} k(k-1) \cdots (k-n+1) z^{k-n} p(k)$$

여기에다가 $z = 1$을 대입하면, 다음의 결과를 얻을 수 있는데

$$G^{(n)}(1) = \sum_{k=n}^{\infty} k(k-1) \cdots (k-n+1) p(k)$$

이 식을 잘 들여다 보고 있노라면 이 식은 바로 $E[k(k-1) \cdots (k-n+1)]$임을 알 수 있다!

이 결과를 보통 확률변수 X의 n차 적률 모멘트(n-th factorial moment)라고 한다. 왜냐하면 $X(X-1) \cdots (X-k+1) = \frac{X!}{(X-k)!}$로서 적률로 나타낼 수 있기 때문이다. 그래서, 확률변수 X의 k차 적

률 모멘트는 다음과 같이 정의된다.

$$E[X(X-1)\cdots(X-k+1)] = E\left[\frac{X!}{(X-k)!}\right] = G^{(k)}(z)\Big|_{z=1}$$

그리고 대부분의 통계적 데이터는 기대치 이외에도 분산 등의 보다 고차적인 통계치를 알 필요가 있기 때문에 실제적으로 2 이상의 k차 적률 모멘트를 정의할 필요가 있다.

위의 결과에서 만약 $k=1$이면 식은 다음과 같이 기대치의 정의와 같음을 알 수 있다.

$$E[X] = G'(z)\big|_{z=1} \equiv G'(1)$$

위의 식으로부터 우리는 적률생성함수가 아주 유용한 함수임을 알 수 있고 또 기대치는 적률생성함수를 단지 한 번 미분하여 간단히 구할 수 있음을 알게 되었다. 한편, $k=2$이면, 확률변수의 2차 적률 모멘트는 다음과 같이 정의된다.

$$E[X(X-1)] = G''(z)\big|_{z=1} \equiv G''(1)$$

위의 식의 좌변을 정리하여 다음과 같이 나타내자.

$$E[X(X-1)] = E[X^2 - X] = E[X^2] - E[X] = G''(1)$$

위의 식에 기대치의 정의, 즉, $E[X] = G'(1)$의 결과를 도입하면 확률변수의 2차 모멘트는 다음과 같은 결과를 얻는다.

$$E[X^2] = G'(1) + G''(1)$$

확률변수의 2차 모멘트는 어디에 사용할까? 보통 2차 모멘트 그 자체로는 많이 사용을 하지는 않는다는 것이 첫 번째 알아둘 사실이다. 그 대신 확률변수가 가지는 값이 기대치를 중심으로 퍼져있는 정도를 나타내는 분산(分散, Variance)이라는 척도가 있는데 확률변수 X의 분산은 다음과 같이 정의된다.

$$\begin{aligned} Var[X] &= E[(X-E(X))^2] \\ &= E[X^2 - 2XE(X) + E(X)^2] = E[X^2] - E(X)^2 \\ &= G''(1) + G'(1) - [G'(1)]^2 \end{aligned}$$

보통 확률변수의 분산을 σ^2로 나타내기도 한다.

한편, 확률변수의 분산이 확률변수가 가지는 순간치와 평균치의 차의 제곱의 평균인데 실제로 물리적으로 의미가 있는 것은 확률변수가 가지는 순간치와 평균치의 차의 평균일 경우도 있다. 이것을 확률변수의 표준편차라고 하는데 **표준편차**(標準偏差. Standard deviation)는 보통 σ로 나타내며 다음과 같이 정의된다.

$$\sigma = \sqrt{Var[X]} = \sqrt{G''(1) + G'(1) - [G'(1)]^2}$$

위의 식은 복잡해 보이지만 결국 MGF의 1차 및 2차 미분만 구한다면 쉽게 계산될 수 있다.

예제 4.15 적률생성함수 $G(z)$가 아래와 같이 주어진 확률변수 X가 있을 때 다음에 답하라.

$$G(z) = e^{z-1}$$

❶ 위의 적률생성함수는 무슨 확률변수에 해당하는가?

❷ 이 확률변수의 기대치는 얼마인가?

❸ 이 확률변수의 분산은 얼마인가?

풀이

❶ 위의 적률생성함수는 $\lambda = 1$인 푸아송 확률변수의 적률생성함수이다.

❷ 확률변수의 기대치는 정의에 의해서 다음과 같다.

$$E[X] = G'(z)\big|_{z=1} = e^{z-1}\big|_{z=1} = 1$$

❸ 확률변수의 분산은 정의에 의해서 다음과 같다.

$$\begin{aligned} Var[X] &= G''(1) + G'(1) - [G'(1)]^2 \\ &= 1 + 1 - 1 = 1 \end{aligned}$$

문제 4.7

MGF가 아래와 같이 주어진 확률변수 X에 대하여 평균과 분산을 구하라.

$$G(z) = \frac{p}{1-qz}, \text{ 단, } q = 1-p.$$

모멘트에 대하여 한 가지만 더 언급을 하여야 될 것 같다. 마지막으로 여러분은 확률변수의 보다 더 고차(3차 이상)의 모멘트는 어디에 사용이 될지 궁금하지 않는가? 사실 일반적으로 학부수준의 확률론에서는 이 문제를 잘 다루지 않는 경향이 있는데 실제로 알아두면 유용할 것 같아서 간단히 소개하기로 한다.

앞에서 확률변수 X의 분산이 다음과 같이 정의되었다.

$$Var[z] = E[(X-\mu)^2]$$

단, 여기서 μ는 확률변수 X의 기대치를 나타낸다. 이야기를 여기서 확장시킨다. 먼저 비대칭계수(非對稱係數, Coefficient of skewness)를 다음과 같이 정의한다.

$$C_s[X] = \frac{E[(X-\mu)^3]}{\sigma^3}$$

비대칭계수는 확률변수의 밀도함수가 평균값의 밀도함수를 중심으로 얼마나 대칭인지를 나타내는 척도로서 대칭이면 비대칭계수가 0이 된다. 그런데 확률분포가 평균을 중심으로 정확히 대칭이 되는 경우는 거의 없을 것이다! 따라서 거의 0에 근접하면 대칭이라고 판단할 것이다. 그리고 평균값의 밀도함수를 중심으로 좌측으로 더 큰 확률값을 가지고 있으면 음의 값을 가지고, 우측으로 더 큰 확률값을 가지면 양의 값을 가진다. 앞에서 공부한 경험으로 볼 때 정규분포함수를 따르는 확률변수는 비대칭계수가 0이 될 것은 자명하다.

다음의 그림은 비대칭계수와 확률분포와의 관계를 나타낸 그림이다.

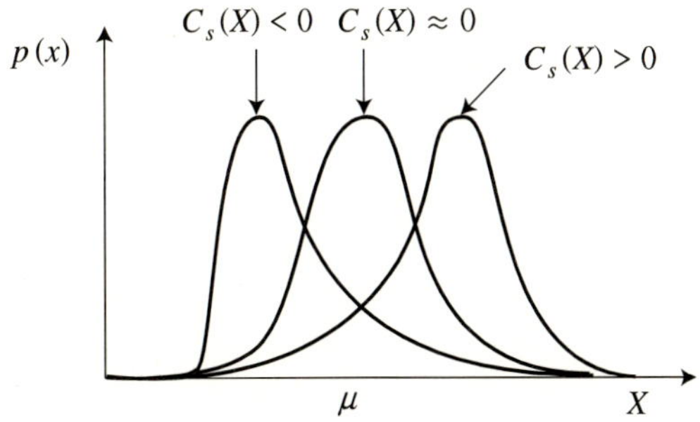

그림 4-1 비대칭계수와 확률밀도함수

비대칭계수와 확률분포와의 관계를 관찰하는 예를 하나 들어 본다.

예제 4.16 창원대학교 정보통신공학과에서 이훈교수는 100명의 학생을 대상으로 확률과정론 중간고사 시험을 쳤는데 사전에 문제 경향을 알려주지 않았더니, 실망스럽게도 액면점수가 다음과 같은 결과가 나왔다. 이 때 물음에 답하라.

점수대	0~10	11~20	21~30	31~40	41~50	51~60	61~70	71~80	81~90	91~100
학생수	3	10	17	30	25	10	3	2	0	0

❶ 이 학과의 평균점수대는 몇 점인가?

❷ 비대칭계수는 얼마인가?

풀이

❶ 평균점수를 각 점수대의 중심값이라고 하고 다음과 같이 구할 수 있다.

$$\text{평균값} = 5 * 0.03 + 15 * 0.1 + 25 * 0.17 + 35 * 0.3 + 45 * 0.25 + 55 * 0.1 + 65 * 0.03 + 75 * 0.02 = 36.6$$

따라서 이 학과의 학생들의 평균점수대는 31~40의 점수대이다. 우리는 평균점수의 대표치를 35점으로 둘 수 있다.

❷ 비대칭계수는 다음과 같이 정의되므로 먼저 표준편차를 구하고 이어서 분자의 부분을 구하여야 한다. 먼저 표준편차를 구한다. 표준편차는 $Var[X]=E[(X-\mu)^2]$을 구하여 계산할 수 있다. 위의 계산결과 표준편차는 14.42이다.

따라서 비대칭계수는

$$C_s[X]=\frac{E[(X-\mu)^3]}{\sigma^3}=\frac{4920}{2998}=1.64$$

따라서 이 학과의 학생들은 평균을 중심으로 비대칭의 점수분포를 보이며 특히 평균점수대로로부터 오른쪽에 쏠려서 분포함을 알 수 있다.

다음으로는 Kurtosis계수[24](첨예도계수, 尖銳度係數)를 소개한다. 첨예도계수는 다음과 같이 정의한다.

$$C_k[X]=\frac{E[(X-\mu)^4]}{\sigma^4}$$

이번에는 분자와 분모에 차수가 비대칭계수에서 하나 더 늘었다!! 첨예도계수는 확률변수가 평균치의 주변에 얼마나 몰려있는지를 나타내는 척도이다. 즉, 첨예도계수가 클수록 확률변수가 평균치주변에 머물 가능성이 크다는 것을 나타낸다. 이번에는 위의 정의로부터 알 수 있는 바와 같이 첨예도계수는 항상 양이다. 다만, 평균치 주변의 확률변수에 대한 확률밀도함수가 클수록 첨예도계수가 뾰족할 것이라는 직감을 가질 수 있다.

24 이것을 우리나라 말로 뭐라고 해야 할지 모르겠는데 다른 말로는 Peakedness를 나타내는 척도로 불리므로 첨예도(尖銳度)계수라고 부르기로 한다.

첨예도계수와 확률분포와의 관계를 관찰하는 예를 하나 들어 본다.

예제 4.17 창원대학교 정보통신공학과에서 100명의 학생을 대상으로 확률과정론 기말고사 시험을 쳤는데 중간고사의 성적을 고려하여 조금 쉽게 출제하였더니 액면점수가 다음과 같은 결과가 나왔다. 이 때 물음에 답하라.

점수대	0~10	11~20	21~30	31~40	41~50	51~60	61~70	71~80	81~90	91~100
학생수	0	5	10	15	25	20	15	5	5	0

❶ 이 학과의 평균점수대는 몇 점인가?

❷ 첨예도계수는 얼마인가?

풀이

❶ 평균점수를 각 점수대의 중심값이라고 하고 다음과 같이 구할 수 있다.

$$\text{평균값} = 15 * 0.05 + 25 * 0.1 + 35 * 0.15 + 45 * 0.25 + 55 * 0.2 + 65 * 0.15 + 75 * 0.05 + 85 * 0.05 = 48.5$$

따라서 이 학과의 학생들의 평균점수대는 41~50의 점수대이다. 우리는 평균점수의 대표치를 45점으로 둘 수 있다.

❷ 첨예도계수는 다음과 같이 정의되므로 먼저 표준편차를 구하고 이어서 분자의 부분을 구하여야 한다. 먼저 표준편차를 구한다. 표준편차는 $Var[X] = E[(X-\mu)^2]$을 구하여 계산할 수 있다.
위의 계산결과 표준편차는 17.46이다.
따라서 첨예도계수는

$$C_k[X] = \frac{E[(X-\mu)^4]}{\sigma^4} = \frac{252500}{92934.5} = 2.72$$

4 확률생성함수로서의 적률생성함수

지금까지 우리는 연속 및 이산확률변수에 대하여 적률생성함수로부터 기대치 및 n차 적률을 구하는 방법을 공부해왔다. 그런데 이 적률생성함수로부터 확률을 계산할 수도 있다. 즉, 적률생성함수의 정의식을 이용하면 확률변수에 관한 다양한 값을 도출할 수 있는데, 먼저 적률생성함수 $G(z)$가 주어질 때 확률질량함수 $p(k)$를 구하는 방법을 알아본다.

먼저 적률생성함수 $G(z)$를 z에 대하여 미분을 n번 연속해서 한 결과를 가지고 이야기를 진행한다. 즉, $G^{(n)}(z) = \sum_{k=n}^{\infty} k(k-1) \cdots (k-n+1) z^{k-n} p(k)$에서 k대신에 $n, n+1, \cdots$등의 값을 대입하여 다시 표현하면 다음과 같은 식을 얻는다.

$$G^{(n)}(z) = n! z^0 p(n) + (n+1)! zp(n+1) + \frac{(n+2)!}{2!} z^2 p(n+2) + \cdots$$

위의 식에 대하여 양변에 $z=0$을 대입하면 첫 번째 항을 제외하고는 모든 항이 0이 되므로 아래와 같은 결과를 얻을 수 있다.

$$p(n) = P\{X=n\} = \frac{G^{(n)}(0)}{n!}$$

위의 결과는 어떤 확률변수 X가 n이라는 값을 가질 확률 $P\{Z=n\}$은 MGF $G(z)$를 n번 미분을 하여 $z=0$을 대입함으로써 구할 수 있음을 의미한다.

그리고 여기서 또 한가지 알 수 있는 것은 우리가 어떤 확률변수의 적률생성함수를 알 때 그 확률변수가 가지는 확률값은 그 변수의 크기에 따라 적률생성함수의 미분횟수가 다르다는 사실을 알 수 있다. 가령, $p(1)$을 구하려면 $p(1)=P\{Z=1\}=G'(0)$과 같이 적률생성함수 $G(z)$를 단 한 번 미분하여 $z=0$을 대입함으로써 구할 수 있다. 한편 $p(3)$을 구하려면 $p(3)=P\{X=3\}=\frac{G^{(3)}(0)}{3!}$으로부터 $G(z)$를 세 번 미분하여 구할 수 있다. 이 얼마나 편리한 법칙인가?

이상으로부터 우리는 확률변수의 질량함수는 적률생성함수로부터 구할 수 있음을 보았다. 그런데, 보통 특정한 n의 값에 대하여 확률값을 알아보고자 하는 사람은 잘 없을 것이다. 그래서, 수학적으로는 모든 n에 대해서 성립하는 일반식을 구하는 것이다.

이상과 같이 적률생성함수로부터 확률을 구할 수 있다는 점 때문에 이 함수를 **확률생성함수**(確率生成函數, Probability generating function: 이하 PGF라고 함)라고도 한다.

예제 4.18 어떤 확률변수 X의 확률생성함수 $G(z)$가 아래와 같이 주어진 확률변수가 있을 때 이 확률변수의 확률질량함수를 구하고 얻은 확률질량함수는 무엇을 나타내는지 그 의미를 논하라.

$$G(z)=e^{z-1}$$

풀이

$G(z)$를 다음과 같이 고쳐서 생각을 한다.

$$G(z)=e^{z-1}=e^{-1}\sum_{n=0}^{\infty}\frac{z^n}{n!}=\sum_{n=0}^{\infty}z^n\frac{e^{-1}}{n!}$$

이 때 위의 식에서 마지막 등식을 다음과 같이 표현해보자.

$$G(z)=\sum_{n=0}^{\infty}z^n\frac{e^{-1}}{n!}=\sum_{n=0}^{\infty}z^n\,p(n)$$

그러면, 위의 식으로부터 $p(n)$이 다음의 식으로 표시될 수 있다는 것을 알게 될 것이다.

$$p(n)=\frac{e^{-1}}{n!}$$

위의 확률질량함수는 파라미터가 1인 푸아송 확률변수의 질량함수이다.

문제 4.8

확률변수 X의 확률생성함수 $G(z)$가 아래와 같이 주어진 확률변수가 있을 때 이 확률변수의 확률질량함수를 구하고 얻은 확률질량함수는 무엇을 나타내는지 그 의미를 논하라.

$$G(z) = \frac{p}{1 - qz}$$

5 확률분포, 적률생성함수, 그리고 기대치

지금까지 우리는 확률변수에 대하여 확률분포함수, 적률생성함수, 그리고 기대치에 대하여 공부를 하였다. 이들에 대하여 서로 물리고 물린 관계를 보면서 거기다가 이야기가 조금은 길어서 이해가 잘 되지 않는 사람도 있을 것이고 참 오묘한 수학의 진리에 대하여 감탄하는 사람도 있을 것이다. 나는 학생시절에 확률공부를 하면서 후자에 속하였던 기억이 난다.

이 장을 마감하면서 나는 위의 관계를 하나의 그림으로 그려보면 이해에 도움이 되겠다는 생각을 하였다. 그래서, 다음과 같은 그림을 그려보았다.

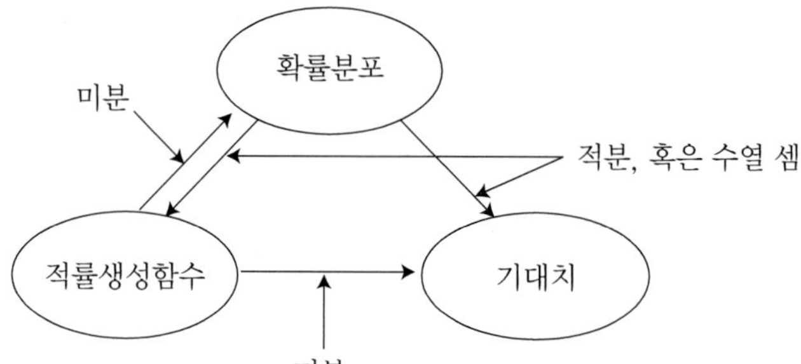

그림 4.2 확률분포, 적률생성함수, 그리고 기대치

참고로 제4장에서는 그림이 하나도 없는 것을 알 수 있다. 기대치를 이야기하는데 있어서 이해를 돕기 위하여 그림을 그리려고 곰곰이 생각을 해보았으나 참 묘안이 떠오르지 않았는데 하나라도 그림을 그릴 수 있어서 다행이라는 생각을 한다. 그림에서 세 가지 개념간에는 미분이나 적분을 통하여 서로 변환이 가능함을 보이고 있다. 아마도 많은 학생들이 고교 혹은 대학 1학년 때 미분과 적분을 배우면서

> "도대체 이 어려운 수학을 어디다가 쓰려고 생사람을 잡아다가 이렇게 고생을 시키는 것이란 말인가?"

라고 한 번쯤 의문을 가졌으리라고 생각을 한다.

아마도 여기까지 공부를 한 학생들은 이제 그런 의문이 해소가 되었지 않을까 싶어서 저자로서 기쁘게(??) 생각한다.

제4장 연습문제

01 어느 양궁장에는 과녁이 있는데 5개의 동심원으로 되어있다고 한다. 그리고 활을 쏘았을 때 화살이 꽂힌 곳에 따라 점수가 다르며 맨 안 쪽 동심원부터 그 안에 들어있는 영역을 A,B,C,D,E라고 하고 각 영역에 활이 꽂혔을 때 선수가 얻을 수 있는 점수가 5,4,3,2,1점이라고 한다. 이 때 다음의 물음에 답하라.

(1) 갑돌이는 10발을 쏘았는데 A,B,C,D,E 영역에 각각 1,2,2,3,2발이 꽂혔다고 한다. 이 때 갑돌이가 얻을 수 있는 기대치는 얼마인가?

(2) 을석이는 A,B,C,D,E의 각 영역에 맞힐 수 있는 확률이 5,10,15,30,40%라고 한다. 이 때 을석이가 얻을 수 있는 기대치는 얼마인가?

02 확률변수가 pdf $f(x) = cx[u(x) - u(x-2)]$를 가질 때 다음의 물음에 답하라.

(1) 확률변수의 기대치를 확률밀도함수를 이용하여 구하라.

(2) 확률변수의 기대치를 확률분포함수를 이용하여 구하라.

(3) 위의 두 결과를 비교하라.

03 김해시 장유에서 창원까지 운행하는 시내버스 109번과 283번은 러시아워시간에 각각 평균 6분 및 10분 간격의 지수함수분포를 따라서 운행하며 두 회사간의 차량운행은 상호 독립적이다고 한다. 그러면 러시아워시간인 8시부터 9시 사이에 이 들 두 버스회사가 운행한 차량의 대수를 각각 X와 Y라고 할 때 두 회사가 운행한 차량의 대수의 차이의 기대치를 구하라.

04 창원대 정보통신공학과 안빈나양과 노원한군이 윷놀이를 하였는

데 원한이가 이런 제안을 했다. “빈나야 배고프지? 나도 배고파⋯. 빈나야~ 우리 지금부터 30분간 윷놀이를 하여 도,개,걸,윷,모가 나오면 10,20,10,40,40점을 받는 것으로 하는데 누가 던지든지 상관 없이 도와 개가 나오면 네가 해당되는 점수를 받고 걸,윷,모가 나오면 내가 해당되는 점수를 받는 것으로 해서 점수를 적게 모은 사람이 점심을 사는 것으로 하자. 그렇다면 과연 이번에는 빈나는 이 제안을 수락해야 할까?

확률변수의 pdf $f(x)$혹은 pmf $p(x)$가 다음과 같이 주어질 때 각 경우에 대하여 MGF를 구하라. 05

(1) $f(x) = e^{-x}$, 단, $x \geq 0$.

(2) $p(x) = \frac{1}{a^n}$, $a < \infty$

문제5에서 정의된 pdf $f(x)$ 혹은 pmf $p(x)$의 MGF를 이용하여 기대치를 구하라. 06

CHAPTER 05 다변수 확률변수

요약

지금까지 우리는 확률실험에서 나온 결과를 하나의 변수로 나타낸 단일 확률변수에 대하여 공부를 해왔다. 그런데, 공학적 문제를 해결하다 보면 확률변수가 2개 이상일 경우가 있다.

하여간, 다변수 확률변수라고 하더라도 우리의 머리에서 직관적으로 그릴 수 있는 상황은 기껏해야 2차를 넘을 수 없다. 즉, X축을 하나의 변수로, 그리고 Y축을 또 다른 하나의 변수로 나타내고 그들 변수가 가지는 확률을 Z축에 그리는 정도일 것이다. 물론 이론적으로는 차수를 얼마든지 올릴 수 있고 수식의 표현도 가능하다. 그래서 이 장에서는 변수가 2개인 확률변수에 대하여 알아본다. 먼저 확률변수를 정의하고, 분포함수를 알아보며 마지막으로 확률의 기대치를 계산하는 순서로 공부한다.

1 2변수 확률변수와 분포함수

1) 확률변수와 분포함수

X와 Y를 각각 서로 다른 확률변수라고 하자. 이 때 각 확률변수에 대하여 $X \le x$와 $Y \le y$인 조건을 동시에 만족하는 사건이 일어날 확률을 $P[X \le x, Y \le y]$라고 정의하면 이 확률은 앞에서 1변수 확률변수에서와 마찬가지로 2변수 확률변수의 분포함수가 됨을 쉽게 알 수 있을 것이다. 그래서, 이 확률을 2변수 확률변수의 확률분포함수로 부르며 $F(X, Y) = P[X \le x, Y \le y]$로 표기한다.

위에서 정의한 2변수 확률분포함수는 다음과 같은 성질을 가진다.

① $0 \le F(x, y) \le 1, -\infty < x, y < \infty$
② $F(-\infty, y) = F(x, -\infty) = F(-\infty, -\infty) = 0$
③ $F(\infty, \infty) = 1$
④ $F(\infty, y) = F(y), F(x, \infty) = F(x)$

위에서 알 수 있는 바와 같이 확률변수가 2개라 하더라도 기본적인 확률의 성질은 단변수 확률변수 함수와 똑같음을 알 수 있다.

아래와 같은 예를 들면서 2변수확률변수의 특징을 관찰하여 보자.

예제 5.1 2변수확률변수의 예로서 동전던지기 실험을 생각해보자. 변수가 두 개이므로 동전은 2개를 준비해야 하겠다. 그런데, 동전이 2개가 없으면 동전 하나로 던지기를 두 번 해도 되겠다. 자, 하여간 이제 동전 2개를 던지는데 각각 던진 결과를 보고 앞이면 1, 뒤면 0이라고 나타내기로 하자. 이 때 동전 2개를 던진 결과를 (X, Y)로 표시를 한다고 할 때 아래의 물음에 답하라.

❶ 이 2변수확률변수의 확률질량함수를 구하라.
❷ 분포함수는 어떻게 되는지 그래프를 이용하여 그려라.

풀이

❶ 동전 두 개를 던져서 얻을 수 있는 결과는

$$(0,0), (0,1), (1,0), (1,1)$$

의 네 가지이다.

그리고 각 경우의 확률은 1/4이다. 따라서, 이 2변수확률변수는 이산확률변수이다. 이산확률변수의 질량함수 $p(x,y)$는 다음과 같다.

$$p(x,y)=\frac{1}{4},\ \text{단},\ (x,y)=(i,j),\ i=0,1,\ j=0,1$$

❷ 위의 확률변수의 분포함수는 다음과 같다.

$$F(0,0)=p(0,0)=\frac{1}{4}$$
$$F(0,1)=p(0,0)+p(0,1)=\frac{1}{2}$$
$$F(1,0)=p(0,0)+p(1,0)=\frac{1}{2}$$
$$F(1,1)=p(0,0)+p(0,1)+p(1,0)+p(1,1)=1$$

따라서 위의 함수를 그래프로 그리면 다음과 같다.

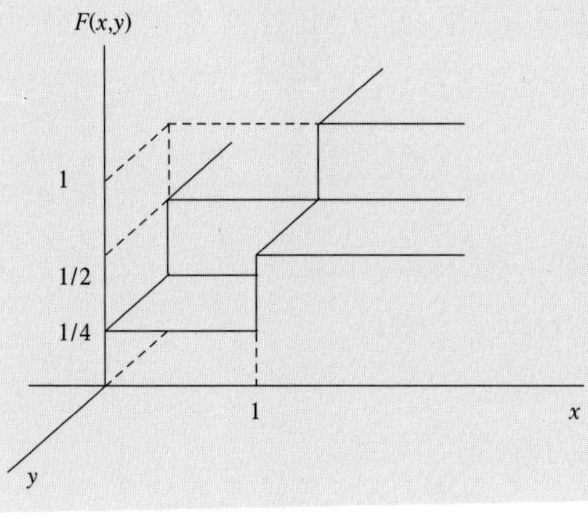

한편, 연속확률변수에서 확률분포함수를 알면 확률밀도함수도 알 수 있음은 이미 앞에서 공부한 바가 있다. 그리고, 확률밀도함수는 확률분포함수의 미소구간에 대한 미분이므로 다음과 같이 정의한다.

$$f(x,y)=\frac{\partial^2 F(x,y)}{\partial x\partial y}$$
$$\rightarrow f(x,y)\,dxdy = P[x < x \le x+dx, y < Y \le y+dy]$$

이와 같은 정의는 앞에서 1변수확률변수의 정의를 다만 2차원으로 확장한 것에 지나지 않음을 주의하라. 따라서, 2변수확률변수에 대해서도 확률밀도함수와 분포함수에 대하여 각각 다음의 성질이 성립한다.

① $f(x,y) \ge 0, -\infty < x, y < \infty$

② $\int_{-\infty}^{\infty}\int_{-\infty}^{\infty} f(x,y)\,dxdy = 1$

③ $F(x,y) = \int_{-\infty}^{x}\int_{-\infty}^{y} f(u,v)\,dudv$

④ $P(x_1 < X \le x_2, y_1 < Y \le y_2) = \int_{x_1}^{x_2}\int_{y_1}^{y_2} f(u,v)\,dudv$

⑤ $f(x) = \int_{-\infty}^{\infty} f(x,y)\,dy, f(y) = \int_{-\infty}^{\infty} f(x,y)\,dx$

문제 5.1

2변수 균일분포함수를 생각한다. 이 때 확률변수 X는 $(x_1, x_2]$에서 정의되고 확률변수 Y는 $(y_1, y_2]$에서 정의된다. 다음의 물음에 답하라.

❶ 확률밀도함수 $f(x,y)$를 구하라.

❷ $f(x,y)$의 그래프를 그려라.

❸ $F(x,y)$를 구하라.

❹ $F(x,y)$의 그래프를 그려라.

❺ $X < \frac{x_1+x_2}{2}$, $Y < \frac{y_1+y_2}{2}$ 일 확률을 구하라.

2) 조건부 확률분포함수

2변수확률변수에서도 1변수함수와 마찬가지로 조건부확률이 정의된다. 단, 1변수함수와는 다른 한 가지 차이점이라면 1변수확률에서는 조건으로 주어지는 확률변수와 알고자 하는 확률변수가 같은 것에 반하여 여기서는 조건으로 주어지는 확률변수와 알고자 하는 확률변수가 다르다는 것이다. 물론 조건으로 주어지는 변수가 같을 수도 있지만 이 경우에는 나머지 한 변수에 대해서 모든 경우에 적용이 되므로 1변수함수일 때와 다를 바가 없다. 아래에서 이 사실을 나타내고 있다.

먼저 M이라는 조건하에서 확률변수가 x보다 크지 않을 확률을 $F(x|M)$이라고 하자. 그러면 조건부확률의 정의로부터 $F(x|M)$은 다음과 같이 나타낼 수 있다.

$$F(x|M) = P[X \le x|M] = \frac{P[X \le x, M]}{P[M]}$$

위의 식에서 2변수확률변수에 대한 문제인 만큼 조건 M은 Y가 가지는 값에 관한 것일 수 있다. 그리고 여기서 조건 M을 나타내는 방법이 여러 가지가 있을 수 있으며, 다음과 같은 세 가지 경우로 나누어서 알아보기로 한다.

첫 번째는 $M \equiv Y \le y$인 경우이다. 즉, 확률변수 Y가 가지는 값이 어떤 임계값 y보다 크지 않을 조건을 M이라고 정의를 하였다. 이 경우에는 위의 정의식으로부터 다음의 결과를 얻을 수 있다.

$$F(x|Y \le y) = \frac{P[X \le x, Y \le y]}{P[Y \le y]} = \frac{F(x,y)}{F(y)}$$

결국, 위의 조건부확률이 나타내는 것은 확률변수 Y가 가지는 값이 어떤 임계값 y보다 크지 않을 조건하에서 두 확률변수 X, Y가 각각 임계값 x, y보다 크지 않을 확률을 나타낸 것이다.

두 번째는 $M \equiv y_1 < Y \le y_2$인 경우이다. 이 경우는 조건으로 주어지는 Y라는 확률변수가 임의의 구간값 $y_1 < Y \le y_2$사이에 존재할 경우 확률변수 X가 각각 임계값 x보다 크지 않을 확률을 나타낸 것이다. 이 경우에도 위의 정의식으로부터 다음의 결과를 얻

을 수 있다.

$$F(x \mid y_1 < Y \le y_2) = \frac{P[X \le x, y_1 < Y \le y_2]}{P[y_1 < Y \le y_2]} = \frac{F(x, y_2) - F(x, y_1)}{F(y_2) - F(y_1)}$$

세 번째는 점의 조건확률인 경우이다. 즉, $M \equiv Y = y$ 인 경우에는 Y가 연속확률변수라는 특성상 점의 분포함수가 존재하지 않기 때문에 위의 방법을 사용할 수가 없다. 따라서, 다음과 같은 절차를 거쳐서 구할 수 있다. 먼저 확률의 정의에 의하여 다음의 식을 얻는다.

$$F(x \mid Y = y) = \frac{P[X \le x, Y = y]}{P[Y = y]}$$

한편, 위의 식에서 점의 확률을 분포함수로 나타내면 다음과 같다.

$$\frac{P[X \le x, Y \le y]}{P[Y = y]} = \lim_{\Delta y \to 0} \frac{F(x, y + \Delta y) - F(x, y)}{F(y + \Delta y) - F(y)}$$

결국 위의 식에서 우항에 대하여 미분으로 표시하면 다음과 같다.

$$\lim_{\Delta y \to 0} \frac{F(x, y + \Delta y) - F(x, y)}{F(y + \Delta y) - F(y)} = \frac{\dfrac{\partial F(x, y)}{\partial y}}{\dfrac{\partial F(y)}{\partial y}} = \frac{\int_{-\infty}^{x} f(u, y)\, du}{f(y)}$$

결국 우리는 다음의 결과를 얻게 된다.

$$F(x \mid Y = y) = \frac{P[X \le x, Y = y]}{P[Y = y]} = \frac{\int_{-\infty}^{x} f(u, y)\, du}{f(y)}$$

위의 식은 결국 확률변수 X, Y 에 대하여 확률변수 Y 의 확률밀도함수와 확률변수 X, Y 의 결합확률밀도함수가 주어지면 조건부확률 $F(x \mid Y = y)$를 구할 수 있음을 말한다.

예제 5.2 2변수 균일분포함수를 생각한다. 이 때 확률변수 X는 $(x_1, x_2]$에서 정의되고 확률변수 Y는 $(y_1, y_2]$에서 정의된다. 다음 물음에 답하라.

❶ $F(x \mid Y \leq y)$를 구하라.

❷ $F(x \mid y_1 < Y \leq y_2)$를 구하라.

❸ $F(x \mid Y = y)$를 구하라.

풀이

❶ $F(x \mid Y \leq y)$는 다음의 식으로 풀 수 있음을 앞에서 증명하였다.

$$F(x \mid Y \leq y) = \frac{F(x, y)}{F(y)}$$

이를 위하여 우리는 먼저 위의 식에서 $F(y)$와 $F(x, y)$를 구하여야 한다.

$$F(y) = \int_{y_1}^{y} \int_{x_1}^{x_2} \frac{1}{(x_2 - x_1)(y_2 - y_1)} dxdy = \frac{y - y_1}{y_2 - y_1}$$

$$F(x, y) = \int_{y_1}^{y} \int_{x_1}^{x} \frac{1}{(x_2 - x_1)(y_2 - y_1)} dxdy = \frac{x - x_1}{x_2 - x_1} \frac{y - y_1}{y_2 - y_1}$$

따라서, $F(x \mid Y \leq y)$는 다음과 같다.

$$F(x \mid Y \leq y) = \frac{x - x_1}{x_2 - x_1}$$

❷ $F(x \mid y_1 < Y \leq y_2)$는 다음의 식으로 풀 수 있음을 앞에서 증명하였다.

$$F(x \mid y_1 < Y \leq y_2) = \frac{F(x, y_2) - F(x, y_1)}{F(y_2) - F(y_1)}$$

따라서, 이번에는 (1)번에서와는 달리 다음의 요소들을 구한다.

$$F(x, y_2) = \frac{x - x_1}{x_2 - x_1}$$

$$F(x, y_1) = 0$$
$$F(y_2) = 1$$
$$F(y_1) = 0$$

따라서, 결국 $F(x \mid y_1 < Y \le y_2)$는 다음과 같다.

$$F(x \mid y_1 < Y \le y_2) = \frac{F(x, y_2) - F(x, y_1)}{F(y_2) - F(y_1)} = \frac{x - x_1}{x_2 - x_1}$$

❸ $F(x \mid Y = y)$는 아래의 식으로부터 구할 수 있다.

$$F(x \mid Y = y) = \frac{\int_{-\infty}^{x} f(u, y)\, du}{f(y)} = \frac{x - x_1}{x_2 - x_1}$$

문제 5.2

확률밀도함수가 다음과 같이 주어진 2변수 지수분포함수를 생각한다. 이 때 다음 물음에 답하라.

$$f(x, y) = \lambda^2 e^{-\lambda(x+y)}, \quad x, y \ge 0$$

❶ $F(x \mid Y \le y)$를 구하라.

❷ $F(x \mid y_1 < Y \le y_2)$를 구하라.

3) 조건부 확률밀도함수

이번에는 2변수확률변수에 대하여 조건부 확률밀도함수를 구하는 방법을 알아보기로 한다. 언제나 그렇듯이 문제는 단순하게 생각을 하면 쉽게 해결된다. 먼저 여러분은 확률밀도함수는 항상 확률분포함수를 미분해서 구할 수 있다는 사실을 알고 있으므로 조건부 확률밀도함수를 다음과 같이 정의한다.

$$f(X = x \mid Y = y) = f(x \mid y) = \frac{\partial F(x \mid Y = y)}{\partial x} = \frac{f(x, y)}{f(y)},$$
$$f(Y = y \mid X = x) = f(y \mid x) = \frac{\partial F(y \mid X = x)}{\partial y} = \frac{f(x, y)}{f(x)}$$

위의 식에서 맨 우측의 항에 있는 결합확률을 조건부확률로 고쳐서 쓰면 각 식은 다음과 같게 된다.

$$
\begin{aligned}
f(x,y) &= f(x \mid y) f(y) \\
&= f(y \mid x) f(x)
\end{aligned}
$$

위의 식을 보면 불교의 윤회설(輪廻說, Transmigrationism)을 떠올리게 한다. 즉, $f(x \mid y)$는 $f(y \mid x)$로 부터 얻어지고 $f(y \mid x)$는 $f(x \mid y)$로 부터 얻어지고… 하여간 수학은 참으로 오묘한 진리를 가지고 있다. ^^

이번에는 2변수확률변수의 밀도함수에서 어느 한 확률변수의 조건을 해제한 경우의 확률밀도함수인 한계확률밀도함수(앞에서 이를 Marginal pdf[25]라고 부른 것을 기억할 것이다)를 구해보자.

어떤 확률변수, 가령 X에 대한 한계확률밀도함수는 그 확률변수를 제외한 다른 확률변수에 대하여 모든 경우를 모두 고려한 것이고 따라서 다음과 같이 정의된다.

$$
f(x) = \int_{-\infty}^{\infty} f(x,y)\,dy = \int_{-\infty}^{\infty} f(x \mid y) f(y)\,dy
$$

$$
f(y) = \int_{-\infty}^{\infty} f(x,y)\,dy = \int_{-\infty}^{\infty} f(y \mid x) f(x)\,dx
$$

위의 결과로부터 2변수확률변수에 대하여 어떤 하나의 확률변수에 대한 한계확률밀도함수는 그 확률변수의 조건으로 주어지는 다른 확률변수의 밀도함수와 그 확률변수를 조건으로 하는 확률밀도함수로 표시됨을 알았다.

그리고 또 한가지 알 수 있는 사실로서 2변수확률변수의 결합확률밀도함수는 한계 확률밀도함수뿐만 아니라 조건부 밀도함수도 정의함을 알 수 있다.

위의 개념을 실감나게 이해하기 위해서는 실제로 문제를 한번 풀어보는 것이 도움이 될 것이다.

25 Marginal pdf는 주변확률분포함수라고도 부른다.

문제 5.3

2변수확률밀도함수가 다음과 같이 주어질 때 물음에 답하라.

$$F(x, y) = \begin{cases} \frac{6}{5}(1 - x^2 y), & 0 \leqq x \leqq 1, \ \ 0 \leqq y \leqq 1 \\ 0, & else \end{cases}$$

❶ X에 대한 주변확률밀도함수 $f(x)$를 구하라.

❷ Y에 대한 주변확률밀도함수 $f(y)$를 구하라.

❸ $f(x \mid y)$를 구하라.

❹ $f(y \mid x)$를 구하라.

4) 2변수 확률밀도함수의 통계적 독립성과 조건부 확률

만약 두 개의 확률변수 X와 Y가 서로 확률적으로 독립이라면 조건부 확률에서 어떤 일이 벌어질까? 가령, 어느 한 변수에 대한 확률을 안다고 할 때 다른 한 변수의 확률은 어떤 관계가 있을까? 그리고 두 변수에 대한 결합확률 $f(x, y)$는 또 어떤 모양을 가질까? 지금부터는 이 의문을 해소한다.

먼저 두 확률변수가 독립이라면 다음의 식이 성립함을 염두에 두자.

$$f(x, y) = f(x)f(y)$$

이 성질을 2변수확률변수의 조건부확률의 식에 적용하면 다음의 결과를 얻는다.

$$f(x \mid y) = \frac{f(x, y)}{f(y)} = \frac{f(x)f(y)}{f(y)} = f(x)$$
$$f(y \mid x) = \frac{f(x, y)}{f(x)} = \frac{f(x)f(y)}{f(x)} = f(y)$$

앗, $f(x \mid y) = f(x)$이고 $f(y \mid x) = f(y)$이 아닌가? 조건이 아무런 영향이 없다!

따라서, 위의 식으로부터 두 개의 확률변수 X와 Y가 서로 확률적으로 독립인 2변수확률변수의 조건부확률밀도함수는 주어진 조건과 무관함을 알 수 있다.

그럼 두 개의 확률변수 X와 Y가 서로 확률적으로 독립인 2변수확률변수의 기대치는 어떻게 될까? 이것 역시 궁금할 것이다.

기대치의 조건으로부터 다음의 결과를 얻는다.

$$E[XY] = \int_{-\infty}^{\infty}\int_{-\infty}^{\infty} xyf(x, y)\,dxdy = \int_{-\infty}^{\infty} xf(x)\,dx \int_{-\infty}^{\infty} yf(y)\,dy = E[X]E[Y]$$

앗, $E[XY] = E[X]E[Y]$이다!

따라서, 두 개의 확률변수 X와 Y가 서로 확률적으로 독립인 2변수확률변수의 기대치는 각각의 기대치의 곱과 같다.

예제 5.3 상호독립인 두 확률변수 X, Y가 다음의 결합확률밀도함수를 가진다고 한다.

$$f(x, y) = \begin{cases} e^{-(x+y-1)}, & 0 \le x \le \infty,\ 1 \le y \le \infty \\ 0, & else \end{cases}$$

❶ $f(x|y)$를 구하라.

❷ $f(y|x)$를 구하라.

❸ 두 확률변수 X, Y가 상호독립인 사실이 참임을 증명하라.

❹ $E[XY]$를 구하라.

풀이

❶ 두 확률변수 X, Y가 상호독립이므로 $f(x|y) = f(x)$이다. 따라서 $f(x)$를 구하면 된다.

$$f(x) = \int_{1}^{\infty} e^{-(x+y-1)}\,dy = e^{-x}$$

❷ 두 확률변수 X, Y가 상호독립이므로 $f(y|x) = f(y)$이다. 따라서 $f(y)$를 구하면 된다.

$$f(y) = \int_{0}^{\infty} e^{-(x+y-1)}\,dx = e^{-(y-1)}$$

③ 위의 ❶, ❷번의 결과에서 $f(x) = e^{-x}$와 $f(y) = e^{-(y-1)}$를 얻었는데 이 두 함수를 곱하면 $f(x, y) = e^{-(x+y-1)}$을 얻는다. 따라서, 두 확률변수 X, Y가 상호독립인 사실은 참이다.

④ 두 확률변수 X, Y가 상호독립이므로 $E[XY] = E[X]E[Y]$임을 알 수 있다. 따라서, $E[X]$와 $E[Y]$를 구하여 곱하자.

$$E[X] = \int_0^\infty xf(x)\,dx = \int_0^\infty xe^{-x}\,dx = 1$$
$$E[Y] = \int_1^\infty yf(y)\,dy = \int_1^\infty ye^{-(y-1)}\,dy = 1$$

따라서, $E[XY] = 1$이다.

문제 5.4

상호 독립인 두 확률변수 X, Y가 다음의 확률밀도함수를 가진다고 한다. 이 때 물음에 답하라.

$$f(x) = ae^{-x}, \quad 0 \le x \le \infty$$
$$f(y) = ae^{-y}, \quad 0 \le y \le \infty$$

❶ a를 구하라.

❷ $E[XY]$를 구하라.

5) 두 확률변수의 합의 분포함수

지금까지 우리는 서로 다른 두 개의 확률변수에 대하여 상호 조건으로 작용할 경우의 조건부확률에 대하여 공부를 해왔다. 그렇다면 이번에는 서로 다른 두 개의 확률변수를 더하였을 때는 확률분포함수가 어떻게 될까 궁금하지 않는가? 가령 X가 주사위 A를 던져서 나온 눈의 수를 나타내고 Y가 주사위 B를 던져서 나온 눈의 수라고 하자. 그러면 $X+Y$는 두 개의 주사위를 던져서 나온 눈의 수를 합한 값을 가지는 확률변수이다. 따라서, $X+Y$는 2부터 12

까지의 값을 가질 것이다. 그런데 $X+Y=2$일 경우는 $X=1$ &$Y=1$ 일 경우밖에 없음을 알 수 있고 $P(X=1)=1/6$이고 $P(Y=1)=1/6$ 이지만 $P(X+Y=2)$일 확률은 1/36이므로 앞의 두 확률의 합인 2/6 즉, 단순히 두 배가 되지도 않음을 알 것이다. 따라서, 여러분은 서로 다른 두 확률변수가 더해진 경우의 확률을 간단히 구할 수 없음을 알 수 있을 것이다. 그래서 체계적인 수학이 필요한 것이 아닐까?

하여간 서로 독립인 두 확률변수 X와 Y가 있고 각 확률변수는 밀도함수 $f_X(x)$와 $f_Y(y)$를 가진다고 하자. 여기서 일반적인 경우에는 두 확률변수 X와 Y의 확률밀도함수가 반드시 같다고 할 수 없고 사실 일반적으로 다르기 때문에 둘 사이를 구별하기 위하여 아래에 첨자를 붙였음을 주의한다. 이 때 두 확률변수 X와 Y의 합을 Z라고 할 때 새로운 확률변수 Z의 분포함수를 구하는 방법을 알아보자.

먼저 분포함수를 구하기 전에 아래의 그림을 참고한다. 즉, $Z \le z$는 아래의 그림에서 사선의 아랫부분을 나타냄을 주의하자.

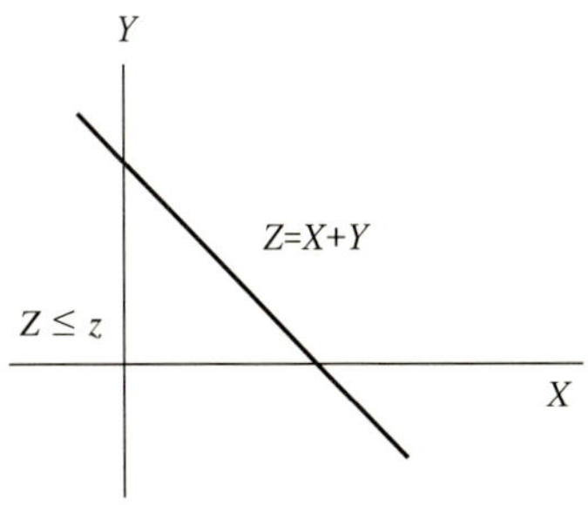

그림 5-1 두 확률변수의 합

확률분포함수의 정의에 의해서 아래의 사실을 얻는다.

$$F(z) = P(Z \le z) = P(X+Y \le z)$$

분포함수의 정의에 의하여

$$P(X+Y \le z) = \int_{-\infty}^{\infty}\int_{-\infty}^{z-y} f(x,y)\,dxdy$$

이고 또 두 확률변수가 상호 독립이라고 하였으므로 아래의 관계식이 성립한다.

$$\int_{-\infty}^{\infty}\int_{-\infty}^{z-y} f(x,y)\,dxdy = \int_{-\infty}^{\infty}\int_{-\infty}^{z-y} f_X(x)f_Y(y)\,dxdy$$

한편 위의 우항은 다음과 같이 나타낼 수 있다.

$$\int_{-\infty}^{\infty}\int_{-\infty}^{z-y} f_X(x)f_Y(y)\,dxdy = \int_{-\infty}^{\infty} f_Y(y)\int_{-\infty}^{z-y} f_X(x)\,dxdy$$

따라서 결과적으로 서로 독립인 두 확률변수의 합의 분포함수는 다음과 같이 구할 수 있다.

$$F(z) = \int_{-\infty}^{\infty} f_Y(y)\int_{-\infty}^{z-y} f_X(x)\,dxdy$$

위의 결과로부터 다음과 같이 확률밀도함수 $f(z)$를 구할 수 있다.

$$\begin{aligned} f(z) &= \frac{dF(z)}{dz} \\ &= \int_{-\infty}^{\infty} f_Y(y)f_X(z-y)\,dy \\ &= \int_{-\infty}^{\infty} f_X(x)f_Y(z-x)\,dx \end{aligned}$$

위의 결과식은 서로 독립인 두 확률밀도함수의 Convolution의 형태를 가짐을 알 수 있다.

예제 5.4 서로 독립인 확률변수 X와 Y는 각각 평균이 α와 β인 푸아송분포를 따른다고 가정할 때 $X+Y=k$라는 가정하에서 한 확률변수 X의 조건부분포를 계산하고 그 물리적 의미를 논하라.

풀이

조건부확률의 정의에 의하여

$$P(X=m \mid X+Y=k) = \frac{P(X=m, X+Y=k)}{P(X+Y=k)} = \frac{P(X=m, Y=k-m)}{P(X+Y=k)}$$

위의 식에서 확률변수 X와 Y는 서로 독립이므로 다음 식이 성립한다.

$$P(X=m \mid X+Y=k) = \frac{P(X=m, Y=k-m)}{P(X+Y=k)} = \frac{P(X=m)P(Y=k-m)}{P(X+Y=k)}$$

여기서, 분자와 분모의 확률에 대한 값을 대입하면

$$P(X=m \mid X+Y=k) = \frac{P(X=m)P(Y=k-m)}{P(X+Y=k)} = \frac{\dfrac{e^{-\alpha}\alpha^m}{m!}\dfrac{e^{-\beta}\beta^{(k-m)}}{(k-m)!}}{\dfrac{e^{-(\alpha+\beta)}(\alpha+\beta)^k}{k!}}$$

위의 식을 잘 정돈하면 다음의 결과를 얻는다.

$$P(X=m \mid X+Y=k) = \frac{\dfrac{e^{-\alpha}\alpha^m}{m!}\dfrac{e^{-\beta}\beta^{(k-m)}}{(k-m)!}}{\dfrac{e^{-(\alpha+\beta)}(\alpha+\beta)^k}{k!}} = \frac{k!}{m!(k-m)!}\frac{\alpha^m\beta^{(k-m)}}{(\alpha+\beta)^k}$$

위의 결과를 좀 더 보기 쉽게 정리하면 다음과 같다.

$$\begin{aligned} P(X=m \mid X+Y=k) &= \frac{k!}{m!(k-m)!}\frac{\alpha^m\beta^{(k-m)}}{(\alpha+\beta)^k} \\ &= \binom{k}{m}\left(\frac{\alpha}{\alpha+\beta}\right)^m\left(\frac{\beta}{\alpha+\beta}\right)^{k-m} \end{aligned}$$

위의 결과식을 좀 더 보기 쉽게 다음과 같이 바꾸어보자.

$$P(X=m \mid X+Y=k) = \binom{k}{m}(\eta)^m(1-\eta)^{k-m}$$

단, $\eta = \dfrac{\alpha}{\alpha+\beta}$이다. 위의 결과식으로 부터 우리는 위의 식이 이항분포를 따르는 확률변수의 밀도함수와 일치함을 알 수가 있을 것이다.

따라서, 서로 독립인 확률변수 X와 Y가 각각 평균이 α와 β인 푸아송분포를 따른다고 가정할 때 $X+Y=k$라는 가정하에서 확률변수 X의 조건부확률이 m일 확률은 모수가 (k,η), 단 $\eta=\alpha/(\alpha+\beta)$인 이항분포를 따름을 알 수 있다.

문제 5.5

확률변수 X와 Y가 다음의 확률밀도함수를 가질 때 다음의 물음에 답하라.

$$f(x)=\begin{cases}1, & 0\le x\le 1\\ 0, & else\end{cases}$$

$$f(y)=\begin{cases}e^{-y}, & y\ge 0\\ 0, & else\end{cases}$$

❶ 두 확률변수의 확률밀도함수를 각각 그래프로 그려라.

❷ 두 확률변수의 합 Z의 확률밀도함수를 구하라.

❸ Z의 확률밀도함수를 그래프로 그려라.

2 2변수 확률변수의 응용

지금부터는 2변수 확률변수에 대하여 특성함수를 정의하고 기대치를 구한다. 그리고 2변수확률변수의 상호연관성에 대해서도 알아본다.

1) 2변수 확률변수와 특성함수

앞에서 우리는 2변수 확률변수의 합에 대한 확률밀도함수를 구하면서 적분을 하였는데 각 확률밀도함수가 복잡한 함수로 표시가 될 때는 적분이 쉽지 않음을 알 수 있었을 것이다. 그래서, 이번에는 위에서 생각한 문제를 다른 방법으로 푸는 방법을 소개한다.

먼저 다음과 같이 확률변수 X의 특성함수(特性函數, Characteristic function)를 정의한다.

$$\phi(u) = E[e^{juX}] = \int_{-\infty}^{\infty} f(x)\, e^{jux}\, dx$$

공업수학을 공부한 엔지니어는 위의 식이 확률밀도함수 $f(x)$의 푸리에변환(Fourier transform)과 유사함을 알아차렸을 것이다[26]. 하여간, 지수에 플러스부호가 있건 마이너스부호가 있건 실제 함수의 특성에는 별 차이가 없고 다만 어쩌다 보니 그렇게 사용해 왔다는 측면이 더 강하다.

한편 푸리에변환의 성질로부터 위의 특성함수의 역함수(逆函數, Inverse function)가 존재하게 되며 그 역함수가 바로 원래의 확률밀도함수라는 사실도 알 필요가 있다.

따라서, 위와 같이 정의되는 특성함수로부터 확률밀도함수는 다음과 같이 정의된다.

$$f(x) = \frac{1}{2\pi} \int_{-\infty}^{\infty} \phi(u)\, e^{-jux}\, du$$

위의 사실로부터 어떤 확률변수에 대하여 확률밀도함수가 정의되면 그 함수의 특성함수를 구할 수 있고 반대로 그 특성함수로부터 확률밀도함수를 다시 구할 수 있음을 보았다.

그런데, 우리는 지금 2변수 확률변수에 대하여 이야기를 하고 있으므로 다시 원래의 이야기로 돌아가서, 확률변수 X와 Y는 다음의 특성함수를 가진다고 하자.

$$\phi_X(u) = E[e^{juX}] = \int_{-\infty}^{\infty} f_X(x)\, e^{jux}\, dx$$

$$\phi_Y(u) = E[e^{juY}] = \int_{-\infty}^{\infty} f_Y(y)\, e^{juy}\, dy$$

한편 $Z = X + Y$는 다음의 특성함수를 가진다.

$$\phi_Z(u) = E[e^{juZ}] = \int_{-\infty}^{\infty} f_Z(z)\, e^{juz}\, dz$$

26 어떤 함수 $f(x)$의 푸리에변환은 $\phi(u) = \int_{-\infty}^{\infty} f(x)\, e^{-jux}\, dx$ 이다.

위의 맨 우측의 항에서 $f_Z(z)$ 대신에 앞에서 구한 $f(z)=\int_{-\infty}^{\infty} f_X(x) f_Y(z-x)\,dx$의 관계식을 대입하고 다음과 같이 몇 차례 변신을 하면 아래의 맨 마지막 등식과 같은 간단한 결과를 얻는다.

$$\begin{aligned}\phi_Z(u) &= \int_{-\infty}^{\infty} f_Z(z)\, e^{juz}\, dz \\ &= \int_{-\infty}^{\infty}\int_{-\infty}^{\infty} f_X(x) f_Y(z-x)\, e^{juz}\, dxdz \\ &= \int_{-\infty}^{\infty} f_X(x)\, e^{jux}\, dx \int_{-\infty}^{\infty} f_Y(y)\, e^{juy}\, dy \\ &= \phi_X(u)\phi_Y(u)\end{aligned}$$

즉, 위의 결과를 요약하면 다음과 같다.

$$\phi_Z(u) = \phi_X(u)\phi_Y(u)$$

위의 결과로부터 서로 독립인 확률변수 X와 Y의 합인 새로운 확률변수 Z의 특성함수는 확률변수 X와 Y의 각각의 특성함수의 곱으로 구할 수 있음을 알 수 있다.

이 사실은 서로 독립인 수 많은 확률변수를 더한 새로운 확률변수의 특성함수는 간단하게 각각의 특성함수를 따로 구한 후 모든 특성함수를 곱해주면 얻을 수 있음을 말한다. 예를 들어서 $Z = X_1 + X_2 + \cdots + X_n$이라고 하고 X_i의 특성함수를 $\phi_i(u)$라고 할 때 위의 사실로부터 Z의 특성함수는 다음과 같이 나타낼 수 있다.

$$\phi_Z(u) = \phi_1(u)\phi_2(u)\cdots\phi_n(u)$$

간단하지 않은가?

한편 확률변수의 특성함수를 안다는 것은 그로부터 확률밀도함수 및 기대치를 구할 수 있음을 의미한다. 그러나, 현실적인 문제에서는 복잡한 시스템의 확률밀도함수는 특성함수를 이용하여 구하는 것이 쉬운 일이 아닌 것이 사실이다. 왜냐하면 특성함수의 역함수를 구하는 것이 그리 간단하지만은 않기 때문이다.

예제 5.5 상호 독립인 두 확률변수 X, Y가 아래와 같은 밀도함수를 가진다고 한다.

$$f(x) = \begin{cases} 0.5, & 0 < x < 2 \\ 0, & else \end{cases}$$

$$f(y) = \begin{cases} 0.5, & 0 < y < 2 \\ 0, & else \end{cases}$$

이 때 $Z = X + Y$에 대하여 다음의 물음에 답하라.

❶ 각 확률변수의 특성함수를 구하라.

❷ 두 확률변수의 합 $Z = X + Y$의 특성함수를 구하라.

풀이

❶ 확률변수 X와 Y가 같은 조건에서 같은 확률밀도함수를 가지고 있으므로 하나의 확률변수에 대하여 특성함수를 구하면 된다.

$$\phi(u) = \int_{-\infty}^{\infty} f(x)\, e^{jux}\, dx = \int_0^2 0.5 e^{jux}\, dx = \frac{1}{2ju}(e^{2ju} - 1)$$

❷ 두 확률변수의 합 $Z = X + Y$의 특성함수는 다음과 같이 주어진다.

$$\phi_Z(u) = \phi_X(u)\phi_Y(u) = \left(\frac{1}{2ju}\right)^2 (e^{2ju} - 1)^2$$

여기서 각자 문제를 하나 풀어보는 것도 유익할 것이다.

문제 5.6

확률변수 X와 Y가 다음의 확률밀도함수를 가질 때 다음의 물음에 답하라.

$$f(x) = \begin{cases} \frac{1}{2}, & 0 \le x \le 2 \\ 0, & else \end{cases}$$

$$f(y) = \begin{cases} e^{-y}, & y \geq 0 \\ 0, & else \end{cases}$$

❶ 각 확률변수의 특성함수를 구하라.

❷ 두 확률변수의 합 $Z = X + Y$의 특성함수를 구하라.

2) 2변수 확률변수의 특성함수를 이용한 기대치

위에서 논의한 바와 같이 특성함수는 다변수 확률변수에 대하여 그들이 중첩된 경우에 확률밀도함수를 구하는데 있어서 편의를 제공하기는 하나 실제로는 쉽게 구할 수 없음을 보았다.

그러나, 실제로 공학적 문제를 푸는 경우에 특성함수는 이와 같은 목적보다는 다른 목적으로 많이 쓰이는데 다름이 아닌 기대치를 구하는데 쓴다. 그래서, 이번에는 2변수 확률변수의 특성함수를 이용하여 기대치를 구하는 방법을 알아본다.

앞의 정의에 의하여 주어진 다음의 식으로부터 출발한다.

$$\phi(u) = E[e^{juX}] = \int_{-\infty}^{\infty} f(x)\, e^{jux}\, dx$$

위의 특성함수를 u에 대하여 한 번 미분하여보자. 그러면 다음의 결과를 얻는다.

$$\frac{d\phi(u)}{du} = \int_{-\infty}^{\infty} f(x)\, jxe^{jux}\, dx$$

위의 식에서 $u = 0$을 대입하면 다음과 같이 된다.

$$\left.\frac{d\phi(u)}{du}\right|_{u=0} = j\int_{-\infty}^{\infty} xf(x)\, dx = jE[X]$$

위의 식에서 맨 오른 쪽을 보면 $E[X]$라는 표현식이 있음을 알 수 있는데 이것이 무엇인가? 이것은 바로 우리가 앞에서 많이 보았던 식인 기대치의 식이다!!

따라서, 우리는 확률변수 X의 기대치에 대하여 다음의 결과를 얻을 수 있다.

$$E[X] = \frac{1}{j}\frac{d\phi(u)}{du}\bigg|_{u=0}$$

만약 이와 같이 특성함수 $\phi(u)$를 u에 대하여 미분을 n번 반복을 하여보면 우리는 확률변수 X의 n차 모멘트를 다음과 같이 얻을 수 있다.

$$E[X^n] = \frac{1}{j^n}\frac{d^n\phi(u)}{du^n}\bigg|_{u=0}$$

이상과 같이 어떤 확률변수의 1,2차 모멘트를 안다면 그 확률변수의 기대치와 분산은 쉽게 구할 수가 있다.

예제 5.6 다음과 같이 밀도함수가 주어진 확률변수 X에 대하여 특성함수를 이용하여 확률변수 X의 기대치를 구하라.

$$f(x) = 2e^{-2x},\ \ x \ge 0$$

풀이

확률변수 X에 대하여 특성함수를 구하면 다음과 같다.

$$\begin{aligned}\phi(u) &= \int_{-\infty}^{\infty} f(x)\,e^{jux}\,dx = \int_0^{\infty} 2e^{-2x}\,e^{jux}\,dx = 2\int_0^{\infty} e^{-(2-ju)x}\,dx \\ &= \frac{2}{2-ju}\end{aligned}$$

이제 이 특성함수를 u에 대하여 한 번 미분을 하자.

$$\phi'(u) = \frac{d}{du}\frac{2}{2-ju} = \frac{2j}{(2-ju)^2}$$

따라서, 확률변수 X의 기대치는 다음과 같이 계산된다.

$$E[X] = \frac{1}{j}\frac{d\phi(u)}{du}\bigg|_{u=0} = \frac{1}{2}$$

문제 5.7

확률변수 X와 Y가 다음의 확률밀도함수를 가질 때 $Z=X+Y$의 기대치를 구하라.

$$f(x)=\begin{cases}0.5, & 0\le x\le 2\\ 0, & else\end{cases}$$

$$f(y)=\begin{cases}e^{-y}, & y\ge 0\\ 0, & else\end{cases}$$

2) 2변수 확률변수의 상호연관성

공학적인 문제를 풀다보면 우리는 서로 다른 두 개의 확률변수들 간에 어떤 관계가 있을지를 알아볼 필요가 있다. 즉, 하나의 확률변수와 다른 확률변수간에 비례 혹은 반비례 아니면 아무런 관계가 없는지 궁금할 것이다. 그래서, 이번에는 2개의 확률변수간의 상호 연관관계를 나타내는 방법으로 다음과 같은 경우를 생각해 보자.

어느 학교의 학생 24명의 수학과 물리 점수가 다음의 표와 같이 나타났다고 가정을 하자. 이 때 학생의 수학성적과 물리성적의 사이에는 어떠한 연관성이 있는지 알아보려면 어떤 방법이 있을까? 이를 위하여 아래의 문제를 통하여 알아보자.

예제 5.7 표5-1을 참고하여 x축에 학생의 수학점수를 나타내고 y축에 물리 점수를 나타내어 24명의 학생들이 받은 수학과 물리 점수의 분포를 그리고 그래프에서 나타나는 현상을 관찰해보자.

표 5-1 수학과 물리의 점수

학번	수학	물리	학번	수학	물리	학번	수학	물리	학번	수학	물리
1	80	65	7	40	25	13	75	70	19	55	75
2	50	30	8	80	65	14	25	50	20	60	70
3	75	80	9	85	70	15	95	90	21	85	65
4	60	75	10	30	40	16	85	75	22	90	75
5	95	85	11	25	15	17	20	35	23	10	40
6	35	55	12	65	55	18	45	65	24	5	25

풀이

가로축(x축)을 수학성적으로 그리고 세로축(y축)을 물리성적으로 하여 엑셀 프로그램을 이용하여 그래프를 그리면 아래의 그림과 같다. 그림에서 보는 바와 같이 수학성적과 물리성적 사이에는 양의 상관관계(相關關係, Positive relationship)가 있음을 알 수 있다. 즉, 수학성적이 좋은 학생은 물리성적도 역시 좋음을 알 수 있다. 그림에서 점선으로 나타낸 것이 이와 같은 경향을 표시한 것이다.

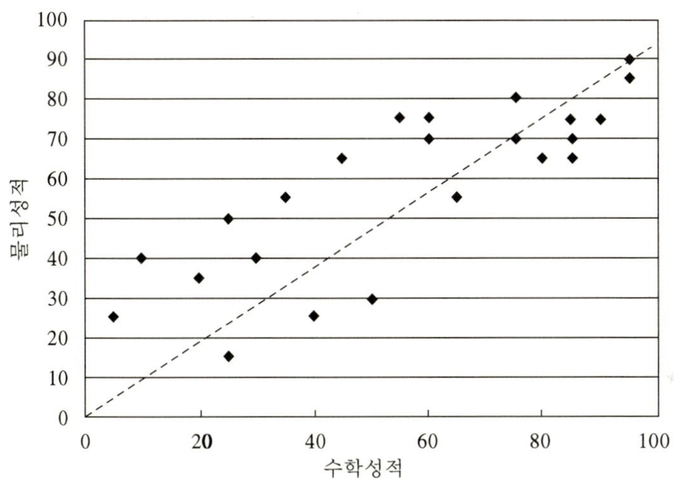

또한 수학성적이 아주 좋은 (점수가 80점 이상인) 학생들의 물리성적이 대체로 고르게 좋음을 알 수 있는데 반하여 수학성적이 낮은 (점수가 50점 이하) 학생의 물리성적은 변화가 크다는 것도 알 수 있다.

예제 5.8 아래의 표는 어느 학교의 학생 24명의 수학과 도덕의 점수를 나타낸 표이다. 이 때 학생의 수학성적과 도덕성적의 사이에는 어떠한 연관성이 있는지 상관도를 그려 보고 그 의미를 논하라.

표 5-2 수학과 도덕의 점수

학번	수학	도덕	학번	수학	도덕	학번	수학	도덕	학번	수학	도덕
1	80	85	7	40	70	13	75	70	19	55	75
2	50	60	8	80	55	14	25	60	20	60	45
3	75	90	9	85	30	15	95	55	21	85	65
4	60	95	10	30	80	16	85	30	22	90	25
5	95	35	11	25	70	17	20	50	23	10	55
6	35	85	12	65	55	18	45	80	24	5	10

풀이

가로축(x축)을 수학성적으로 그리고 세로축(y축)을 도덕성적으로 하여 엑셀 프로그램을 이용하여 그래프를 그리면 아래의 그림과 같다.

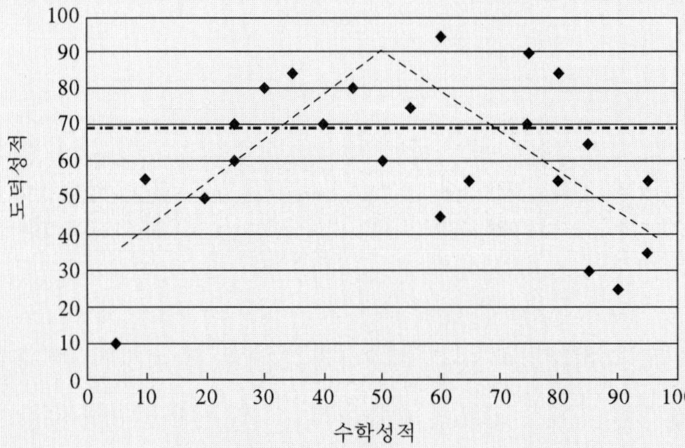

그림에서 보는 바와 같이 수학성적과 도덕성적 사이에는 전체적으로 볼 때는 상관관계가 뚜렷하지 않음을 알 수 있다. 왜냐하면 수학성적이 높은 학생이라고 해서 반드시 도덕성적이 높은 것이 아니며, 또 수학성적이 낮다고 해서 도덕성적이 반드시 낮은 것도 아니기 때문이다. 그냥 평균적으로 볼 때 아래의 그림에서 두 점으로 이어진 점선과 같이 평활한 관계라고 말을 할 수 있을 것이다. 그런데, 이와 같은 관계를 이야기하는 것은 오차가 너무 크다는 생각을 해본 사람은 없을까?

이번에는, 그래프를 좀 더 면밀히 관찰을 해보면 수학성적이 낮은 그룹(50점 미만)에서 수학성적과 도덕성적의 사이에 양의 상관관계(Positive relationship)가 있고 또 수학성적이 비교적 높은 그룹(50점 이상)에서 수학성적과 도적성적 사이에는 음의 상관관계(Negative relationship)가 있음을 알 수 있다. 이와 같이 점수의 구간을 다르게 구분하여서 두 점수간의 상관관계를 나타낼 수도 있음을 알 필요도 있다.

위의 두 예제로부터 우리는 학생 24명에 대한 수학성적과 물리 혹은 도덕성적의 사이에는 어떠한 뚜렷한 관계가 있음을 볼 수 있었다.

그런데, 그래프를 통한 상관관계의 관찰에서 발생하는 한계점은 상관관계가 얼마나 강하게 나타나는지를 정확히 알 수가 없다는 것이다. 공학적인 문제를 다룸에 있어서 확률이론에서는 이와 같은 그래프를 통한 단순한 연관성을 조사하는 것 이상으로 더 체계적인 수단을 필요로 한다.

아래에서는 이와 같은 상관관계의 문제를 해결할 수 있는 도구로서 대표적인 것 두 가지에 대하여 알아본다. 먼저, 이 두 변수간의 공분산에 대해서 정의하고 이어서 상관계수에 대하여 정의한다.

(1) 공분산

2개의 확률변수 X와 Y에 대하여 각 확률변수의 평균이 각각 μ와 ω라고 할 때 공분산(共分散, Covariance)이란 두 변수의 공통의 분산을 의미하는 것으로서 다음과 같이 정의한다.

$$Cov(X,Y) = E[(X-\mu)(Y-\omega)]$$

즉, 두 확률변수의 공분산이란 각 확률변수에서 자신의 평균값을 뺀 값을 구한 후 이어서 두 확률변수에 대하여 그 값을 곱한 값의 기대치이다.

한편, 위의 식에서 우항을 좀 더 간략화하면 다음의 결과를 얻는다.

$$E[(X-\mu)(Y-\omega)] = E[XY] - \mu\omega$$

따라서, 2개의 확률변수 X와 Y의 공분산은 다음과 같이 두 확률변수의 곱의 기대치와 각각의 기대치로부터 구할 수 있음을 알 수 있다.

$$Cov(X, Y) = E[XY] - \mu\omega$$

한편, 기대치의 정의로부터 공분산은 다음과 같이 계산하기도 한다.

$$Cov(X, Y) = \int_{-\infty}^{\infty}\int_{-\infty}^{\infty}(x-\mu)(y-\omega)f(x, y)\,dxdy$$

예제 5.9 $E[(X-\mu)(Y-\omega)] = E[XY] - \mu\omega$을 증명하라.

풀이

위의 식을 풀어서 기대치를 취하여 정리를 하면 다음과 같다.

$$\begin{aligned} E[(X-\mu)(Y-\omega)] &= E[XY - \omega X - \mu Y + \mu\omega] \\ &= E[XY] - \omega E[X] - \mu E[Y] + \mu\omega = E[XY] - \mu\omega \end{aligned}$$

문제 5.8

위의 식에서 만약 $X=Y$이면 어떤 결과가 얻어지는지 공분산을 구해보고 그 의미를 설명하라.

그럼 공분산은 어디에 쓰이는지 생각해보자. 공분산은 두 확률변수에 대하여 서로가 가지는 값의 경향이 같은지 그렇지 않은지를 판단하기 위하여 사용한다. 가령, 성인남자의 키와 몸무게의 사이에는 어떤 경향이 있겠는가? 상식적으로 생각을 하면 키가 클수록 몸무게가 무거울 가능성이 있다.

그리고 앞에서 그래프로 그려본 학생의 수학성적과 물리성적의 사이에는 어떠한 경향이 있는지를 직관적으로 말을 할 수 없을지도 모른다. 따라서, 이와 같은 현상을 관찰하는데 이 공분산을 이용할 수 있다.

문제 5.9

표 5-1을 참고하여 학생의 수학성적과 물리성적간의 공분산을 구하라.

(2) 상관계수

이번에는 두 확률변수 X와 Y간의 **상관계수**(相關係數, Correlation coefficient)에 대해서 알아본다. 2개의 확률변수 X와 Y간의 상관계수는 다음과 같이 정의할 수 있다.

$$\rho(X, Y) = E\left[\left(\frac{X-\mu}{\sigma_X}\right)\left(\frac{Y-\omega}{\sigma_Y}\right)\right]$$

단, 위에서 σ_X와 σ_Y는 각각 확률변수 X와 Y의 표준편차이다.

여러분은 언뜻 보기에는 위의 식이 꽤 복잡함을 알 수 있다. 그러나, 좀 더 냉정하게 식을 들여다 보면 그리 복잡하지도 않을 뿐더러 위의 식은 일정한 형식을 취하고 있음을 알 수 있다. 즉, 하나의 확률변수에 평균을 빼고 다시 표준편차로 나누었고, 이들 각 값을 서로 곱해서 기대치를 구하였지 않은가? 결국 뭔가 정규화(正規化, Normalization)작업을 거친 것이 분명해 보인다! 하여간, 위의 식에서 우리가 발견할 수 있는 것은 우선 상관계수가 앞에서 정의한 공분산에서부터 파생된 함수라는 것이다.

그럼 왜 이런 작업을 하는 것일까? 기억이 나는 사람이 있는지 모르겠지만 우리는 제3장에서 표준정규분포를 공부한 경험이 있다. 그 때 일반적인 정규분포에서 표준정규분포를 이끌어낸 이유가 무엇인지 모두 잘 알고 있을 것이다. 여기서도 바로 그와 유사한 이유를 발견할 수 있다. 즉, 두 확률변수간에 존재하는 경향을 조사하고자 할 때 만약 그대로 있는 값으로 상관관계를 계산하면 대상으로 하는 확률변수가 가지는 값에 의하여 상관관계의 값이 아주 크게 나올 수 있다. 우리는 위의 공분산에서 이와 같은 현상을 발견할 수 있었다. 여기서 이렇게 정규화하는 이유는 바로 이와 같이 두 확률변수가 가지는 단위의 크기에 구애 받지 않고 항상 일정한 범위의 값(대략 0에서 1사이)을 가지도록 하여 그들의 상관성을 알아보고자 이와 같이 정규화 작업을 하는 것이다.

이번에는 위의 식을 계산하는 방법을 알아보자. 기대치의 정의에 의하여 위의 식은 다음과 같이 간략화 할 수 있다.

$$\begin{aligned}\rho(X,Y) &= E\left[\left(\frac{X-\mu}{\sigma_X}\right)\left(\frac{Y-\omega}{\sigma_Y}\right)\right]\\ &= \int_{-\infty}^{\infty}\int_{-\infty}^{\infty}\left(\frac{x-\mu}{\sigma_X}\right)\left(\frac{y-\omega}{\sigma_Y}\right)f(x,y)\,dxdy\\ &= \int_{-\infty}^{\infty}\int_{-\infty}^{\infty}\frac{xy-\mu y-\omega x+\mu\omega}{\sigma_X\sigma_Y}f(x,y)\,dxdy\\ &= \frac{E[XY]-\mu\omega}{\sigma_X\sigma_Y}\end{aligned}$$

따라서 최종적으로 우리는 2개의 확률변수 X와 Y간의 상관계수에 대하여 다음의 결과를 얻는다.

$$\rho(X,Y) = \frac{E[XY]-\mu\omega}{\sigma_X\sigma_Y}$$

위의 결과와 앞에서 구한 공분산간의 관계를 다시 한 번 요약하면 다음과 같다.

$$Cov(X, Y) = E[XY] - \mu\omega$$

$$\rho(X, Y) = \frac{E[XY] - \mu\omega}{\sigma_X \sigma_Y}$$

결국, 공분산과 상관계수간에는 다음과 같은 관계가 있다는 결론을 얻는다.

$$\rho(X, Y) = \frac{Cov(X, Y)}{\sigma_X \sigma_Y}$$

아래에서 예제를 통하여 상관계수를 계산하는 과정을 보자.

예제 5.10 확률변수 X와 Y가 다음의 결합확률밀도함수를 가질 때 두 변수간의 상관계수를 구하라.

$$f(x, y) = \begin{cases} axy, & 0 < x, y < 1 \\ 0, & else \end{cases}$$

풀이

아래의 식에서 나타내는 것과 같이 두 변수간의 상관계수를 구하기 위하여 우리는 먼저 공분산을 구해야 함을 알 수 있다.

$$\rho(X, Y) = \frac{Cov(X, Y)}{\sigma_X \sigma_Y}$$

한편 공분산은 다음과 같이 정의된다.

$$Cov(X, Y) = E[XY] - \mu\omega$$

먼저 $E[XY]$부터 구하자. 그런데, 공분산을 구하려면 먼저 확률변수 X와 Y의 결합확률밀도함수를 확실히 알아야 한다. 따라서, 확률변수 X와 Y의 결합확률밀도함수에서 매개변수로 주어진 a를 구하는 것이 급선무이다.
확률밀도함수의 성질로부터 $\int_0^1 \int_0^1 f(x, y)\, dxdy = 1$이므로 a를 다음과 같이 얻을 수 있다.

$$\int_0^1 \int_0^1 f(x,y)\,dxdy = \int_0^1 \int_0^1 axydxdy = 1$$

위의 식으로부터 $a = 4$임을 알 수 있고 결과적으로 $E[XY]$는 다음과 같다.

$$E[XY] = \int_0^1 \int_0^1 4x^2 y^2\, dxdy = \frac{4}{9}$$

이제 확률변수 X와 Y의 기대치를 구하여야 한다. 이를 위하여 이번에는 또 각 확률변수의 한계밀도함수를 구하여야 한다. 아, 참 갈 길이 멀고도 멀도다!!!

$$f(x) = \int_{-\infty}^{\infty} f(x,y)\,dy = \int_0^1 4xydy = 2x$$

따라서, 확률밀도함수의 대칭성에 의하여 $f(y) = 2y$임은 쉽게 알 수 있다.

두 변수에 대하여 확률밀도함수를 구했고 그들이 같은 식이었으므로 기대치는 X에 대해서만 구하면 다음과 같다.

$$\mu = E[X] = \int_0^1 2x^2\, dx = \frac{2}{3}$$

자, 이제 구할 것은 모두 구해놓았다.

$$Cov(X,Y) = E[XY] - \mu\omega = \frac{4}{9} - \frac{4}{9} = 0$$

확률변수 X와 Y의 공분산이 0이므로 상관관계도 0이다. 그렇다면 이것은 무엇을 의미하는가? 상관관계가 0이라는 말은 두 확률변수가 서로 상관이 없다, 즉 상호독립이라는 말이다.

이 결과는 이미 앞에서 예측이 되었다. 여러분은 어디서 그 사실을 발견하였는가? 각자 생각을 해보자.

그럼 2개의 확률변수 X와 Y간의 상관계수 $\rho(X,Y)$에서 우리

는 무엇을 발견할 수 있을까? $|\rho(X,Y)|$의 값이 1에 가까울수록 두 확률변수간에는 선형의 관계가 있다고 한다. 그리고 $\rho(X,Y)$이 0일 때 두 확률변수간에는 상관성이 없다고 한다.

문제 5.10

표 5-1을 참고하여 학생의 수학성적과 물리성적간의 상관계수를 구하라.

지금까지 우리는 학업성적에 대한 상관관계를 알아보았다. 그 결과 수학성적과 물리성적 사이에는 강한 상관관계가 있음을 알 수 있었다. 즉, 수학성적이 높은 학생이 물리성적이 높을 개연성이 아주 크다는 것이다.

그런데 지금까지 공부한 내용은 일회성 실험에 대한 상관관계를 나타내었으나 실제로는 시간에 따라 계속 변화하는 두 확률변수간에 그 상관관계를 알아보는 것도 의미가 크다. 아래의 그래프는 국제유가의 표준으로 삼는 WTI(서부텍사스 중질유)와 우리나라 증시의 지표를 나타내는 코스피지수(KOSPI지수)와의 지난 20여 년간의 상관관계를 나타낸 그래프이다.

그림 5-2에서 왼 쪽의 눈금은 연도별 우리나라의 코스피 지

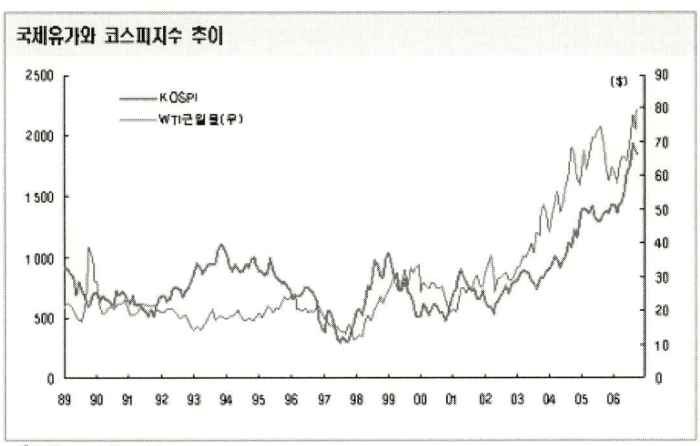

자료: Thomson financial

그림 5-2 국제유가와 코스피지수간의 상관관계

수를 나타내고 오른 쪽의 눈금은 국제유가를 나타내고 있는데 지난 20 여년 동안 두 지수의 등락의 패턴이 아주 유사함을 알 수 있다. 단, 코스피 지수는 국제 유가에 약간의 시차를 두면서 등락을 같이 하고 있으며 90년대 이후 현재까지 월간 상승률의 유가상승과 코스피 지수와의 상관계수는 0.77이다[27].

(3) 두 확률변수 X와 Y의 합과 차에 대한 분산

마지막으로 두 확률변수 X와 Y의 합과 차($X \pm Y$)에 대한 분산 그리고 2차모멘트를 구하면서 확률변수간의 관계를 관찰해보기로 한다. 먼저 두 확률변수 X와 Y가 위에서 정의한 바와 같이 각각 평균 μ와 ω, 그리고 표준편차 σ_X와 σ_Y를 가질 때 새로운 변수 U와 V를 다음과 같이 정의한다.

$$U = \frac{X-\mu}{\sigma_X},$$
$$V = \frac{Y-\omega}{\sigma_Y}$$

그러면 U와 V는 각각 평균이 0이고 분산이 1인 정규화된 확률변수가 된다. 그리고, 다음의 식이 성립함을 알 수 있다.

$$\rho(X, Y) = E[UV]$$

한편 앞에서 정의한 정규화식으로부터 다음의 결과를 얻는다.

$$E[XY] = E[(\sigma_X U + \mu)(\sigma_Y V + \omega)] = \rho(X, Y)\sigma_X \sigma_Y + \mu\omega,$$
$$E[(X \pm Y)^2] = \sigma_X^2 + \sigma_Y^2 \pm 2\rho(X, Y)\sigma_X \sigma_Y + (\mu \pm \omega)^2$$

위의 식에서 두 번째 식의 우항에서 앞의 세 항이 바로 확률변수 X와 Y간 합과 차에 대한 분산이다. 즉, 다음과 같은 결과를 얻는다.

$$Var[(X \pm Y)] = \sigma_X^2 + \sigma_Y^2 \pm 2\rho(X, Y)\sigma_X \sigma_Y$$

27 자료: 대신증권 제공.

따라서, 만약 두 확률변수가 상호 무관하다면 $\rho(X, Y) = 0$이 되고 결국은 두 확률변수의 합 혹은 차에 대한 분산은 각각의 분산의 합과 같음을 알 수 있다.

문제 5.11

표 5-1을 참고하여 학생의 수학성적과 물리성적의 차에 대한 분산을 구하라.

제5장 연습문제

01 2변수 지수분포함수가 다음과 같이 정의되어있다. 이 때 다음의 물음에 답하라.

$$f(x,y)=\lambda\mu e^{-(\lambda x+\mu y)},\quad x,y\geq 0$$

(1) 확률밀도함수 $f(x,y)$의 그래프를 그려라.

(2) $F(x,y)$를 구하라.

(3) $F(x,y)$의 그래프를 그려라.

02 확률밀도함수가 다음과 같이 주어진 2변수 지수분포함수를 생각한다. 이 때 다음 물음에 답하라.

$$f(x,y)=\lambda\mu e^{-(\lambda x+\mu y)},\quad x,y\geq 0$$

(1) Y에 대한 주변확률밀도함수 $f(y)$를 구하라.

(2) X, Y의 결합확률분포함수를 구하라.

(3) 조건부 분포함수 $F(X|Y\leq y)$를 구하라.

(3) 조건부 밀도함수 $f(x|y)$를 구하라.

03 확률변수 X와 Y가 다음의 확률밀도함수를 가질 때 다음의 물음에 답하라.

$$f(x)=\begin{cases}\dfrac{1}{2}e^{-2x}, & x\geq 0\\ 0, & else\end{cases}$$

$$f(y)=\begin{cases}e^{-y}, & y\geq 0\\ 0, & else\end{cases}$$

(1) 두 확률변수의 확률밀도함수를 각각 그래프로 그려라.

(2) 두 확률변수의 합 Z의 확률밀도함수를 구하라.

(3) 두 확률변수의 합 Z의 확률밀도함수를 그래프로 그려라.

표 5-2를 참고하여 학생의 수학성적과 도덕성적에 대하여 다음 물음에 답하라. 07

(1) 수학과 도덕 성적의 평균을 구하라.

(2) 수학과 도덕 성적의 분산을 구하라.

(3) 수학과 도덕 성적의 상관계수를 구하라.

(4) 수학과 도덕 성적의 차의 분산을 구하라.

CHAPTER 06 확률의 근사해석법

요약

제6장에서는 확률의 계산에서 사용되는 몇 가지 근사해석법을 소개한다. 근사해석은 정확한 해를 구할 수 없는 경우에 유용한 해석방법 중의 하나이다. 아래에서는 확률과 관련된 근사해법으로서 마르코프 부등식과 체비셰프 부등식을 소개하고 이어서 대수의 법칙과 중심극한정리에 대하여 알아본다.

1 확률의 근사해석법

확률 및 그의 기대치를 계산함에 있어서 항상 우리가 원하는 정확한 해를 구할 수 있는 것은 아니다. 그 이유는 여러 가지가 있을 수 있겠다. 어떤 경우에는 기초적인 데이터(샘플공간 자체가 확실히 정의되지 않고 개개의 데이터도 없는 경우 등)가 없어서 그럴 수도 있고, 어떨 때는 어떤 현상에 대하여 아주 러프한 데이터(평균이나 분포함수 등)만 있는 경우도 있다.

이러한 경우에는 근사해석법(近似解析法, Approximation analysis method)을 이용하여 대략의 확률값 혹은 확률값의 상한치나 하한치를 예측하고 그 시스템의 대략적인 성능을 예측할 수 있다. 지금부터 확률의 계산에서 자주 사용되는 몇 가지 근사해석법에 대하여 간단히 알아본다.

1) 마르코프 부등식

마르코프부등식은 러시아의 대수학자이자 안드레이 마르코프(Andrey Andreyevich Markov, 1856–1922)의 스승인 파프누티 체비셰프(Pafnuty Lvovich Chebyshev, 1821–1894)가 발견을 하였는데 아이러니하게도 부등식의 이름은 제자인 마르코프의 이름을 사용했다. 이 부등식은 확률변수 X의 꼬리분포 함수가 어떤 양의 값을 가지는 상수 a 이상일 확률에 대한 상한치를 제시하고 있다. 다시 말하면 마르코프부등식(Markov inequality)은 음이 아닌 값을 가지는 확률변수 X가 0보다 큰 어떤 수 a에 대하여 다음과 같이 표현되는 식을 만족한다.

$$P[X \geq a] \leq \frac{E[X]}{a}$$

식은 의외로 간단하다. 즉, 확률변수 X가 어떤 임계치 a보다 작지 않을 확률(보통 이 확률을 Complementary distribution 혹은 꼬리분포라고 부른다)은 그 확률변수의 기대치를 임계치로 나눈 값보다 크지 않다는 것이다.

이 식을 보면서 우리는 앞에서 확률변수와 분포함수에 대한 공부를 하면서 이것을 구하기 위해서 기울였던 많은 노력을 상기할 수 있을 것이다! 즉, 마르코프부등식은 우리가 어렵게 구하였던 확률과 기대치사이의 관계를 근사적으로 구하는 방법을 아주 간결하게 정의하고 있다.

그럼 우선 왜 이렇게 되는지 궁금한 사람들을 위하여 위의 관계식을 증명을 해보자. 먼저 위의 식의 오른쪽에 위치한 기대치에 관한 식으로부터 시작을 한다. 기대치의 정의에 의하여 다음의 식은 당연하다.

$$E[X] = \int_0^\infty x f(x)\, dx$$

여기서 위의 식의 우항을 다음과 같이 두 개의 항으로 나누자.

$$\int_0^\infty xf(x)\,dx = \int_0^a xf(x)\,dx + \int_a^\infty xf(x)\,dx$$

이번에는 위의 우항의 모든 a에 대하여 다음의 부등식이 항상 성립함을 알 수 있다.

$$\int_0^a xf(x)\,dx + \int_a^\infty xf(x)\,dx \geq \int_a^\infty xf(x)\,dx$$

그리고 위의 우항은 다시 다음의 부등식을 만족한다.

$$\int_a^\infty xf(x)\,dx \geq \int_a^\infty af(x)\,dx$$

그리고 위의 우항은 다시 다음을 만족한다.

$$\int_a^\infty af(x)\,dx = a\int_a^\infty f(x)\,dx = aP[X \geq a]$$

따라서, 최종적으로 다음과 같은 관계가 성립한다.

$$P[X \geq a] \leq \frac{E[x]}{a}$$

위의 식을 보면서 한 가지 느끼는 점이 있을 것인데, 이 근사식은 상당히 오차가 클 수 있다는 것이다. 즉, 확률변수의 누적확률분포함수가 기대치에 의하여 느슨하게 근사된다. 그 이유는 위의 증명과정에서 첫 번째로 등장한 부등식인 $\int_0^a xf(x)\,dx + \int_a^\infty xf(x)\,dx \geq \int_a^\infty xf(x)\,dx$에 있음을 주목할 필요가 있다. 즉, 여기서 이 부등식은 $\int_a^\infty xf(x)\,dx$의 상한치를 나타내려는 목적으로 등장한 것인데 a의 값이 작으면 작을수록 $\int_a^\infty xf(x)\,dx$의 값이 $\int_0^a xf(x)\,dx + \int_a^\infty xf(x)\,dx \geq \int_a^\infty xf(x)\,dx$ 식의 좌항에 가까운 값으로 근사되지만, 만약 a의 값이 아주 크다면 위의 식은 큰 오차를 내포하고 있음을 알 수가 있다.

그러나, 위의 식을 가만히 보면 이와 같은 오차에 대한 우려 속에서도 아주 중요한 사실을 가지고 있음을 알게 될 것이다. 우선, 위의 관계식은 아주 간단하여 외우기가 쉽다는 것이다! 그리고 적어도 외우지 않아도 사용하기는 쉽다.

이제 본론으로 들어가서 위의 식이 왜 널리 쓰이는지 알아보자. 먼저, 위의 식의 특징은 어떤 확률변수의 평균값을 안다면 그 확률변수가 어떤 특정한 값을 가질 확률의 상한치를 근사적으로 알 수 있다는 사실이다.

예를 들면, 어떤 집단에 있는 사람의 평균체중이 60kg임을 알았을 때 그 집단에 있는 사람 중에서 임의로 한 명을 지목하여 그의 체중을 물었을 때 그의 체중이 80kg보다 적지 않을 확률은 아무리 커도 다음의 값보다는 크지 않는다.

$$P[\text{체중} \geq 80\,\text{kg}] \leq \frac{60}{80} = 0.75$$

반대로 어떤 확률변수가 어떤 특정한 값보다 큰 값을 가질 확률을 안다면 그 확률변수가 가지는 평균값의 하한치를 대강 예측할 수 있다는 것이다. 아래의 예는 이와 같은 사실을 보여주는 것이다.

예제 6.1 창원대학교 정보통신공학과 4학년 학생의 컴퓨터네트워크 과목의 점수가 90점 이상일 확률이 10%라고 한다. 그렇다면 이 학생들의 평균점수는 적어도 얼마 보다는 작지 않을지 마르코프부등식을 이용하여 예측하라.

풀이

마르코프부등식으로부터 $E[X] \geq aP[X \geq a]$이므로 다음과 같은 결과를 얻을 수 있다.

$$E[X] \geq aP[X \geq a] = 90 \times 0.1 = 9$$

따라서, 이 학과학생의 컴퓨터네트워크의 평균점수는 최저 9점 이상일 것이다.

위의 예제에서 창원대학교 정보통신공학과 4학년 학생의 컴퓨터네트워크 과목의 점수가 90점 이상일 확률이 10%라고 할 때 컴퓨터네트워크의 평균점수는 최저 9점 이상이라는 것이 무슨 의미를 지니는지 실감이 나지 않을 것이다. 이번에는 반대의 문제를 생각해보자.

예제 6.2 창원대학교 정보통신공학과 3학년 학생의 확률과정론 과목의 평균점수가 50점이라고 할 때 어떤 한 학생을 선택해서 그의 점수를 물었을 때 그 학생의 점수가 90점 이상일 확률은 얼마일까?

풀이

마르코프부등식으로부터

$$P[X \geq 90] \leq \frac{50}{90} = 0.556$$

즉, 학생의 확률과정론 과목의 평균점수가 50점이라고 할 때 어떤 한 학생을 선택해서 그의 점수를 물었다면, 그 학생의 점수가 90점 이상일 확률은 55.6%를 넘지 않는다. 이 말은 어떤 한 학생을 선택해서 그의 점수를 물었을 때 그 학생의 점수가 90점 이상일 확률이 어떠한 경우에도 55.6%를 넘지 않는다는 뜻이므로 최악의 경우에 이와 같이 많은 학생이 90점을 넘는다는 뜻으로 해석이 가능하다.

하여간, 위의 두 예로부터 우리는 마르코프부등식은 그 오차가 상당히 큰 것임을 알 수 있다.

문제 6.1

우리나라 성인 여자의 평균키가 160cm라고 하자. 이 때 어떤 성인 여자 한 명을 선택하였을 때 그 사람의 키가 170cm보다 작을 확률은 최소한 얼마인지 대강 예측하라.

2) 체비셰프 부등식

체비셰프부등식은 러시아의 수학자이자 안드레이 마르코프의 스승인 파프누티 체비셰프가 발견하였는데 확률변수가 평균치로부터 떨어진 값의 절대치의 하한이 가지는 확률값의 상한치를 정의하고 있다.

조금 더 이해하기 쉽게 설명하자면, 어떤 확률변수의 평균과 분산이 각각 유한한 값인 μ와 σ^2이라고 하자. 이 때 실수의 값 k에 대하여 다음의 관계가 성립하는데 이를 이 식을 고안한 러시아의 수학자의 이름을 따서 체비셰프의 부등식 (Chebyshev inequality)이라고 한다.

$$P(|X-\mu| \geq k) \leq \frac{\sigma^2}{k^2}$$

이번에는 식은 앞의 마르코프부등식과 비슷한 형식인데 확률변수가 취하는 값의 범위도 다르고 또 확률의 상한치도 평균이 아닌 분산의 함수로 나타나는 것을 알 수 있다. 일단, 위의 식이 어떻게 해서 나오게 되었는지 증명을 해보자.

증명 증명은 의외로 간단하다. 핵심은 마르코프 부등식을 이용하는 것인데 단순히 두 단계의 계산을 하면 결과는 다음과 같다.

$$P(|X-\mu| \geq k) = P((X-\mu)^2 \geq k^2) \leq \frac{E[(X-\mu)^2]}{k^2} = \frac{\sigma^2}{k^2}$$

따라서

$$P(|X-\mu| \geq k) \leq \frac{\sigma^2}{k^2}$$

위의 식에서 첫 번째 등식은 절대치의 성질로부터 자명하고, 그 뒤의 부등식은 마르코프부등식으로부터 나온 결과이고, 마지막 등호는 단순한 분산에 대한 정의식의 결과이다. 좀 썰렁한 증명이지만 간단하지 않은가?

하여간, 위의 식은 참으로 간단한 식이다. 그러면서도 우리가 궁금해 하는 아주 중요한 정보를 제공한다. 왜냐하면 우리는 어떤 실험결과가 평균으로부터 멀리 떨어져 있을 값이 어떤 값보다 클 확률이 얼마를 넘지 않을 것인지 구할 필요가 있다.

예를 들면, 초고속정보통신망에서 가입자가 발생시키는 트래픽의 양[단위는 bit per second 혹은 패킷의 수 등]의 평균과 분산이 각각 μ와 σ^2이라고 할 때, 어느 시간 동안 가입자가 발생시키는 트래픽의 양이 평균으로부터 일정치 이상 벌어질 확률을 구할 수 있다. 이 문제는 아래의 예제에서 다룬다.

예제 6.3 초고속정보통신망에서 아주 많은 수의 가입자가 발생시키는 트래픽의 양[단위는 bit per second, 이하 bps]이 평균이 초당 1메가 (메가는 백만을 의미함) 비트이고 분산이 0.5라고 하자. 이 때 이들 가입자가 발생시키는 트래픽의 양이 평균값 보다 1메가 bps이상 벌어질 확률은 얼마일까?

풀이

문제에서 트래픽의 양이 평균값 보다 1메가 bps이상 벌어진다는 것은 여러 명의 가입자가 평균적으로 네트워크를 전혀 사용을 하지 않거나 혹은 반대로 평균보다 2배의 많은 트래픽을 발생시킨다는 것을 의미한다. 다시 말하면 많은 수의 사람이 사용하는 네트워크에 흐르는 트래픽의 양이 변화가 크다는 것을 말한다. 따라서, 이 사건은 네트워크 운용자에게 있어서는 아주 중요한 정보가 될 수 있다.

하여간 위의 문제를 풀어보자.

$P(|X-\mu| \geq k) \leq \dfrac{\sigma^2}{k^2}$에서, $\mu = 1$과 $\sigma^2 = 0.5$, $k = 1$이므로 결과는 다음과 같다.

$$P(|X-1| \geq 1) \leq \frac{0.5}{1} = 50\%$$

즉, 이 네트워크에 접속된 가입자 중에서 과반수의 가입자는 네트워크를 전혀 사용하지 않거나 아니면 평균보다 2배 많은 트래픽을 발생시키고 있다. 즉, 네트워크에 접속된 가입자의 네트워크 사용률이 변동이 아주 큼을 알 수 있다.

문제 6.3

어떤 확률 실험에 대하여 얻어지는 확률변수가 평균이 0.7이고 분산이 0.3이라고 한다. 이 때 임의의 한 실험결과가 평균으로부터 1 이상 떨어져 있을 확률은 최대 얼마일까?

2 확률근사의 응용

아래에서는 위의 공식을 바탕으로 확률이론에서 중요한 자리를 차지하는 근사법칙인 대수의 법칙과 중심극한정리에 대하여 알아본다.

1) 대수의 법칙

확률실험에서 표본의 수가 무한대로 가게 되면 표본평균(標本平均, Sample mean)은 모평균(母平均, Total mean)에 수렴하는 성질이 있다. 왜냐하면 표본의 수가 무한대로 된다는 말은 원래의 표본공간에 존재하는 모든 원소를 대상으로 실험을 한 결과가 되기 때문에 당연히 그 결과는 모평균에 수렴하게 될 것이다.

여기서 우리는 몇 개의 샘플을 생각하자. 확률변수 X가 X_1, X_2, $\cdots$의 값으로 표시되고, 이들이 공통의 분포함수를 가지는 독립적인 확률변수라고 하자. 이 때 분포함수는 어떤 특정한 함수를 지칭하지 않고 모든 분포함수를 말하며 모평균과 모분산을 각각 μ와 σ^2이라고 한다.

한편, 위의 확률변수 X가 나타내는 n개의 값을 더하여 아래와 같이 새로운 확률변수로 나타낸다.

$$S_n = \sum_{k=1}^{n} X_k$$

이것이 확률변수라는 데 대하여 의심을 가지는 사람은 없을 것이다. 왜냐하면 만약 표본을 $10n$개 선택을 하여 처음부터 n개씩 더해서 새로운 변수 S_n, $n = 1, 2, \cdots, 9, 10$으로 두면 이 값들이 모두 다를 것이고, 이 값이 나타내는 것도 확률에 의한 것이기 때문에 이 새로운 변수 역시 확률변수가 되는 것이다!

(1) 대수의 약법칙

한편, 모평균 μ와 모분산 σ^2이 모두 유한하다고 가정을 할 때 임의의 양의 수 ε에 대하여 다음의 관계가 성립하는데 이를 대수의 약법칙(大數의 弱法則, Weak law of large numbers)이라고 한다.

$$\lim_{n\to\infty} P\left(\left|\frac{S_n}{n} - \mu\right| > \varepsilon\right) = 0$$

증명 위의 관계는 아래에서 보이는 것과 같이 앞에서 정의한 체비셰프의 부등식으로부터 증명이 가능하다.

$$\lim_{n\to\infty} P\left(\left|\frac{S_n}{n} - \mu\right| > \varepsilon\right) \le \frac{Var\left[\frac{S_n}{n}\right]}{\varepsilon^2} = \frac{\sigma^2}{n\varepsilon^2}$$

위의 식에서 $n \to \infty$에 대하여 마지막의 우항은 0으로 수렴한다.

대수의 약법칙이 의미하는 바는 충분히 많은 양의 샘플치를 수집하여 그 샘플치의 평균과 모평균과의 차이를 구해보면 거의 같다는 것을 말한다.

예제 6.4 모평균 μ와 모분산 σ^2이 모두 유한한 확률변수에 대하여 충분히 많은 개수의 표본을 추출하여 평균을 구하였을 때 그 표본평균이 모평균에 근접할 확률은 얼마인가?

풀이

대수의 약법칙으로부터 $\lim_{n\to\infty} P\left(\left|\frac{S_n}{n}-\mu\right|>\varepsilon\right)=0$이므로 표본평균이 모평균에 근접할 확률은 거의 1이다.

여기서 독자는 위의 법칙을 왜 대수의 약법칙이라고 부르는지에 대해서 궁금할 것이다. 그 이유를 간단히 소개한다. 위에서 $\lim_{n\to\infty} P\left(\left|\frac{S_n}{n}-\mu\right|>\varepsilon\right)=0$이라는 것은 다시 말하면 n이 무한히 클 때 아주 높은 확률로 $\frac{S_n}{n}\to\mu$로 수렴한다는 의미이다. 대수의 약법칙 $\lim_{n\to\infty} P\left(\left|\frac{S_n}{n}-\mu\right|>\varepsilon\right)=0$을 이렇게 써보자. $\lim_{n\to\infty} P\left(\left|\frac{S_n}{n}-\mu\right|<\varepsilon\right)=1$, 그러면 이 말은 무엇을 의미하는가? $S_n=\sum_{k=1}^{n}X_k$이므로 위의 식은 $\lim_{n\to\infty} P\left(\left|\frac{\sum_{k=1}^{n}X_k}{n}-\mu\right|<\varepsilon\right)=1$과 같고 따라서, n개의 확률변수의 샘플평균은 n이 충분히 클 경우에 대하여 모평균에 확실히 수렴하지는 않을지라도 확률적으로는 수렴을 한다는 의미에서 대수의 약법칙이라고 부르는 것이다.

대수의 약법칙을 설명하는 예를 하나 들어보자. 동전던지기에서 동전의 앞면이 나올 확률을 μ라고 하자. 이 때 i번째 던진 동전이 앞면이 나오면 $X_i=1$이라고 하고 그렇지 않으면 $X_i=0$이라고 하자. 이와 같은 실험을 n번 반복을 하였을 때

$$\lim_{n\to\infty} P\left(\left|\frac{\sum_{k=1}^{n}X_k}{n}-\mu\right|<\varepsilon\right)=1$$

라는 말은 우리가 동전던지기를 아주 많은 횟수를 반복해서

실행하면 전체의 경우에서 앞면이 나올 비율이 μ에 아주 근사할 것이라는 의미이다. 즉, 동전의 앞면이 나올 확률이 0.3인 이상한 동전이 있다고 할 때 이 동전을 10,000번을 던지면 앞면이 거의 3,000번은 나올 것이라는 의미이다.

그런데, 이것은 당연한 것이 아닌가? 그런데 왜 이렇게 어렵게 설명을 해야 하는가? 일반인이 당연하다고 하는 것은 증명이 없이 직관에 의한 것일 뿐이고 우리 공학도가 말하는 것은 이와 같이 증명을 통한 객관적 당연을 보이는 것이다. 그래서 학문은 위대한 것이 아닐까? ^^

(2) 대수의 강법칙

이번에는 대수의 강법칙 (大數의 强法則, Strong law of large numbers) 을 알아보자. 충분히 큰 n, 즉, $n \to \infty$에 대하여 $\frac{S_n}{n} \xrightarrow[a.s.]{} \mu$가 성립하므로 다음의 관계식이 성립한다(여기서 a.s.는 나중에 틀렸을 때 바로잡아주는 After service가 제공된다는 뜻이 아니라 Almost surely (거의 확실하게)를 나타내는 말이다. ^^).

$$P\left(\lim_{n \to \infty} \frac{\sum_{k=1}^{n} X_k}{n} = \mu\right) = 1$$

위의 결과를 대수의 강법칙이라고 한다.

대수의 강법칙을 증명하는 것은 복잡한 과정을 필요로 하는데 우리는 공학적으로 이 법칙의 의미를 알기 위한 것이 목적이므로 증명은 생략한다[28]. 단, 대수의 강법칙이 존재하기 위한 조건은 위에서도 알 수 있는 바와 같이 확률변수의 평균값이 유한하다는 것이다.

28 증명은 [신양우]의 기초확률론을 참고하기 바람.

예제 6.5 유한한 모평균 μ를 가지는 확률변수에 대하여 충분히 많은 개수의 표본을 추출하여 평균을 구하였을 때 그 표본평균이 모평균에 근접할 확률은 얼마인가?

풀이

대수의 강법칙으로부터 $P\left(\lim_{n\to\infty}\frac{\sum_{k=1}^{n}X_k}{n}=\mu\right)=1$이므로 표본평균이 모평균에 근접할 확률은 1이다.

한편, 대수의 강법칙이 의미하는 물리적 의미는 상호 독립이고 동일한 분포를 가지는(independent and identically, 보통 i.i.d.로 표시함) 확률변수 중 처음 n개의 확률변수에 대한 산술평균이 모평균 μ에 확률 1로 수렴한다는 것이므로 결국은 우리가 앞에서 정의한 바 있는 '상대도수의 극한으로서 확률을 정의할 수 있다'는 이론이 타당함을 의미한다.

그럼, 대수의 강법칙은 언제 유용하게 사용할 수 있을까? 대수의 강법칙은 다음과 같은 경우에 유용하게 사용될 수 있다. 먼저 관찰대상으로 하는 관측치의 개수가 아주 많을 때, 그리고 그 확률변수에 대하여 분포함수를 알 수 없을 때, 우선 실험에 의하여 그 확률변수가 가지는 기대치를 구할 수 있다. 물론 이렇게 해서 구한 기대치를 가지고 앞에서 정의한 마르코프부등식을 이용하면 분포함수의 상한치도 구할 수 있다.

대수의 강법칙은 제5장에서 사용되는 예를 발견할 수 있다.

마지막으로 위에서 소개한 두 가지 대수의 법칙 가운데서 어느 조건이 더 강한 조건인지 살펴보면 대수의 강법칙은 거의 확실하게 수렴하는 것이고, 대수의 약법칙은 확률적으로 수렴하는 것이므로 앞의 법칙이 더 강함을 알 수 있다. 따라서, 어떤 확률변수에 대하여 대수의 강법칙이 성립하면 대수의 약법칙은 당연히 성립한다는 것을 짐작할 수 있다.

2) 중심극한 정리

공학적 문제의 해결에 있어서 시간축 상에서 임의의 관측시점에서 어떤 시스템에 대하여 관찰한 실험의 결과치를 나열하였을 때 그 결과치들의 합을 구하여 하나의 대표치를 구하고자 할 때나 혹은 서로 독립인 복수의 가입자로부터 얻은 트래픽 값의 합에 대한 분포함수를 구하고자 할 때 등 확률실험의 결과치를 바탕으로 확률본포를 구하고자 할 경우가 종종 있다.

이 때 각 실험결과가 독립이라고 가정을 하고, 이와 같이 서로 독립인 확률변수를 나열해 놓은 $X_1, X_2, \cdots$를 생각하자. 여기서, 이들 실측값(Measured values)가운데 유한한 개수, 가령 n개를 더한 경우, 를 고려하고 이를 다음과 같이 나타내기로 한다.

$$S_n = \sum_{i=1}^{n} X_i$$

이 때 앞에서 말한 바와 같이 관측한 데이터로부터 유용한 정보를 얻기 위해서는 유한한 정보로부터 신뢰할 만한 정보를 추출해야 할 것이다. 그런데, 확률변수에 대하여 특정한 분포함수가 주어지지 않을 경우에 S_n이 가지는 확률분포를 정확히 구할 수 없게 되는 경우가 있는데 이럴 경우에 S_n의 확률분포를 근사적으로 구하는 방법을 소개한다.

우선 $X_1, X_2, \cdots$를 평균과 분산이 각각 (μ, σ^2)로 정의되고 평균과 분산이 유한한 값을 가지는 독립적이면서도 동일한 확률분포를 따르는 i.i.d. 확률변수라고 하자. 이 때 (μ, σ^2)로 표시한다고 해서 반드시 정규분포여야 한다는 의미는 아님을 유의하자. 그냥 평균과 분산이 그렇게 표시된다는 것이다.

여기서 S_n에 대하여 정규화 작업(正規化作業, Normalization operation)을 한 새로운 데이터를 아래와 같이 나타내기로 한다. 즉, S_n에 대하여 평균치를 빼고 표준편차로 나누어서 정규화한 값을 아래와 같이 표시한다.

$$\frac{\sum_{i=1}^{n} X_i - n\mu}{\sigma\sqrt{n}}$$

이 때 위의 값 n이 충분히 클 때 어떤 분포로 근사하겠는지를 알아본다. 이를 위하여 위의 식을 다음과 같이 재구성한다.

$$\frac{\sum_{i=1}^{n} X_i - n\mu}{\sigma\sqrt{n}} = \frac{\frac{X_1-\mu}{\sigma} + \frac{X_2-\mu}{\sigma} + \cdots + \frac{X_n-\mu}{\sigma}}{\sqrt{n}}$$

위의 식에서 $Y_i = \frac{X_i - \mu}{\sigma}$라고 두면 $E[Y_i]=0$이고 $Var[Y_i]=1$임은 자명하다. 이 때 $M(t)$를 Y_i의 MGF라고 정의하면 위의 식에서 하나의 항에 대하여 MGF를 적용하면 다음의 관계식을 얻을 수 있다.

$$M_{\frac{Y_i}{\sqrt{n}}}(t) = E[e^{(\frac{tY_i}{\sqrt{n}})}] = M\left(\frac{t}{\sqrt{n}}\right)$$

한편, $Z_n = \sum_{i=1}^{n} \frac{Y_i}{\sqrt{n}}$이라고 두면 MGF의 성질로부터 Z_n의 MGF $M_{Z_n}(t)$를 다음과 같이 나타낼 수 있다.

$$M_{Z_n}(t) = \left\{M\left(\frac{t}{\sqrt{n}}\right)\right\}^n$$

우선 $M_{Z_n}(t)$에 로그를 취한 결과를 $L(t)$라고 하고 n을 무한대로 두자. 그러면 바로 위의 식을 다음과 같이 쓸 수 있다.

$$\lim_{n\to\infty} \log M_{Z_n}(t) = \lim_{n\to\infty} nL\left(\frac{t}{\sqrt{n}}\right)$$

여기서 위의 오른쪽 표현에 대하여 약간의 가공을 하면 다음의 식을 얻는다.

$$\lim_{n\to\infty} nL\left(\frac{t}{\sqrt{n}}\right) = \lim_{n\to\infty} \frac{L\left(\frac{t}{\sqrt{n}}\right)}{n^{-1}}$$

위의 우항에 대하여 로피탈(L' Hospital)의 정리를 적용하고 정리를 하면 다음과 같은 결과가 나온다.

$$\lim_{n\to\infty}\frac{L\left(\frac{t}{\sqrt{n}}\right)}{n^{-1}}=\lim_{n\to\infty}\frac{-L'\left(\frac{t}{\sqrt{n}}\right)n^{-3/2}t}{-2n^{-2}}=\lim_{n\to\infty}\frac{L'\left(\frac{t}{\sqrt{n}}\right)t}{2n^{-1/2}}$$

위의 우항에 대하여 또 다시 로피탈(L' Hospital)의 정리를 적용하고 간단하게 정리를 하면 다음과 같은 결과가 나온다.

$$\lim_{n\to\infty}\frac{L'\left(\frac{t}{\sqrt{n}}\right)t}{2n^{-1/2}}=\lim_{n\to\infty}\frac{-L''\left(\frac{t}{\sqrt{n}}\right)n^{-3/2}t^2}{-2n^{-3/2}}=\lim_{n\to\infty}L''\left(\frac{t}{\sqrt{n}}\right)\frac{t^2}{2}$$

이제 우리는 위의 맨 우측항에 있는 $L''\left(\frac{t}{\sqrt{n}}\right)$의 값만 구하면 된다. $n\to\infty$에 대하여 $L''\left(\frac{t}{\sqrt{n}}\right)$의 값이 얼마인지 알기 위하여 다음의 결과를 적용한다.

$$L''(0)=\sigma^2=1$$

따라서, 우리는 결국 다음의 결과를 얻는다.

$$\lim_{n\to\infty}nL\left(\frac{t}{\sqrt{n}}\right)=\frac{t^2}{2}$$

자, 이 결과를 다시 원래의 식에 적용을 하기로 하자. 우리가 앞에서 $M_{Z_n}(t)$에 로그를 취한 결과를 $L(t)$라고 하였으므로 이번에는 반대로 $L(t)$에 지수를 취하면 $M_{Z_n}(t)$를 얻게 됨은 잘 알고 있을 것이다. 따라서, 다음의 결과를 얻는다.

$$M_{Z_n}(t)=e^{\frac{t^2}{2}}$$

한편, 여기서 꼭 짜맞추기를 하는 것 같아서 조금은 머쓱하지만 (그러나, 수학도 약간의 직관력과 통찰력을 필요로 하므로 이 정도의 비약은 때로는 필요하리라) 만약에 Y_n이 정규분포를 따른다고 가정을 하면 정규확률분포의 $M_{Z_n}(t)$는 다음과 같이 구할 수 있다.

$$M_{Z_n}(t) = \left\{ M\left(\frac{t}{\sqrt{n}}\right) \right\}^n$$

$$= \left\{ \int_{-\infty}^{\infty} e^{\frac{t}{\sqrt{n}}y} \times \frac{1}{\sqrt{2\pi}} e^{\frac{-y^2}{2}} dy \right\}^n$$

이제 위의 식을 간단히 하면 다음과 같다.

$$M_{Z_n}(t) = \left\{ \int_{-\infty}^{\infty} e^{\frac{t}{\sqrt{n}}y} \times \frac{1}{\sqrt{2\pi}} e^{\frac{-y^2}{2}} dy \right\}^n$$

$$= \left\{ \int_{-\infty}^{\infty} e^{\frac{t^2}{2}} \times \frac{1}{\sqrt{2\pi}} e^{\frac{-(y-\frac{t}{\sqrt{n}})^2}{2}} dy \right\}^n = e^{\frac{t^2}{2}}$$

위에서 우리는 두 가지 방법으로 n이 충분히 클 때 $M_{Z_n}(t) = e^{\frac{t^2}{2}}$ 임을 증명하였다. 즉, 독립적인 확률변수를 여러 개 ($n \to \infty$)더하였을 때 이들 더해진 확률변수가 표준정규분포를 따른다는 것을 보일 수 있었다.

다시 원래의 이야기로 돌아가서 n이 충분히 클 때 $M_{Z_n}(t) = e^{\frac{t^2}{2}}$ 임을 증명하였으므로 우리는 아래와 같은 주장이 옳다는 것을 증명할 수 있다.

$$\frac{\sum_{i=1}^{n} X_i - n\mu}{\sigma\sqrt{n}} \to \text{표준정규분포}$$

즉, $n \to \infty$에 대하여

$$P\left\{ \frac{\sum_{i=1}^{n} X_i - n\mu}{\sigma\sqrt{n}} \le a \right\} \to \frac{1}{\sqrt{2\pi}} \int_{-\infty}^{a} e^{\frac{-x^2}{2}} dx = \Phi(x)$$

이와 같이 독립적인 확률변수를 여러 개 ($n \to \infty$) 더하였을 때 이들 더해진 확률변수가 근사적으로 표준정규분포를 따른다 (近似的 標準正規分布, Asymptotically normal distribution)는 것을 중심극한정리 (中心極限定理, Central limit theorem)라고 한다.

위의 결과를 다시 요약하면 평균 μ와 분산 σ^2을 가지는 n개의 i.i.d. 확률변수를 더한 확률변수는 n이 충분히 클 때 평균 $n\mu$와 분산 $n\sigma^2$을 가지는 정규분포로 근사된다는 말이다. 위의 말을 다른 말로 바꾸면 다음과 같다.

평균 μ와 분산 σ^2을 가지는 n개의 i.i.d. 확률변수를 더한 확률변수의 표본평균$\left(E[S_n] = \frac{\sum_{i=1}^{n} X_i}{N}\right)$은 n이 충분히 클 때 평균 μ와 분산 σ^2/n을 가지는 정규분포로 근사된다.

이와 같이 중심극한정리는 확률분포가 정해지지 않은 임의의 일반분포를 따르는 동일한 종류의 확률변수를 아주 많이 중첩하였을 때 그 확률변수가 가지는 평균값과 표준편차를 구함으로써 정규분포로 표시를 할 수가 있고 나아가서 그 확률변수를 간단히 정규화 가공을 하면 표준정규분포를 따름을 말한다.

위의 사실이 가지는 물리적인 의미는 실험적으로 구한 확률변수의 평균 및 분산 등의 데이터를 통하여 그 확률변수의 분포함수를 정규분포로 근사화시킴으로써 그 확률변수가 가지는 다양한 특성을 이론적으로 모델링할 수 있다는 점인데, 이는 통신망의 해석을 위하여 사용되는 대기행렬과 같이 고객의 특성이 아주 추상적인 시스템의 해석을 가능하게 한다는 점에서 중요한 물리적 의미를 가진다.

중심극한정리를 이용한 다음의 예를 생각해보자. N명의 가입자가 C bps의 대역용량을 가지는 하나의 링크에 의하여 서비스를 받고 있는 인터넷 음성전화서비스(Voice over IP: 줄여서 VoIP서비스라고 부름)가 있다. 아래의 그림은 이와 같은 상황을 나타내고 있다.

이 때, X_i를 상호 독립인 i번째 플로우[29]의 순간 비트 도착률이라고 하고 평균과 분산이 각각 m과 σ^2라고 하자. 그리고, $Y = \sum_{i=1}^{N} X_i$라고 하자.

29 플로우(Flow)는 넓은 의미로 가입자와 네트워크간의 논리적인 연결을 의미하며, 예로써 전화호, Web 문서의 요구메시지, 비디오 스트림 등 다양한 사건을 나타낸다.

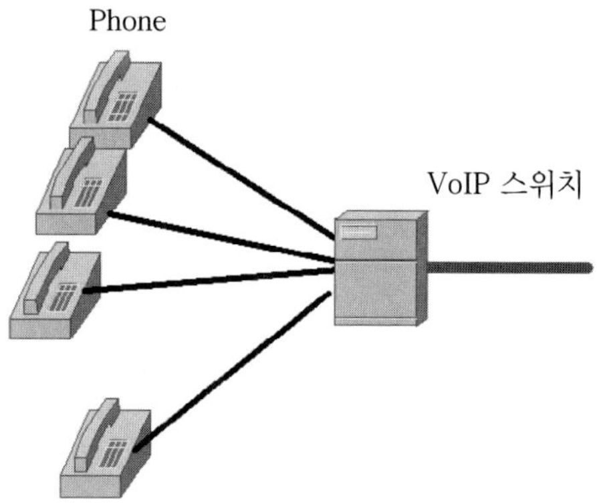

그림 6-1 VoIP 서비스 구조

그러면, 중심극한정리로부터 Y는 충분히 큰 N에 대하여 평균과 분산이 각각 Nm과 $N\sigma^2$인 정규분포를 따른다. 여기서, 만약 $Y > C$이면 회선의 전체 플로우의 순간 비트 도착률이 회선이 동시에 처리할 수 있는 대역의 용량보다 큰 경우가 되어서 새로이 도착하는 비트들은 서비스를 받지 못하게 되며 이 때 만약에 네트워크 장비에 비트들을 저장할 버퍼가 없다면 과다 도착한 비트들이 손실된다. 이와 같은 경우는 네트워크에서 아주 중요한 성능결함(性能缺陷, Performance failure)이 되므로 네트워크를 설계할 때 이와 같은 일이 자주 일어나지 않도록 하는 것이 필요하다. 아니, 거의 일어나지 않도록 해야 한다.

따라서, 어느 네트워크에 대하여 여러 명의 가입자들로부터 발생되는 순간 비트 도착률 Y가 회선의 용량 C보다 큰 사건이 일어날 확률이 어떤 임계치 δ보다 작게 유지되도록 하여 사전에 네트워크의 품질이 떨어지지 않도록 하여야 한다. 이와 같은 문제를 서비스품질 (Quality of service) 보장의 문제라고 한다.

그럼 네트워크에 접속되어있는 여러 명의 가입자들로부터 발생된 Y라는 양의 트래픽을 손실이 일어날 확률이 δ보다 작게 유지되기 위해서 네트워크는 얼마나 큰 양의 대역폭(여기서는 C)을 준비하여야 할까?

위의 문제에 답하기 위하여 아래와 같이 목표함수를 정의하자.

$$P(Y > C) < \delta$$

위의 식에서 각 값에 대하여 정규화 작업을 가함과 동시에 아래와 같이 식을 바꾼다.

$$P\left(\frac{Y - Nm}{\sqrt{N}\,\sigma} > \frac{C - Nm}{\sqrt{N}\,\sigma}\right) < \delta$$

위의 식을 보면 우리가 앞에서 정규분포를 표준정규분포로 바꾼 기억을 하게 될 것이다. 그리고 위의 식의 좌항은 정규화된 확률변수의 CDF이므로 이것을 PDF의 함수로 바꾸어 쓰면 다음과 같다.

$$P\left(\frac{Y - Nm}{\sqrt{N}\,\sigma} > \frac{C - Nm}{\sqrt{N}\,\sigma}\right) < \delta \rightarrow 1 - \Phi\left(\frac{C - Nm}{\sqrt{N}\,\sigma}\right) < \delta$$

이제 이 식을 좀 더 쓰기 편하게 가공을 하는데 표준정규분포 함수의 성질을 이용하면 다음과 같이 나타낼 수 있다.

$$1 - \Phi\left(\frac{C - Nm}{\sqrt{N}\,\sigma}\right) < \delta \rightarrow Q\left(\frac{C - Nm}{\sqrt{N}\,\sigma}\right) < \delta$$

이제 목적지에 거의 다다랐다고 할 수 있는데 위의 마지막 관계식에 대하여 역함수를 구하면 다음과 같다.

$$Q\left(\frac{C - Nm}{\sqrt{N}\,\sigma}\right) < \delta \rightarrow \frac{C - Nm}{\sqrt{N}\,\sigma} > Q^{-1}(\delta)$$

여기서 우리는 한 번 되돌아보자. 여러분은 식이 길어지면서 혹시 우리가 최종적으로 구하고자 하는 값이 무엇이었는지를 잊지는 않은 것인가? 우리는 C를 구하려고 했던 것이다! 그래서 위의 마지막 식으로부터 C를 다음과 같이 구할 수 있다.

$$\frac{C - Nm}{\sqrt{N}\,\sigma} > Q^{-1}(\delta) \rightarrow C > Nm + \sqrt{N}\,\sigma Q^{-1}(\delta)$$

따라서, $P(Y > C) < \delta$를 만족시키기 위하여 필요한 네트워크

의 회선의 용량의 크기 C는 최소한 $C > Nm + \sqrt{N}\,\sigma Q^{-1}(\delta)$의 조건을 만족하여야 한다. 이 때 N, m, σ, δ 등의 값은 사용자에 대한 정보 및 그들의 요구조건으로 주어지고 Q함수도 표준정규분포표로 주어진다면 우리는 C를 쉽게 구할 수 있음을 알게 될 것이다. 아래의 문제에 도전해 보자!!

예제 6.6 N개의 i.i.d. 확률변수 X_i, $i = 1, 2, \cdots, N$가 있고 각 확률변수는 아래와 같은 확률밀도함수를 가진다고 한다.

$$f_X(x) = \begin{cases} e^{-x}, & x \geq 0 \\ 0, & else \end{cases}$$

여기서 이들 확률변수를 더한 값 Y를 다음과 같이 나타낼 때

$$Y = \lim_{N \to \infty} \sum_{i=1}^{N} X_i$$

Y의 확률밀도함수를 구하라.

풀이

먼저 개별확률변수에 대하여 평균과 2차모멘트, 그리고 그로부터 분산을 다음과 같이 구한다.

$$E[X_i] = \int_0^{\infty} x f_X(x)\,dx = \int_0^{\infty} x e^{-x}\,dx = 1$$

$$E[X_i^2] = \int_0^{\infty} x^2 f_X(x)\,dx = \int_0^{\infty} x^2 e^{-x}\,dx = \Gamma(3) = 2! = 2$$

$$\sigma_{X_i}^2 = E[X_i^2] - (E[X_i])^2 = 1$$

따라서, 중심극한정리로부터 다음의 결과를 얻는다.

$$E[Y] = \sum_{i=1}^{N} E[X_i] = N,$$

$$\sigma_{Y_i}^2 = \sigma_{X_i}^2 + \sigma_{X_2}^2 + \cdots + \sigma_{X_N}^2 = N$$

따라서, 결국 다음의 결과를 얻는다.

$$f_Y(y) = \frac{1}{\sqrt{2\pi N}} e^{\frac{(y-N)^2}{2N}}$$

문제 6.3

어떤 네트워크에서 접속되어있는 가입자의 수 $N = 36$명, 각 가입자당 평균대역폭 $m = 1\text{Mbps}$, 가입자당 대역폭의 분산 $\sigma^2 = 0.09$, 그리고 서비스품질 요구조건인 순간대역요구치가 네트워크가 제공 가능한 대역치인 C를 초과할 확률의 목표치인 $\delta = 0.01$일 때 이 네트워크에서 가입자가 요구하는 서비스품질을 만족시켜주기 위하여 필요한 소요대역폭 C는 최소한 얼마 이상이어야 하는가?

제6장 연습문제

01 네트워크를 흐르는 트래픽량은 평균 $\mu = 3$Mbps와 표준편차 $\sigma = 1$을 가진다고 한다. 이 때 평균보다 3σ만큼 더 큰 값을 가지는 경우에 한해서 네트워크에 주의경보를 발령하여 트래픽관리를 수행한다고 할 때 다음의 물음에 답하라.

(1) 마르코프부등식과 체비셰프부등식의 두 방법 중에서 어느 경우가 더 경보를 많이 발령하게 되는가?

(2) 두 방법간의 오차는 얼마나 되며 어느 방법이 더 러프(rough)하게 예측을 하게 될까?

02 Book-Mart에서는 점원이 고객의 책값을 계산하는데 개인마다 차이가 있다고 할 때 다음의 물음에 답하라.

(1) 갑돌이는 평균 2분 분산 1의 속도로 처리한다고 한다. 이 경우에 갑돌이가 1시간 동안 36명의 고객을 처리하는데 성공할 확률은 대략 얼마일까?

(2) 을숙이는 평균 1.5분 분산 0.25의 속도로 처리한다고 한다. 이 경우에 을숙이가 1시간 동안 36명의 고객을 처리하는데 성공할 확률은 대략 얼마일까?

03 평균 μ와 분산 σ^2을 가지는 n개의 i.i.d. 확률변수를 더한 확률변수의 표본평균 $\left(E[S_n] = \frac{\sum_{i=1}^{n} X_n}{n} \right)$은 n이 충분히 클 때 평균 μ와 분산 σ^2/n을 가지는 정규분포로 근사된다는 사실을 이용하여 다음의 문제를 풀어라.

창원대학교 정보통신공학과 학생의 전체 수능평균등급은 3이고 분산이 1이라고 한다. 이 때 몇 명의 학생을 선별하여 그들의 평균 수능등급을 계산하였을 때 2.8이상 3.2이하일 확률이 90%가 되도록 하려면 최소한 몇 명의 샘플을 뽑아야 할까?

PROBABILITY for the ENGINEERS

CHAPTER 07

확률과정

요약

제7장에서는 지금까지 앞에서 공부한 다양한 지식과 기술을 활용해서 실제로 공학적인 문제에 있어서 활용이 가능한 확률적인 사건에 대하여 유용한 정보를 추출하는 방법을 소개한다. 이를 위하여 확률과정에 대해서 알아본다. 확률과정은 시간의 흐름에 따라 확률적인 사건이 일어나는 경우에 그 사건이 가지는 특성을 기술하는 방법이다. 그래서, 먼저 확률과정이 무엇인지 정의하고 그것이 가지는 물리적 의미를 조명하며 확률과정의 종류와 특성함수 등에 대하여 알아본다.

1 확률과정의 정의

확률과정(確率過程, Random processes)이란 시간의 흐름에 따라 확률적으로 변화하는 값의 동작을 기술한 것이다. 시간에 따라 변화하는 양은 우리 주변에 수도 없이 많이 있는데 고속도로를 달리는 자동차의 대수, 환율, 주가, 맥박의 수, 실내의 온도와 습도, 창문으로 불어 오는 바람의 양 등 수도 없이 많이 있다.

한편 IT분야에서는 네트워크를 흐르는 트래픽의 양, 인터넷 가입자의 네트워크 접속횟수, 웹사이트에 걸리는 부하 등 다양한 예가 있다. 그런데, 일반인들은 보통 이와 같은 값에 대하여 무관심하게 볼 수도 있으나 실제로 자신의 일과 관계가 있는 담당자에게는 이와 같은 정보는 아주 중요한 의미를 가진다.

한편, 일반인들도 쉽게 얻을 수 있는 확률과정의 예는 우리주변에도 많이 있다. 여러분은 병원24시 등의 TV프로그램에서 중환자 옆에서 시시각각으로 변화하는 맥박그래프를 보면서 그 환자의 위급성을 알리는 화면을 보고 마음을 졸인 경험이 있을 것이다. 또는 TV뉴스에서 주가가 폭등하였다거나 아니면 반대로 주가가 폭락하였다는 뉴스와 함께 그래프가 확 꺾인 화면을 보면서 기뻐하거나 좌절하는 고객의 모습을 본 경험도 있을 것이다.

이와 같이 확률과정을 쉽게 접할 수 있는 경우 중에서 특히 많은 정보가 공개되어 있는 주식시장을 한번 보자. 예를 들면 인터넷 경제신문 등에 올라와 있는 주가흐름 차트 등 시간의 흐름에 따른 주가의 변동현황을 생각할 수 있다. 아래의 그림은 2007년 3월 필자가 6교시(강의는 오후2시부터 시작함)확률론 강의를 준비하면서 학생들에게 예를 들어 보이기 위하여 인터넷신문에 접속하여 아침 9시부터 오후 1시40분까지의 주가의 변동추이를 나타낸 그림을 따온 것이다[30].

그림에서 주가는 아침 9시에 1,382로부터 시작을 하여 11시 반 경에 1,397까지 올라갔다가 오후 2시경에는 1,395의 근처에 머물러 있는 것을 보여주는데, 여기서 우리는 시간이 지남에 따라 주가가 시시각각으로 변화하며 그 변화의 모습은 어느 누구도 예측할 수 없을 정도로 계속적으로 변하고 있음을 알 수 있다.

이 때 하루의 주가가 오르고 내리고 하는 것 자체도 이와 같이 등락을 거듭하겠지만 주식시장이 오후 3시까지 열리므로 오후

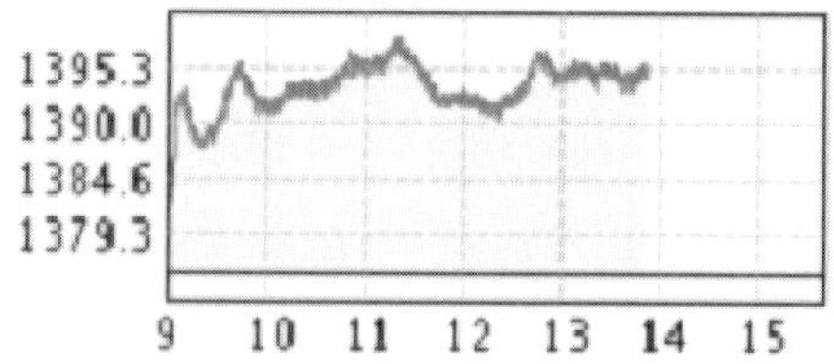

그림 7-1 2007년 3월 어느 날의 우리나라 주가의 변동

30 요즘은 강의자료가 아주 따끈따끈한 경우가 많다. ^

2시 이후에도 주가가 오를 수도 있고 내릴 수도 있다.

한편 주가에 대한 관측실험에서 주별 변동(weekly variation), 혹은 월별 변동(monthly variation) 등 관측기간이 길어지면 전문가가 볼 때에는 시장의 전망이나 국내외의 자금의 흐름 등을 종합하여 판단을 한다면 향후에 주가가 오를 확률과 내릴 확률이 어느 정도 예견이 가능하겠지만 문외한이 볼 때 앞으로 주가가 어떻게 될지는 아무도 모른다.

그러나, 그 동안 지속적으로 상승세에 있는 주식시장에서 만약 당장 큰 악재가 없이 주식시장이 활황세라면 앞으로 주가는 오를 확률이 크고 그 반대라면 내릴 가능성이 큰 것과 같이 앞으로의 주가의 향방은 임의성을 지니면서도 어떤 패턴을 가지고 변화하는 확률적인 과정을 따를 것이다. 바로 이점이 확률과정(確率過程, Random processes)이 가지는 특징이다. 여기서, 가로축을 시간, 세로축을 주가로 두었는데, 이와 같이 확률과정은 어떤 확률적 사건이 시간과 공간적인 값을 가지고 시간의 흐름에 따라 변함을 알 수 있다. 하여간 이와 같이 시간에 따라 시시각각으로 변하는 확률변수는 당사자에게는 아주 중요한 정보임에 틀림이 없다.

위의 사실로부터 확률과정을 다음과 같이 정의할 수 있다. $X(t, s) = x$를 시간 t에서의 어떤 사건 s의 결과값이 x라고 하자. 그런데 사건이란 주가, 주사위의 눈, 축구경기의 결과 등 너무 다양한 사건을 나타낼 수 있으므로 우리가 미리 사건을 정의할 경우에 s를 명시적으로 나타내는 것은 무의미하므로 그냥 $X(t) = x$를 시간 t에서의 어떤 사건 s의 결과값이 x라고 나타내기로 하자.

한편 여기서, 시간축의 값에 대하여 좀 더 구체적일 필요가 있는데 간단히 말해서 두 가지로 나눌 수 있다. 첫 번째는 시간의 단위가 연속적인 경우이고 다른 하나는 이산적인 경우이다. 위의 그림 7-1에서 볼 수 있듯이 주가가 시간의 흐름에 따라 계속 변화하는 선으로 표시되어있지만, 좀 더 자세히 관찰해보면 시간이 연속적일 경우에 주가는 한 시간이라는 구간 동안에 초단위나 분단위 등 아주 미세한 시간단위에 대하여 주가가 연속적인 값을 가지고 변화하는 것처럼 나타낼 수가 있다. 따라서, 전체 그래프 중에서 9시37분이라는 시점에서의 주가를 $X(t=9\text{시}37\text{분})=1,390$과 같이 나타낼 수 있다.

한편, 그냥 시간단위만 고려할 때 위의 그림에서 9시를 기점으로 매시간 주가를 기록할 때 9시는 첫 번째 관측시점으로서 $X_1=1,382$, 10시는 두 번째 관측시점으로서 $X_2=1,392$이 되며 이와 같이 시간의 표시를 위에서와 다르게 나타낼 수 있다.

이와 같은 논의로부터 확률과정도 시간축을 정의하는 방법에 따라 연속시간과 이산시간으로 나눌 수 있는데 앞의 경우를 보통 확률과정(Random process)이라고 하고 $X(t)$로 표기하고 뒤의 경우를 확률시퀀스(Random sequence)라고 부르며 $X_i,\ i=1,2,\cdots$로 나타낸다. 이와 같은 문제는 다음 절에서 자세히 다루기로 한다.

위에서 그림 7-1은 어느 날의 주식시장의 상황을 시간단위로 변화하는 주가를 나타내었는데 그 변화의 폭이 그다지 크지 않았음을 보았다. 따라서, 그 그래프로부터 우리가 얻을 수 있는 정보가 기껏해야 하루의 변동상황 혹은 전날 대비 주가의 증감 정도가 될 것이다.

이번에는 좀 더 긴 시간을 가지고 어떤 확률변수가 변화하는 예를 보임으로써 거기에서 우리는 새로운 정보를 얻을 수 있다. 아래의 그림 7-2는 1980년부터 2007년까지의 27년간의 한국 증시 주가지수의 변화를 나타낸 그래프이다. 그림에서도 볼 수 있는 바와 같이 우리나라의 주가지수는 최근 20여 년간 구간별로 등락은 있어도 전체적으로는 상승 장세에 있었던 것을 알 수 있다. 특히 2004년 이후에는 뚜렷한 증가세를 지속하고 있음을 알 수 있다. 그림에서 하늘색 점선은 주가의 상승패턴을 개략적으로 나타낸 것이다.

그림 7-2로부터 우리는 유용한 정보를 몇 가지 얻을 수 있다.

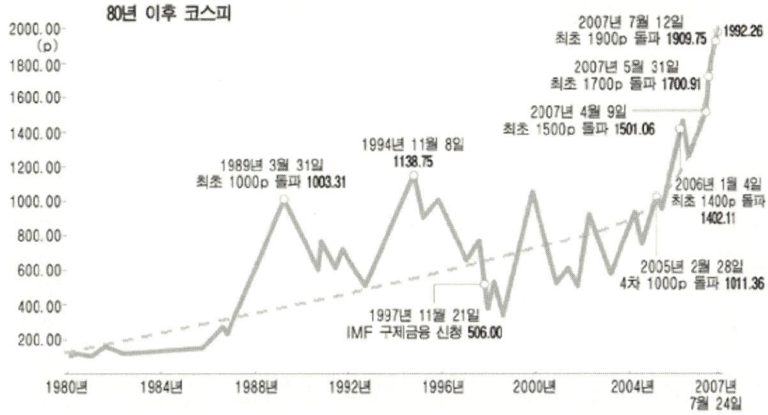

그림 7-2. 1980년부터 2007년까지의 우리나라 주가지수 변동추이
[매일경제신문 인터넷 판 2007년 7월25일자에서 발췌]

첫째, 1980년부터 1988년까지 우리나라의 증시는 큰 변동 없이 완만한 상승세를 보이고 있다. 따라서 이 때 주식을 투자한 사람들은 큰 과오가 없으면 손해를 보지는 않았을 것이다.

둘째, 1988년 이후 2000년까지는 주가의 등락이 아주 심했음을 볼 수 있다. 그 와중에도 1988년 서울올림픽 전후에는 주가가 계속 상승만 하였고 그 후에는 톱니처럼 등락을 거듭하다가 1997년 우리나라가 IMF의 체재하여 들어가기 전후에는 주가가 상당기간 곤두박질을 쳤음을 알 수 있다.

셋째, 우리나라가 IMF의 체재 하에서 뼈아픈 구조조정을 거친 1998년 이후에는 우리나라에 대한 외국의 시각이 바뀐 탓인지 주가는 다시 오르기 시작하였지만 2004년까지는 1988년 이후 2000년까지와 같이 큰 폭은 아니었지만 그래도 꽤 등락이 심했음을 보이고 있다.

넷째, 2004년 이후의 우리나라 증시는 가파른 상승기를 맞는다. 2006년도 초반에 약간 주춤한 이후 주가는 거의 1년 반을 숨가쁘게 상승만 하여 그래프에는 나타나 있지 않지만 2007년 8월에는 최초로 주가지수 2000을 돌파하였다.

마지막으로 최근(2007년 11월) 필자가 신문을 통해서 본 정보에 의하면 우리나라의 주가는 1850-1950선에서 보합세를 유지할 것이라고 한다.

위의 이야기로부터 여러분은 무슨 정보를 얻었다고 생각을 하는가? 어떤 사람은 지금의 추세를 보니까 앞으로 주식을 해야겠다는 사람이 있을 것이고, 또 어떤 사람은 과거의 정보가 무슨 소용이 있겠는가 하면서 앞으로도 투자를 하지 않을 사람도 있을 것이다. 그렇다. 두 사람의 이야기는 모두 맞을 수도 있고 틀릴 수도 있다. 여러분은 앞에서 주관적 확률모형을 공부한 사람들이니까 각자 자신의 주관에 따라 판단을 할 것이다. 이와 같이 확률과정이 가지고 있는 정보는 많으며 이 이야기는 이 정도에서 마치고 앞으로 계속 나가기로 하자.

문제 7.1

주변에서 확률과정의 예를 찾아서 시간에 따라 변화하는 모습을 그림으로 나타내어 보자.

2 확률과정이 가지는 의미

그럼 시시각각으로 변화하는 확률과정에서 우리는 위에서와는 또 다른 어떠한 유익한 정보나 의미를 얻을 수 있겠는가? 아래와 같은 그래프를 보자. 아래의 그래프는 1990년 3월부터 2001년 12월의 11년 간 우리나라의 은행예금 금리와 아파트가격의 변화과정

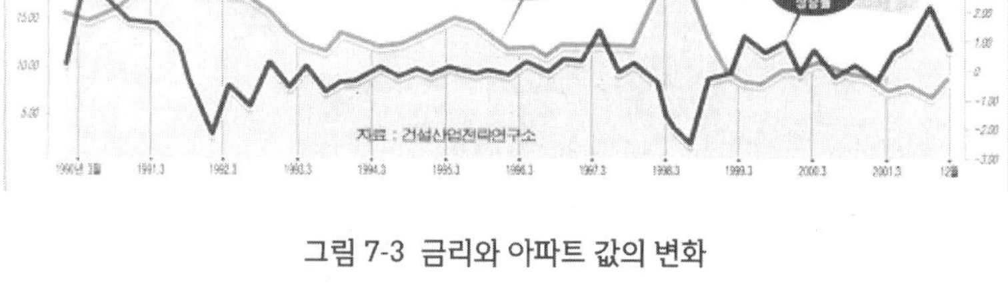

그림 7-3 금리와 아파트 값의 변화

을 보여주고 있다.

그래프에서 금리는 대부분 윗부분에 위치하고 있는 붉은 선과 같이 변화하고 아파트의 가격상승률은 아랫부분의 검은 선과 같이 변화하였다. 아래의 그림에서 유의할 수 있는 몇 가지 특징은 다음과 같다.

첫째, 금리든 아파트가격이든 시간에 따라 불변하지 않는다. 즉, 시간이 지남에 따라 계속 값이 변한다는 사실이다. 그리고, 금리와 아파트 가격은 뚜렷한 주기성도 가지지 않은 채 랜덤한 변화를 한다. 왜냐하면 한 나라의 경제에 있어서 금리와 아파트 가격을 결정짓는 요소가 너무나 다양하고 복잡하기 때문이다.

둘째, 금리는 지난 11년 동안 오르고 내리고를 반복하면서도 지속적으로는 내리막길을 걷고 있다. 다만, 우리나라가 IMF체제하에 있었던 1998년 초에 금리가 잠시 20%대에 까지 급등하였으나 그 후에는 계속 내리막길을 걸어서 2001년 연말에는 10%대에 있었고 최근에는(2007년) 5%대를 걷고 있다.

셋째, 반드시 그런 것은 아니지만 대개는 금리가 오르면 아파트 값은 내리고 금리가 내리면 아파트 값은 오를 확률이 크다. 이유는 간단하다. 금리가 오르면 사람들은 돈을 빌려서 집을 사기가 부담스러워 질 것이다. 반면에 금리가 내리면 이자부담이 덜어지므로 돈을 빌려서 라도 사업을 확장하거나 아파트를 사려고 들 것이다. 따라서, 금리와 아파트의 값은 반비례 (혹은 음)의 상관 관계가 있을 가능성이 높다.

물론 위의 그래프를 계속 더 들여다 보면 더욱 의미 있는 현상을 발견할 수 있지만, 위의 그래프로부터 우리는 몇 가지 중요한 정보를 얻을 수 있음을 알 수 있다. 즉, 평균값, 분산, 상관관계, 시간에 대한 변화율 등 다양한 특징을 알 수 있다는 점이다. 그리고 11년간의 평균 금리나 평균 아파트가격 등을 알 수도 있겠지만, 그 값이 현재 혹은 앞으로 우리에게 과연 의미가 있는지는 한 번은 생각해보아야 할 일이다. 즉, 지난 시간의 아파트값이 지금의 아파트 값에 아무런 영향을 미치지 않는다면 우리는 과거의 데이터를 이용할 이유가 없다. 이는 앞의 주가에서도 마찬가지다.

한편, 과거의 데이터로부터 미래와 관련된 유익한 정보를 얻을 수 있다면 좋을 것이다. 특히 주가나 금리, 아파트 가격 등 경제적인 이득이 있는 정보라면 싫어할 사람이 있을까? 이와 같이 어떤 확률과정으로부터 유익한 정보를 얻을 수 있는 것으로 어떤 것들이 있을까?

몇 가지 생각할 수 있는 것으로 이동평균이나 구간평균 혹은 과거 몇 년간의 평균값의 변동 추이, 그리고 금리와 아파트값간의 상관계수 등과 같은 과거의 데이터로부터 향후의 추세를 예측할 수 있다면 그 데이터는 의미가 있는 정보를 제공할 것이고 이와 같은 정보가 결국은 확률과정으로부터 얻을 수 있는 의미 있는 정보가 될 것이다.

아래에서는 확률과정으로부터 의미 있는 정보를 얻는 방법에 대해서 좀 더 자세히 알아보기로 한다. 그 보다 먼저 확률과정에는 어떠한 종류가 있는지 먼저 알아보기로 하자.

3 확률과정의 분류 및 특징

확률과정은 분류하는 기준에 따라 다른 정의가 가능하다. 먼저 장래의 모습에 대한 예측이 가능한지 아닌지에 따라 결정적 확률과정과 비 결정적 확률과정으로 나눌 수가 있고, 또 시간과 공간의 값에 따라서 연속 혹은 이산확률과정 등의 총 4가지로 분류 가능한데 아래의 표는 이를 나타내고 있다.

표 7-1 확률과정의 분류

공간\시간	연속시간	이산시간
연속공간	연속확률과정	연속확률시퀀스
이산공간	이산확률과정	이산확률시퀀스

먼저 전자의 분류기준에 따라 확률과정을 분류하기로 하고 후자의 분류법은 뒤에서 다루기로 하자.

1) 사건의 예측가능성에 따른 분류

확률사건은 그 사건이 사전에 예측이 가능한지 아닌지에 따라 결정적 확률과정과 비결정적 확률과정으로 나눌 수 있다.

(1) 결정적 확률과정

결정적 확률과정(決定的確率過程, Deterministic process)은 과거나 현재의 사건의 결과로부터 미래의 모습이 예측 가능한 과정을 말한다. 그래서 엄격히 말하면 확률과정이기는 하지만 확률이 거의 1이기 때문에 영어적 정의에서는 random이라는 단어 대신에 deterministic이라는 단어를 쓴다. 가령, $X(t) = A\sin\omega t$와 같은 함수를 생각해보자. 단, 이 때 A는 상수이다. 이 그래프는 시간축 상에서 뚜렷한 주기성을 가지고 반복되는 파형을 그린다. 즉, $\omega = 2\pi/T$ 이므로 $X(t)$는 주기 T를 가지고 반복되는 파형을 그린다. 따라서, 시간이 지남에 따라 향후 일어날 파형의 모습이 확실히 보인다. 따라서, 이와 같은 확률과정을 결정적 과정이라고 하는 것이다.

보통 확률을 생각하는 세계에서 이와 같은 결정적 과정은 거의 문제삼을 일이 없다. 그 이유는 이미 현재의 주어진 정보는 앞으로 일어날 미래를 예측하기 때문에 굳이 확률을 따질 필요가 없어진 것이다.

한편, 네트워크공학에서도 결정적 확률과정을 발견할 수 있다. 비교적 긴 시간의 연결지속시간을 가지는 응용서비스가 발생시키는 고정(固定)비트율(CBR, Constant bit rate) 트래픽과 같이 초당 생성되는 트래픽의 양이 일정할 때 이 트래픽은 결정적 과정을 따른다고 할 수 있다. 아래의 그림은 이 모습을 나타낸 것이다.

그림 7-4 CBR 트래픽의 생성

문제 7.2

주변에서 결정적 확률과정을 따르는 예를 하나 찾아서 그 특징을 자세히 기술하여보자.

(2) 비결정적 확률과정

비결정적 확률과정(非決定的確率過程, Non-deterministic random process)은 과거나 현재의 사건의 결과로부터 미래의 모습이 예측 불가능하거나 예측을 하기가 확률적인 사건에 의해서 결정되는 과정을 말한다.

앞에서 이야기를 하였던 $X(t) = A\sin\omega t$와 같은 함수를 생각해보자. 이번에는 A가 매 주기가 끝이 날 때마다 시행하는 주사위 던지기 실험의 결과에서 나오는 눈의 값이라고 하자. 그러면, 이 그래프는 시간축 상에서 약간의 주기성을 가지기는 하지만 진폭이 매 주기마다 달라지는 파형을 그린다. 따라서, 시간이 지남에 따라 향후 일어날 파형의 모습이 어떻게 될지 아무도 모른다. 따라서, 이와 같은 확률과정을 비결정적 과정이라고 하는 것이다.

비결정적 확률과정의 또 다른 예로서 이번에는 시간축상의 값이 이산치를 가지는 시퀀스에 대하여 생각해보자. $X(n)$, 단 n은 주사위를 던진 횟수, 가 주사위의 눈의 수라고 하면 주사위의 눈은 아주 랜덤하게 1부터 6까지의 값 중에서 어느 한 값을 가지게 될 것이다. 비결정적 과정의 또 다른 예로서 네트워크공학에서 하나의 응용서비스가 발생시키는 가변(可變)비트율 트래픽(VBR Traffic, Variable bit rate Traffic)과 같이 초당 생성되는 트래픽의 양이 시간에 따라 확률적인 값을 가지고 변화할 때 이 트래픽은 비결정적 과정을 따른다고 할 수 있다. 아래의 그림은 이 모습을 나타낸 것이다.

그림 7-5 VBR 트래픽의 생성

이상의 논의로부터 알 수 있는 사실은 우리가 확률을 고려하면서 다루는 대부분의 확률과정은 비결정적 과정이라는 사실이다.

문제 7.3

주변에서 비결정적 확률과정을 따르는 예를 하나 찾아서 기술하여보자.

2) 시간과 공간에 따른 분류

위의 표에서 보이는 바와 같이 확률과정은 시간의 단위에 따라 연속시간과 이산시간으로 나눌 수 있고, 또 확률변수가 가지는 값 즉, 공간에 따라 연속공간과 이산공간으로 나눌 수 있다. 아래에서 각 경우에 대하여 설명을 한다.

(1) 연속확률과정

연속확률과정 (連續確率過程, Continuous random process) 은 시간축과 공간축이 모두유리수의 값을 가지는 확률과정이다. 가장 간단한 예는 아래와 같이 그래프가 시간 및 공간축에 대하여 연속적인 곡선으로 표시되는 것이다.

그림 7-6 연속확률과정의 예

위와 같은 연속확률과정의 대표적인 예는 시시각각으로 변화하는 주식의 가격 혹은 인터넷 트래픽의 그래프이다. 위의 그래프에서 볼 수 있듯이 연속확률과정은 시간축이 유리수이므로 실험치의 관측에 있어서 전수관측(全數觀測, Total observation)이라고 할 수 있다.

문제 7.4

연속확률과정의 예를 공학적인 문제에서 실제로 하나 찾아서 그래프를 그려보자.

(2) 이산확률과정

이산확률과정(離散確率過程, Discrete random process)은 시간축이 유리수의 값을 가지고 공간축은 정수의 값을 가지는 확률과정이다. 즉, 시간은 연속적인 값을 가지고 변화하지만 확률변수가 가지는 값이 이산적인 값만 가지는 경우이다.

이산확률과정의 가장 간단한 예는 아래와 같이 그래프가 단속적(斷續的)인 계단함수(階段函數, Step function)로 표시되는 것이다. 그림에서 그래프는 시간이 지남에 따라 0과 1을 반복하면서 변화하고 있다. 단, 그래프에서 하나의 단계에서의 지속시간은 랜덤함을 주의할 필요가 있다.

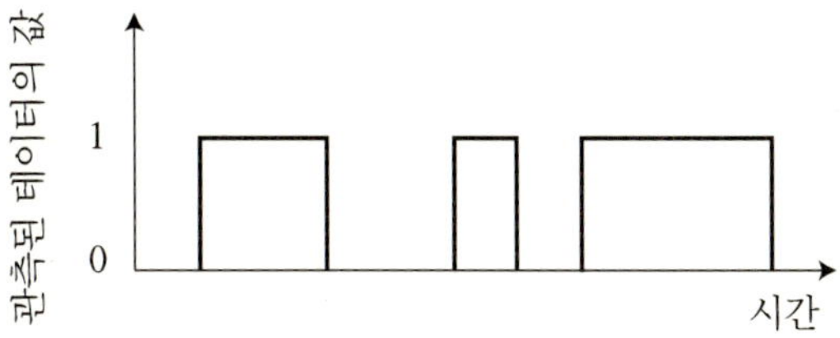

그림 7-7 이산확률과정의 예

위와 같은 이산확률과정의 대표적인 예는 음성전화 정보를 프레임으로 만들어서 네트워크로 보내는 트래픽의 그래프이다. 여기서 1은 프레임이 있는 것을 나타내고 0은 프레임이 없는 것을 나타낸다. 그래서 하나의 프레임은 말을 하는 사람의 음성신호를 일정한 크기의 패킷으로 포장해서 만들기 때문에 길이가 가변이나 크기는 항상 일정하게 할 수 있다. 이 구간을 유음구간(有音區間, Speech period)이라고 한다. 한편, 0은 말을 하는 사람이 말을 하지 않거나 상대방의 말을 들을 때를 나타내는 것으로 무음구간(無音區間, Silence period)이라고 한다.

위의 그래프에서 볼 수 있듯이 이산확률과정은 공간축에서는 관측치가 가지는 값이 이산치이지만 시간축이 유리수이므로 실험치의 관측에 있어서 전수관측이라고 할 수 있다.

문제 7.5

이산확률과정의 예를 공학적인 문제에서 하나 찾아서 그래프를 그려보자.

(3) 연속확률시퀀스

연속확률시퀀스(Continuous random sequence)는 시간축은 정

수의 값을 가지나 공간축이 유리수의 값을 가지는 확률을 가지는 수의 열거이다. 가장 간단한 예는 그래프가 연속적인 곡선으로 표시되는 그래프에서 특정 시간에서의 값을 표본추출(標本抽出, Sampling)한 것이다. 즉, 아래의 그림에서 점으로 표시된 부분이 매시간마다 측정한 어떤 관측값인데 이들 값의 수열은 연속확률시퀀스를 만든다. 이상으로부터 연속확률시퀀스는 연속확률과정으로부터 만들 수 있음을 알 수 있다.

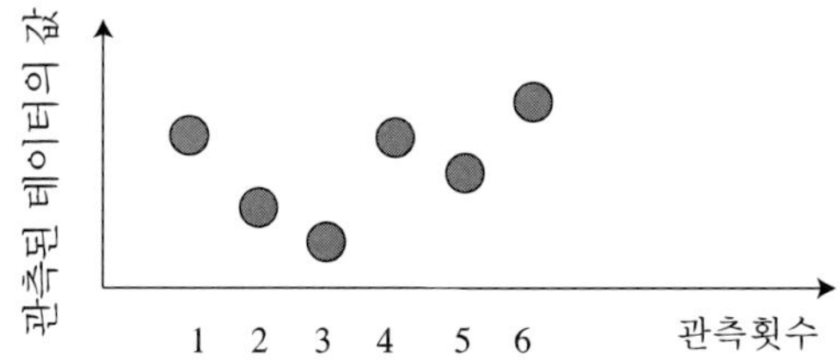

그림 7-8 연속확률시퀀스의 예

이와 같은 경우의 예로서 샘플된 데이터의 값이 있다. 가령 인터넷 트래픽이 시시각각으로 변화하는데 이 모든 정보를 관측해서 데이터를 저장하기에는 메모리의 크기가 아주 클 필요가 있다. 따라서 메모리의 용량을 줄이고 가공하기가 쉽게 하기 위하여 보통 5초 간격, 혹은 1분 간격, 또는 하루 간격 등 관측자가 원하는 시간간격마다 데이터를 측정하는 경우와 같이 관측시각이 이산적인 값을 가질 때 위의 그림과 같은 그래프를 얻는다.

그래프에서 볼 수 있듯이 연속확률시퀀스는 공간축에서는 관측치가 가지는 값이 연속치이지만 시간축이 정수이므로 실험치의 관측에 있어서 샘플관측(Sampled observation)이라고 할 수 있다.

문제 7.6

연속확률시퀀스의 예를 공학적인 문제에서 하나 찾아서 그래프를 그려보자.

(4) 이산확률시퀀스

이산확률시퀀스는 시간축과 공간축이 모두 정수의 값을 가지며 특히 확률변수의 값이 0 혹은 1과 같은 2단계의 값을 확률적으로 가지는 수의 열거이다. 가장 간단한 예는 아래와 같이 그래프가 단속적인 계단함수로 표시되는 가운데 특정 시간에서의 함수의 값이다.

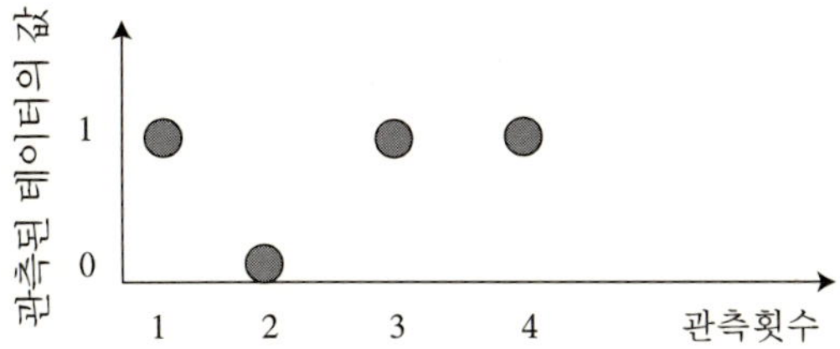

그림 7-9 이산확률시퀀스의 예

즉, 관측 횟수 혹은 시간이 1,2,3,4, …로 지남에 따라 신호의 값은 1,0,1,1, … 등의 값을 가진다. 위와 같은 경우의 예로서는 신호의 값이 0 혹은 1의 두 가지 값밖에 존재하지 않는 정보에 대해서 시간 변화에 따른 데이터 값의 표현과 같은 경우가 있다. 가령 인터넷 트래픽 정보 중 패킷을 구성하는 비트열이 있다고 가정을 하자. 이 때 관측시각(혹은 지점)이 이산적인 값을 가질 때 즉 첫 번째부터 네 번째 비트의 값이 1011이라는 값을 가질 때 위와 같은 그래프를 얻는다.

위의 그래프에서 볼 수 있듯이 이산확률시퀀스는 공간축과 시간축이 관측치가 가지는 값이 이산치 즉 정수이므로 실험치의 관측에 있어서 샘플관측이라고 할 수 있다.

문제 7.11

이산확률시퀀스의 예를 공학적인 문제에서 하나 찾아서 그래프를 그려보자.

4 확률과정의 특성함수들

앞에서 우리는 확률변수에 대하여 분포함수나 밀도함수를 이용하여 확률변수를 정의하고 그의 특성을 표시하였다. 이와 마찬가지로 확률과정도 결국은 시간에 따라 변화하는 확률변수의 값을 나타내는 만큼 우리가 임의의 시간간격을 두고 확률과정의 값을 샘플링하거나, 실험을 일정한 주기로 반복하는 등 일련의 시간축 상의 규칙성을 가정하면 거기에서 얻어지는 값이 바로 확률변수가 되므로 앞에서와 같이 분포함수나 밀도함수를 이용하여 그 특징을 나타낼 수 있을 것이라는 추측이 가능하다. 단, 여기서 우리가 주의해야 할 것은 앞에서는 확률변수에 시간의 개념이 들어있지 않았기 때문에 그냥 확률변수로만 표시를 한 것과는 달리 여기서는 시간의 값이 중요하므로 시간의 순서나 그 순간의 값을 반드시 표시를 하여야 한다. 왜냐하면, 확률과정에서는 확률변수의 값이 시간에 따라 계속해서 변화하기 때문이다. 그런데, 여기서 우리는 확률과정의 밀도함수나 분포함수를 구하는 것이 무슨 의미가 있는지를 잘 생각해보아야 한다. 즉, 분명히 확률과정의 밀도함수를 구할 수는 있다는 것은 안다. 그러나, 어느 한 순간의 확률밀도함수가 시간에 따라 변화하는 확률과정의 값에 대해서 그 값이 우리에게 어떤 정보를 주는지 우리는 고민을 해 봐야 한다. 예를 하나 들어보자. 가령, 시간 t_1에서의 확률과정 X의 값을 $X_1 = X(t_1)$이라고 두고, 시간 t_2에서의 확률과정 X의 값을 $X_2 = X(t_2)$이라고 두자. 이 때 이 확률과정의 한 순간의 확률밀도함수는 확률과정 전체에 대하여 어느 한 순간 그 확률과정이 가지는 값에 대한 확률을 나타낼 뿐이지 시간 t_1에서의 확률과정 X의 값 X_1과 시간 t_2에서의 확률과정 X의 값 X_2사이의 관계에 대해서는 아무런 정보를 주지 못하고 있다.

한편, 확률과정의 존재 의미가 시간의 흐름에 따른 주식가격의 변화나 환율의 변동 등 시간의 흐름에 따른 변수의 값의 변화양상을 표시하는데 더 의미가 있다고 앞에서 이야기 한 바가 있음을 상기할 필요가 있다. 따라서, 확률밀도함수의 한계를 뛰어 넘는 다른 특성함수를 생각할 필요가 있다. 그 중의 하나가 서로 떨어진 순간의 확률과정의 확률밀도를 표시하는 방법이 있다. 그런데 확률과정을 앞에서와 같이 어느 두 순간의 확률변수의 값만으로 표시한다는 것도 사실은 무의미한 것은 길게 설명을 하지 않아도 금새 알 수 있을 것이다. 가령 1987년부터 2007년까지 20년치의 주가지수의 변동그래프에서 1987년과 2007년 단 두 개의 샘플치를 가지고 우리는 무슨 연관성을 얻어낼 수 있을까?

따라서 확률과정에 대하여 가장 완전한 기술법은 충분히 많은 수의 샘플을 수집하여 그들 값의 상호연관성을 확률밀도함수로 나타내는 것임은 자명하다. 그래서 일반적으로 n개의 샘플을 구해서 n차 확률밀도함수를 구하면 그 확률과정을 가장 정확하게 기술할 수 있다는 뜻이다. 그러나, 현실은 그렇게 간단하지가 않는데 문제가 있다. 즉, n차 확률밀도함수를 구하는 것이 아주 특별한 경우를 제외하고는 수학적으로 아주 어렵다는 것이다. 이 사실은 적분을 조금이라도 해 본 사람은 금새 알 것이다!!

이상 설명한 바와 같이 확률과정으로부터 우리가 얻을 수 있는 정보는 사실 제한적이다. 그 대신 우리는 확률과정으로부터 평균, 분산, 자기상관계수 등은 비교적 쉽게 얻을 수 있다. 아래에 이들에 대하여 소개한다.

1) 평균치 함수

(1) 연속확률과정의 평균치 함수

먼저 시간축이 유리수인 경우 즉 연속확률과정을 생각하자. 가장 일반적인 의미에서 확률과정의 평균치는 시간의 흐름에 대하여 관측한 모든 값들을 대상으로 실측을 하여 얻은 값을 관측한 시간으로 나누어서 얻는 것임은 잘 알 것이다. 아래의 식은 이 사실을 나타낸 것이다.

$$E[X(t)] = \frac{1}{T}\int_0^T X(t)\,dt$$

이 때 평균치를 구할 때 주의하여야 할 점은 충분히 신뢰할 만한 시간간격을 가지고 데이터를 측정하여 평균을 구하는 것이다. 이 때 충분히 신뢰할 만한 시간간격이란 그 확률실험으로부터 나올 수 있는 결과값이 충분히 믿을만한 횟수로 나타나서 확률밀도함수로부터 얻은 기대치와 측정에 의해서 얻은 평균치가 같은 값을 가진다는 주장이 성립하여야 하는 간격을 말한다. 이와 같은 주장을 수식으로 표현하면 다음과 같다.

$$E[X(t)] = \lim_{T\to\infty}\frac{1}{T}\int_0^T X(t)\,dt$$

한편, 경과한 시간에 대해 얻어진 확률변수의 값은 결국은 관측기간 동안에 그 확률변수가 나타나는 빈도수에 관계가 있으므로 위의 식을 다음과 같이 나타낼 수 있다.

$$E[X(t)] = \lim_{T\to\infty}\frac{1}{T}\int_0^T X(t)\,dt = \int_{-\infty}^{\infty} xf(x,t)\,dx$$

만약 어떤 확률과정이 위와 같은 성질을 만족하면 그 확률과정은 에르고딕(Ergodic[31])하다고 한다.

우리는 지금부터 평균치에 대하여 위의 마지막 등식으로 표시된 함수를 사용하기로 한다.

예제 7.1 확률과정 $X(t)$는 0 혹은 1의 상태로 표시되며 각 상태에서의 확률밀도함수가 각각 다음과 같다고 한다. 이 때 이 확률과정의 평균치 함수를 구하라.

$$P(X(t)=0) = \frac{1}{2}(1+e^{-2\lambda t})$$
$$P(X(t)=1) = \frac{1}{2}(1-e^{-2\lambda t})$$

31 이 용어의 한국어 표현은 참 애매하다. 그래서 그냥 쓰기로 한다.

풀이

평균치 함수의 정의로부터 다음과 같은 결과를 얻을 수 있다.

$$E[X(t)] = \int_{-\infty}^{\infty} xf(x,t)\,dx = 0 \times P(x(t)=0) + 1 \times P(X(t)=1)$$
$$= \frac{1}{2}(1 - e^{-2\lambda t})$$

위의 예제로부터 우리는 한 가지 사실을 알 필요가 있다. 어떤 확률과정의 평균치함수는 시간의 함수라는 사실이다. 따라서 평균치마저 시간에 따라 변할 수 있다.

문제 7.8

확률과정 $X(t) = A\sin(\omega t + \theta)$에 대하여 다음의 물음에 답하라.

❶ θ는 상수이고 A는 [0,6)에서 균등분포하다고 할 때 이 확률과정의 평균치함수를 구하라.

❷ A는 상수이고 θ는 $[0,2\pi)$에서 균등하게 분포한다고 할 때 이 확률과정의 평균치함수를 구하라.

그런데, 만약 여기서 관측시간 T가 무한히 길다면 그 많은 데이터를 과연 어디에 저장을 할 것이며 엄청난 계산량은 어떻게 감당할 것인가?

이 문제를 해결하기 위하여 공학적 문제의 해결에서는 보통 샘플평균을 구한다. 어떤 확률과정의 시간구간 T동안의 샘플평균을 다음과 같이 나타내자.

$$\hat{X} = \frac{1}{T}\int_{0}^{T} X(t)\,dt$$

그리고 이와 같이 시간구간 T동안의 샘플평균을 여러 개를 구하였을 때 이 들 값이 모두 같을 리는 만무할 것이다[32]. 따라서 위의 값 자체도 또한 확률변수가 될 것은 자명하다. 그래서, 이번에는 이 샘플평균을 확률변수로 하는 확률과정에서 기대치를 다음과 같이 정의하여 정리를 한다.

$$E[\hat{X}] = E\left[\frac{1}{T}\int_0^T X(t)\,dt\right]$$

한편 기대치의 성질로부터 다음과 같이 쓸 수 있다.

$$E\left[\frac{1}{T}\int_0^T X(t)\,dt\right] = \frac{1}{T}\int_0^T E[X(t)]\,dt$$

이제 위의 우항을 잘 관찰해보라. 이것이 무엇인가? 바로 $X(t)$의 기대치가 아닌가? 따라서, 우리는 다음의 결과를 얻는다.

$$E[\hat{X}] = E[X]$$

단, 여기서 $E[X]$는 확률과정의 실제평균값(Real mean, 전수평균이라고도 함)이다. 위의 사실로부터 우리는 중요한 물리적 의미를 하나 발견한다!! 즉, 확률과정의 평균치는 원칙적으로는 시간의 흐름에 대하여 관측한 모든 값들을 대상으로 실측을 하여 얻은 값을 관측한 시간으로 나누어서 얻어야 하나 그것이 여의치 않을 때는 얻어진 데이터가 충분히 대표성을 가질 수 있도록 그 확률과정의 시간구간 T동안의 샘플평균을 여러 개 구한 다음 이들의 평균을 구하여도 결국은 원래의 확률과정의 평균치를 얻을 수 있다는 의미이다.

(2) 연속확률 시퀀스의 기대치

이번에는 시간축이 정수인 연속확률 시퀀스를 생각하자. 단, 이 경우 확률변수의 값은 연속이다. 이 경우에도 앞에서 정의한 개념과 같은 방법으로 다음과 같이 나타낼 수 있다.

32 가령, 경남도청 앞에 하루 종일 서서 매시간 동안에 지나가는 100번 버스의 수를 측정해서 분단위로 평균을 내면 그 값들이 모두 같다고 할 수 없지 않은가?

$$
\begin{aligned}
&X_1 = X(\Delta t)\\
&X_2 = X(2\Delta t)\\
&\vdots\\
&X_n = X(n\Delta t)\\
&\hat{X} = \frac{1}{n}\sum_{i=1}^{n} X_i
\end{aligned}
$$

한편, 연속확률 시퀀스의 샘플에 대하여 다음의 결과도 얻는다.

$$E[\hat{X}] = E\left[\frac{1}{n}\sum_{i=1}^{n} X_i\right] = \frac{1}{n}\sum_{i=1}^{n} E[X_i] = \frac{1}{n}\sum_{i=1}^{n} E[X] = E[X]$$

따라서, 확률과정이 이산시간에 대한 확률과정일 경우에도 위에서 주장한 샘플평균의 기대치와 모평균과의 일치의 성질은 성립한다.

(3) 확률과정의 이동평균

한편, 평균을 구할 때 위에서와 같이 확률과정에 대한 시간축의 전반적인 데이터를 가지고 평균값을 구하는 경우도 있지만, 과거의 오래된 데이터가 그다지 의미가 없고 수시로 변화하는 값의 반영에 더 관심이 많은 경우가 있다. 예를 들면 주식시장이나 인터넷 트래픽의 경우를 보자. 필자가 이 책을 쓰고 있었던 2007년 9월 21일 주가는 1900정도를 가리키고 있었다고 한다. 그런데 20년 전인 1987년도에는 500이 채 되지 않았다. 이 때 우리는 1987년부터 2007년의 모든 데이터를 고려하여 본 결과 현재 우리나라 주가의 평균이 1000이라고 주장을 하면 무슨 의미가 있겠는가? 오히려 지금 중요한 정보는 현재의 주가가 얼마이며 당장 앞으로 어떻게 되는지가 더 중요하지 않을까? 또는 20년간의 주가의 변화의 추세를 볼 때 앞으로 장기적 주가의 향방이 어떤 유형을 띠게 될지를 알고 싶은 것이 더 자연스러운 일이 아니겠는가?

한편, 인터넷 트래픽에서도 시시각각으로 변화하는 트래픽 양을 관측하고 있는데 트래픽이 자꾸 증가할 경우나 혹은 그 반대로 감소할 경우와 같이 시간이 흐름에 따라 정보의 경향이 어떤 일관성을 가진다면 조금 전의 과거의 데이터와 현재의 데이터를 이용하여 단기간의 미래, 혹은 중장기 미래의 예측을 하고 싶을 경우가 확률과정을 공부하는 사람에게는 더 중요한 문제일 수 있다.

이와 같이 시간의 흐름에 따라 적응적으로 데이터의 중요성을 달리하여 기대치를 얻는 방법 가운데 이동평균(移動平均, Moving average)라는 개념이 있다.

가령 시간 0부터 시작한 어떤 확률변수가 1이라는 단위의 시간크기로 관측이 되며 시간 t까지의 평균을 μ_{old}라고 하자. 그리고 다음 관측시각인 $[t, t+1]$ 시점에 측정한 평균치를 μ_{new}라고 하자. 그러면, 최종적으로 우리가 판단하는 이동 평균값 μ_{Final}은 다음과 같이 나타낸다.

$$\mu_{\text{Final}} = \alpha\mu_{\text{new}} + (1-\alpha)\mu_{\text{old}}$$

단, 위의 식에서 α는 시간적 정보에 대한 가중치로서 0과 1사이의 값을 가지며 과거로부터 누적해온 평균치와 최근에 측정한 평균치중에서 어느 것을 더 많이 반영하는지를 나타내는 척도이다. 이 때 당연히 현재의 데이터에 비중을 많이 두면 α는 1에 근접할 것이고, 과거의 데이터에 더 비중을 두면 α는 0에 근접할 것이다. 이와 같이 위의 식을 가중치가 α인 이동평균치(移動平均値)라고 한다.

이상의 사실로부터 만약 시시각각으로 변화하는 확률변수로부터 의미있는 평균치를 얻고자 할 때 최근의 측정치를 더 많이 반영하려면 α는 되도록 1에 가까운 작은 값을 가지도록 설정을 하면 되고 그렇지 않을 경우에는 α가 작은 값을 가지도록 설정을 하면 된다. 만약 과거와 현재의 비중을 같이 하려면 0.5로 설정을 하면 된다.

예제 7.2 아래의 표는 2006년 각 분기 동안 창원대학교 정보통신공학과 건물 앞에 세운 자전거의 평균 수를 나타낸 그래프이다. 이 때 가중치 α가 각각 0.1, 0.3, 0.5, 0.7일 경우에 대하여 2사분기부터 4사분기까지 구한 이동 평균치를 구하라.

분기	1	2	3	4
분기평균 수	100	200	400	800

풀이

먼저 그래프의 맨 위의 곡선인 분기별 평균수를 표를 통해서 보면 분기마다 2배씩 증가하고 있음을 볼 수 있다. 그런데, 다양한 α의 값에 대하여 이동평균을 구해보면 다음과 같다.

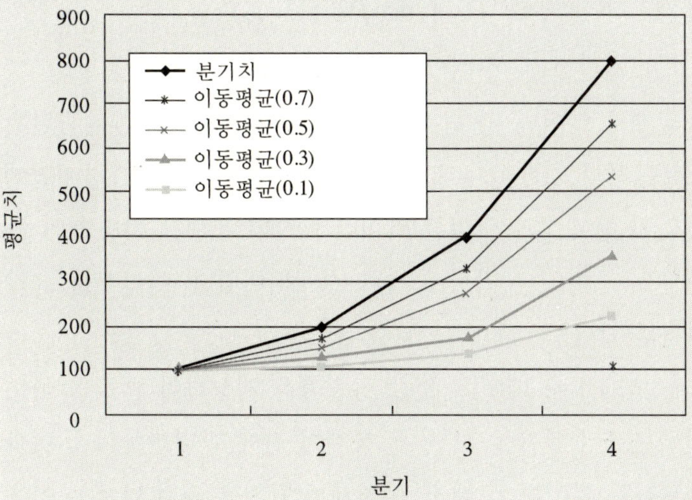

위의 예제에서 얻은 그래프로부터 우리는 분기치 평균과 이동평균의 차이를 분명히 볼 수 있고, 이동평균의 가중치가 클수록 증가하는 경향도 잘 반영함을 알 수가 있다.

문제 7.9

아래의 표는 2007년 각 분기 동안 창원대학교 정보통신공학과 건물 앞에 세운 자전거의 평균 수를 나타낸 그래프이다. 가중치가 각각 0.1, 0.3, 0.5, 0.7일 경우에 대하여 2사분기부터 4사분기까지 구한 이동 평균치를 구하라.

분기	1	2	3	4
분기평균 수	100	200	400	800

문제 7.10

앞의 예제 7.2와 문제 7.9의 두 문제에서 구한 답을 상호 비교하고 두 결과에서 발견한 점을 논하라.

(4) 이런 통계치를 어떻게 생각하나요?

평균을 계산하는 이야기를 마무리 하면서 디저트를 먹는 차원에서 실제로 일어난 일을 바탕으로 평균치 구하는 것과 관련된 에피소트를 하나 소개한다. 조선일보 2007년 9월 6일자 경제면에는 우리나라 통계청과 국민은행(이하 KB)의 전셋값 상승률의 통계와 관련된 재미있는 기사가 하나 소개되어있다. 이야기를 요약하면 다음과 같다.

통계청과 KB가 매년 전셋값 상승률을 계산하여 발표를 하는데 지난 6년간의 통계를 보면 두 통계치 간에 반대현상이 뚜렷하게 발견된다는 것이다. 그래서, 이렇게 상반된 결과가 나오는 이유를 알아보았더니 두 기관의 통계치 조사방법이 달랐기 때문이라고 한다. 신문의 기사에서 기술한 두 기관의 통계치 조사방법을 요약하면 다음과 같다.

통계청 조사대상가구가 100가구라고 할 때 그 중에서 10가구가 전세계약을 새로 하여서 거기서 전셋값이 10%올랐다고 하면 나머지 90가구는 오르지 않았다고 간주

하여 아래의 계산방법을 이용하여 전셋값은 1%가 올랐다고 계산한다.

$$\text{아파트전세상승률} = \frac{10}{100} \times \frac{10}{100} + \frac{90}{100} \times 0 = \frac{1}{100} = 1\%$$

결론 우리나라 아파트 값은 아주 안정적이다!! 푸하하…

KB 아파트단지 내에서 단 한 가구의 전세금이 10%올랐어도 해당 아파트의 전체 전셋값이 10% 오른 것으로 간주한다. KB가 이렇게 산출한 이유는 “실제로 나머지 가구는 아직 계약이 만료가 되지 않아서 계약갱신이 되지 않았기 때문에 전세 계약서만 안 썼을 뿐, 그 아파트단지에서 만약 새로이 전세를 구하려면 그 값을 지불해야 하기 때문에 전셋값이 10% 올랐다고 보는 것이 맞다” 라고 했다.

아래의 그림은 이와 같은 방식으로 최근 6년간 두 기관이 집계한 전셋값의 변화의 추이를 나타낸 그래프이다.

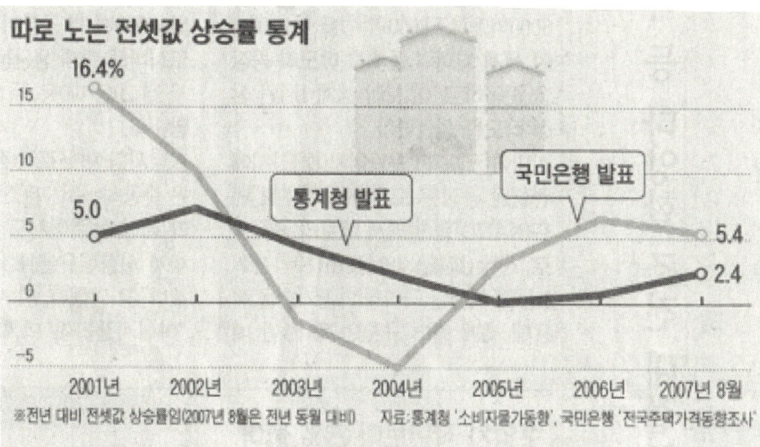

[조선경제 2007년 9월 6일자, ‘따로 노는 전셋값 상승률 통계’로부터 발췌]

그림 7.10 두 기관의 전셋값 상승률 변화

조선일보에서는 위의 현상을 다음과 같이 분석을 하였다.

"통계청의 통계는 KB의 통계보다 항상 변동폭이 적게 나온다. 따라서, 전셋값이 올라도 덜 오른 것처럼 보이고 내려도 덜 내린 것처럼 보인다."

즉, 한 마디로 우리나라의 전셋값이 안정되어 있는 것처럼 보이게 한다는 것이다(정부의 탁월한 부동산 정책의 결과로 말이다. *^??^*). 이 사실은 그림 7.10에서도 명확히 나타난다. KB의 통계에서는 전셋값이 2001년부터 2004년까지는 하향세를 그리다가 2004년부터 2006년까지 상승세로 반전하여 2007년 8월에 와서 약간 고개를 숙이고 있다. 한편, 통계청의 통계에서는 2002년에 조금 올랐을 뿐 2002년부터 2005년까지는 하락이 뚜렷하였다. 그리고 그 이후에도 그다지 오르지 않고 안정적인 추세를 보이고 있다.

그러나, 부동산 전문가의 말 대로 2006년에 비하여 2007년의 증가세가 둔화된 것은 "여름방학 수요나 가을철 이사수요가 이번에는 예년처럼 나타나지 않아서 전셋값이 급등한 상황이 아닌 것"이 이유이지, 금년 통계는 앞으로 남은 4개월 동안 이사수요가 나타나면 그래프의 기울기가 바뀔 수도 있음을 암시하고 있다.

한편, 대부분의 부동산 전문가들은 KB의 통계에 손을 들어주었다고 한다. ㅋㅋㅋ[33]

문제 7.11 여러분은 위의 두 가지 통계처리 방법에 대하여 어떻게 생각을 하는가? 즉, 위의 두 방법에 문제점은 없는지 분석을 해보라. 그리고, 통계치의 신뢰도의 향상을 위하여 데이터를 어떻게 수집하고, 어떻게 가공을 해야 하는지 의견을 기술하라.

33 우연의 일치인지는 몰라도 같은 날짜의 신문에 집권여당의 대권후보자의 예비경선 결과가 발표되었는데 어찌된 일인지 후보자들의 득표율을 모두 더하니까 150%가 되었고, 그래서 이상하다고 여겨서 집계를 세 번이나 한 결과 이번에는 예선 통과한 후보의 순위가 뒤집어졌다는 기사가 실려 있었다. '우리나라, 통계 믿어도 되나 ???...'

2) 분산

확률과정에 있어서 또 다른 대표치의 하나인 분산(分散, Variance)을 고려하자. 그리고 분산도 전수를 조사하여 계산하는 방법과 샘플을 하여 구할 수가 있는데 여기서는 샘플을 이용하여 구하는 방법을 소개한다.

앞에서 평균치를 구할 때와 마찬가지 방법으로 임의의 구간을 가정하여 샘플을 구하는 방법을 택한다. 먼저 분산을 다음과 같이 정의하자.

$$Var(\hat{X}) = E[(\hat{X})^2] - (E[\hat{X}])^2$$

위에서 우측의 제2항은 이미 앞에서 기대치를 구할 때 구하였으므로 제1항만 계산하면 되는데 제1항은 각 샘플평균의 제2차 모멘트이며 다음과 같이 얻게 된다.

$$E[(\hat{X})^2] = E\left[\frac{1}{n^2}\sum_{i=1}^{n} \sum_{i=1}^{n} X_i X_j\right] = \frac{1}{n^2}\sum_{i=1}^{n} \sum_{i=1}^{n} E[X_i X_j]$$

한편, 위의 식에서 맨 마지막 항에서 $E[X_i X_j]$은 다음과 같이 나타낼 수 있다.

$$E[X_i X_j] = \begin{cases} E[X^2], & i = j \\ (E[x])^2, & i \neq j \end{cases}$$

따라서, 이 관계를 대입하여 각 샘플평균의 제2차 모멘트는 다음과 같이 간단히 정리된다.

$$\begin{aligned} E[(\hat{X})^2] &= \frac{1}{n^2}\sum_{i=1}^{n} \sum_{j=1}^{n} E[X_i X_j] \\ &= \frac{1}{n^2}\{nE[X^2] + (n^2 - n)(E[X])^2\} \end{aligned}$$

위의 식을 조금 더 손질을 하면 다음의 식을 얻는다.

$$E[(\hat{X})^2] = \frac{1}{n}E[X^2] + \left(1 - \frac{1}{n}\right)(E[X])^2$$

마지막으로 우리가 모분산을 알고 있다고 가정을 하고 그것을 고려에 넣으면 다음의 결과를 얻는다.

$$E[(\hat{X})^2] = \frac{1}{n}\sigma^2 + (E[X])^2$$

따라서, 표본의 분산 $Var(\hat{X})$는 다음과 같이 얻어진다.

$$Var(\hat{X}) = E[(\hat{X})^2] - (E[\hat{X}])^2 = \frac{1}{n}\sigma^2 + (E[X])^2 - (E[X])^2$$
$$= \frac{1}{n}\sigma^2$$

위의 결과로부터 우리는 다음과 같은 사실을 알 수 있다.

샘플평균으로 얻은 기대치의 분산은 원래의 확률과정의 분산의 $1/n$ 크기이다.

위의 말은 직관적으로도 해석을 할 수가 있는데 샘플을 통하여 얻은 확률변수는 이미 원래의 랜덤성을 한 번 스무징(Smoothing, 값이 조금 부드럽게 처리)한 결과이므로 이 결과를 다시 확률과정으로 하여 얻은 분산은 원래의 가공되지 않은 확률과정에 비해서 값의 변화가 심하지 않게 되므로 분산이 원래의 분산의 $1/n$ 밖에 되지 않음을 의미한다.

3) 자기상관계수

확률과정의 2차특성을 표시하는 방법으로서 자기상관계수(自己相關係數, Autocorrelation coefficient)가 있다. 자기상관계수는 연속적인 시간축 상에서 서로 일정한 거리를 두고 떨어져 있는 확률변수의 상관관계를 표현하기 위한 것으로서 다음과 같이 정의한다.

$$R(\tau) = E[X(t)X(t+\tau)] = \lim_{T\to\infty}\frac{1}{T}\int_0^T X(t)X(t+\tau)\,dt$$

한편 이산적인 시간값을 가지는 확률시퀀스에 대하여 상관관계를 나타내는 방법은 연속적인 경우와 비슷한 방법으로 구하면 다음과 같다. 임의의 시퀀스 $X = \{X_n, n = 1, 2, 3, \cdots\}$을 가정하자. 그리고 시퀀스 X를 구성하는 각 데이터의 값을 정규화하기 위하여 다음과 같이 정의한다.

$$r(L) = \frac{E[(X_n - \mu)(X_{n+L} - \mu)]}{Var[X_n]}$$

단, 여기서 μ와 $Var[X_n]$는 각각 확률 시퀀스 X의 실제 평균과 분산이다.

위의 식은 확률과정의 시간에 대한 상관관계를 나타내는데 있어서 유용하게 사용되는데 한가지 유의하여야 할 것은 이 자기상관계수는 관심을 가지는 두 확률변수의 값을 취하는 시간의 간격에 달려있다는 것이다. 반대로 말하면 자기상관계수는 어떤 확률과정을 구성하는 서로 떨어진 두 확률변수의 값이 시간의 떨어진 정도에 따라 어떻게 관련이 있는지를 나타낸 것이라고도 할 수 있다. 여기서 한 가지 명심해야 할 것은 샘플로 취한 두 변수의 값의 취한 시점은 문제가 되지 않고 다만 두 샘플시점간의 간격이 중요하다는 것이다.

자기상관계수는 특히 최근에 인터넷 트래픽의 자기유사성(自己類似性, Self-similarity)의 판정에 유용하게 사용되는데 만약 함수 $r(L)$가 다음과 같은 식을 만족한다면 이 확률시퀀스는 자기유사성을 띤다고 말한다.

$$r(L) \approx L^{2H-2}$$

단, 여기서 H는 허스트 모수(Hurst parameter)라고 부르는 값으로 자기유사성이 있는 경우에 $0.5 < H < 1$이다. 허스트 모수를 구하는 방법은 이 책의 범위를 벗어나므로 관심이 있는 사람은 인터넷 트래픽관련 서적을 더 찾아볼 것을 권한다.

예제를 하나 소개한다.

예제 7.3 $X(t) = A\sin(\omega t + \theta)$의 자기상관계수를 구하라. 단, A는 상수이고 θ는 $[0, 2\pi)$에서 균등하게 분포한다고 한다.

풀이

자기상관계수의 정의에 의해서 한 주기 동안의 적분을 계산하면 다음과 같다.

$$\begin{aligned} R(\tau) &= \frac{1}{T}\int_{-\frac{T}{2}}^{\frac{T}{2}} X(t)X(t+\tau)\,dt \\ &= \frac{A^2}{T}\int_{-\frac{T}{2}}^{\frac{T}{2}} \sin(\omega t + \theta)\sin[\omega(t+\tau)+\theta]\,dt \\ &= \frac{A^2}{T}\int_{-\frac{T}{2}}^{\frac{T}{2}} \sin(\omega t + \theta)\{\sin(\omega t+\theta)\cos\omega\tau \\ &\qquad + \cos(\omega t+\theta)\sin\omega\tau\}\,dt \\ &= \frac{A^2}{T}\{\cos\omega\tau \int_{-\frac{T}{2}}^{\frac{T}{2}} \sin^2(\omega t+\theta)\,dt \\ &\qquad + \sin\omega\tau \int_{-\frac{T}{2}}^{\frac{T}{2}} \sin(\omega t+\theta)\cos(\omega t+\theta)\,dt \\ &= \frac{A^2}{T}\{\cos\omega\tau\left(\frac{T}{2}\right) + \sin\omega\tau \times 0\} = \frac{A^2}{2}\cos\omega\tau \end{aligned}$$

위의 결과로부터 확률과정의 자기상관계수는 관심을 가지는 시간간격의 함수로서 우리가 정하는 시간의 길이와 밀접한 관계가 있다는 것을 알 수 있다.

문제 7.12

$X(t) = A\sin(\omega t + \theta)$의 자기상관계수를 구하라. 단, θ는 상수이고 A는 [0,6)에서 균등하게 분포한다고 한다.

실 생활에서의 상관관계를 보여주는 재미있는 그림을 하나 소개하면서 이 이야기를 마무리 한다. 아래의 그래프 7.11은 최근 20년간의 국제 유가상승과 코스피지수와의 상관관계를 나타낸 그

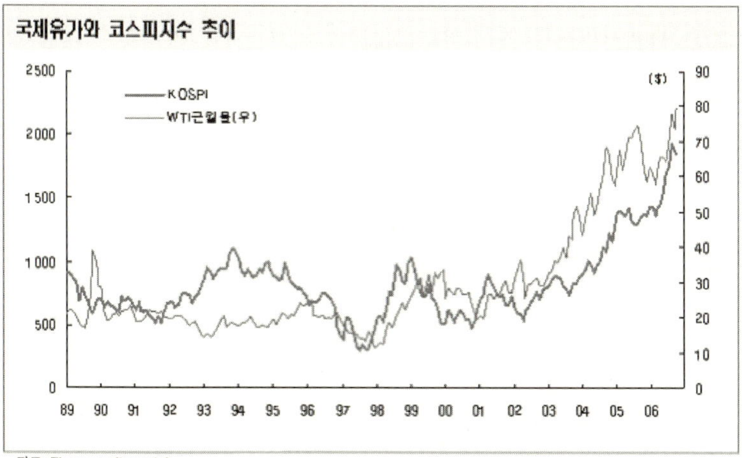

자료: Thomson financial

그림 7.11 국제유가와 코스피지수간의 상관관계

래프이다[34].

우리나라의 코스피지수는 국제 유가에 약간의 시차를 두면서 등락을 같이 하고 있으며 90년대 이후 현재까지 월간 상승률의 유가상승과 코스피지수와의 상관계수는 0.77이다[35].

4) 자기공분산

자기공분산(自己共分散, Autocovariance)은 자기상관계수와 약간 다른 함수인데 시간축 상에서 서로 일정한 거리를 두고 떨어져 있는 확률변수의 값으로부터 기대치를 뺀 후 이들의 상관관계를 나타내는 것으로서 다음과 같이 정의된다.

$$\begin{aligned} C(t,t+\tau) &= E[(X(t)-E[X])(X(t+\tau)-E[X]] \\ &= R(\tau)-(E[X])^2 \end{aligned}$$

위의 식으로부터 알 수 있듯이 자기공분산은 자기상관계수에서 기대치의 제곱을 뺀 값이다. 따라서 자기상관계수에서 값의 퍼진 정도를 나타내기 위하여 평균치의 제곱을 뺀 것이므로 결국은 단일 확률변수에서의 분산과 같은 의미로 정의되었음을 알 수 있다.

34 대신증권으로부터 발췌.
35 자료: 대신증권 제공.

문제 7.13 $X(t) = A\sin(\omega t + \theta)$에서 A는 상수이고 θ는 $[0, 2\pi)$에서 균등하게 분포한다고 한다. 이 때 이 확률과정의 자기공분산을 계산하라.

5 확률과정의 안정성

확률과정에서 확률밀도함수를 정의할 때 유용한 성질 가운데 하나는 안정성(安定性, Stationarity)이라는 성질이 있다. 확률의 안정성에는 차수가 있는데 보통 1차 안정성이 가장 널리 사용되므로 1차 안정성에 대하여 소개하기로 한다.

임의의 확률과정 $X(t)$에 대해서 모든 t_1와 Δ에 대하여 만약 다음의 성질을 만족한다면 이 확률과정은 1차 안정성을 가진다고 한다.

$$f(x, t_1) = f(x, t_1 + \Delta)$$

즉, 위의 식이 의미하는 것은 어떤 확률과정의 확률밀도함수가 관측시간에 의존하지 않을 때 그 확률과정은 1차 안정성을 가지며 따라서, 그 확률변수는 일정한 값의 기대치를 가진다. 이와 같은 현상을 광의의 안정성(廣意의 安定性, Wide-sense stationarity)이라고도 한다.

그럼 확률의 안정성을 판단하는 방법은 무엇인가? 그 힌트는 위의 관계식에 있다. 즉, 임의의 확률과정 $X(t)$에 대해서 모든 t_1와 Δ에 대하여 $f(x, t_1) = f(x, t_1 + \Delta)$가 성립한다는 것은 이 확률과정의 평균이나 자기상관계수가 시간 t에 무관하다는 것을 내포하고 있다. 따라서, 결국은 확률과정 $X(t)$의 평균과 자기상관계수를 각각 $\mu(t)$ 및 $R(t, t+\tau)$라고 할 때 이들은 각각 다음과 같이 나타낼 수 있다.

$$\mu(t) = \mu$$
$$R(t, t+\tau) = R(\tau)$$

위의 결과를 보면 평균과 자기상관계수가 t와는 무관한 함수임을 알 수 있다. 따라서, 이와 같이 확률과정의 평균이나 자기상관계수를 구했을 때 그 값이 t와 무관할 때 이 확률과정은 안정성을 가진다고 하고 이와 같은 방법은 어떤 확률과정의 안정성을 나타내는 하나의 중요한 지표가 될 수 있음을 알 수 있다.

예제 7.4 확률과정 $X(t)$가 다음의 관계식으로 표시될 때 이 확률과정이 광의의 안정성을 지니는지 아닌지를 판명하라.

$$X(t) = A(t)\sin(\omega t + \theta)$$

단, $A(t)$는 임의의 확률과정이고 θ는 $[0, 2\pi)$사이에서 균등분포를 따르며 $A(t)$와는 독립이라고 한다.

풀이

확률과정 $X(t)$에 대하여 평균과 자기상관계수를 각각 $\mu(t)$ 및 $R(t, t+\tau)$라고 두고 이들을 구해보자.

$$\begin{aligned}
\mu(t) &= E[X(t)] \\
&= E[A(t)\sin(t+\theta)] = E[A(t)]E[\sin(\omega t+\theta)] = 0 \\
R(t, t+\tau) &= E[A(t)A(t+\tau)\sin(\omega t+\theta)\sin(\omega(t+\tau)+\theta)] \\
&= \frac{1}{2}E[A(t)A(t+\tau)]E[\cos(\omega\tau) - \cos(2\omega t + \omega\tau + 2\theta)] \\
&= \frac{1}{2}R_{AA}(t, t+\tau)\cos(\omega\tau)
\end{aligned}$$

위의 결과로부터 위의 확률과정은 평균은 0으로서 시간불변이나 자기상관계수에서 $A(t)$에 의한 기여부분인 $R_{AA}(t, t+\tau)$은 t의 함수임을 알 수 있다.

따라서, 위의 확률과정이 안정성을 가지려면 $A(t)$가 안정성을 가져야 함을 알 수 있다. 결국 위의 확률과정의 안정성은 $A(t)$의 상관관계를 나타내는 함수의 특성에 따름을 알 수 있다.

문제 7.14

상호 독립인 두 확률변수 A, B, C가 (0,1)에서 정의되는 균등분포를 따른다고 한다. 그리고 이들 확률변수로 정의되는 어떤 확률과정 $X(t) = At^2 + Bt + C$가 있다고 한다. 이 때 이 확률과정은 안정성을 가지는지 아닌지 판정하라.

01 동전 하나를 20번 던져서 앞면이 나오면 1을, 뒷면이 나오면 0의 값을 할당하는 실험을 수행하고 그 결과 나오는 그래프를 시간축 상에 그리고 이 확률과정이 어떤 동작을 하는지 확률변수로 정의하여 관찰하라.

02 우리 지방의 최근 1년간 온도에 대하여 인터넷 등 임의의 방법을 통하여 월별 평균치를 조사하여 다음 물음에 답하라.

(1) 월별 평균 온도의 변화를 그래프로 그려보고 변화하는 모습을 관찰하라.

(2) 연평균 온도 및 분산은 얼마인가?

(3) 계절별 평균 온도와 분산은 얼마인가?

(4) (2)번과 (3)번에서 얻은 데이터에 대하여 차이와 그 의미를 논하라.

03 연속확률과정이 다음과 같이 정의될 때 이 확률과정의 시간 평균을 구하라.

$$X(t)=\begin{cases}1, 0\le t<1\\ -2, 1\le t<2\\ 3, 2\le t\le 3\end{cases}$$

04 이산확률시퀀스 $X(n)$은 서로 다른 두 개의 주사위를 던져서 나온 눈의 합을 나타내고 다음과 같이 주어진다.

$$X(n)=\begin{cases}0, & n=2\text{ 의 배수}\\ 1, & n=3\text{ 의 배수}\\ -1, & else\end{cases}$$

이 때 주사위를 무수히 많이 던졌을 때 $E[X(n)]$는 얼마일까?

05 하나의 주사위를 60번 던져서 나온 눈의 값에 대하여 다음의 물음에 답하라.

(1) 위의 실험에서 얻어진 시퀀스를 시간축 상에 배열하라.

(2) 위의 확률시퀀스에 대하여 시간평균을 구해보고 그 값이 확률적 기대치와의 차이가 얼마나 나는지 비교해보자.

부록 표준정규분포 계산표

$\Phi^{H}(x) = P\{0 < Z < x\}$, 단 $\Phi^{H}(x)$는 단측 분포함수(單側分布函數, Single—side distribution function)이다.

[예] $P(Z < 2) = 0.5 + \Phi^{H}(2) = 0.5 + 0.47725 = 0.97725.$

X	0.00	0.01	0.02	0.03	0.04	0.05	0.06	0.07	0.08	0.09
0.0	0.00000	0.00399	0.00798	0.01197	0.01595	0.01994	0.02392	0.02790	0.03188	0.03586
0.1	0.03983	0.04380	0.04776	0.05172	0.05567	0.05962	0.06356	0.06749	0.07142	0.07535
0.2	0.07926	0.08317	0.08706	0.09095	0.09483	0.09871	0.10257	0.10642	0.11026	0.11409
0.3	0.11791	0.12172	0.12552	0.12930	0.13307	0.13683	0.14058	0.14431	0.14803	0.15173
0.4	0.15542	0.15910	0.16276	0.16640	0.17003	0.17364	0.17724	0.18082	0.18439	0.18793
0.5	0.19146	0.19497	0.19847	0.20194	0.20540	0.20884	0.21226	0.21566	0.21904	0.22240
0.6	0.22575	0.22907	0.23237	0.23565	0.23891	0.24215	0.24537	0.24857	0.25175	0.25490
0.7	0.25804	0.26115	0.26424	0.26730	0.27035	0.27337	0.27637	0.27935	0.28230	0.28524
0.8	0.28814	0.29103	0.29389	0.29673	0.29955	0.30234	0.30511	0.30785	0.31057	0.31327
0.9	0.31594	0.31859	0.32121	0.32381	0.32639	0.32894	0.33147	0.33398	0.33646	0.33891
1.0	0.34134	0.34375	0.34614	0.34849	0.35083	0.35314	0.35543	0.35769	0.35993	0.36214
1.1	0.36433	0.36650	0.36864	0.37076	0.37286	0.37493	0.37698	0.37900	0.38100	0.38298
1.2	0.38493	0.38686	0.38877	0.39065	0.39251	0.39435	0.39617	0.39796	0.39973	0.40147
1.3	0.40320	0.40490	0.40658	0.40824	0.40988	0.41149	0.41308	0.41466	0.41621	0.41774
1.4	0.41924	0.42073	0.42220	0.42364	0.42507	0.42647	0.42785	0.42922	0.43056	0.43189
1.5	0.43319	0.43448	0.43574	0.43699	0.43822	0.43943	0.44062	0.44179	0.44295	0.44408
1.6	0.44520	0.44630	0.44738	0.44845	0.44950	0.45053	0.45154	0.45254	0.45352	0.45449
1.7	0.45543	0.45637	0.45728	0.45818	0.45907	0.45994	0.46080	0.46164	0.46246	0.46327
1.8	0.46407	0.46485	0.46562	0.46638	0.46712	0.46784	0.46856	0.46926	0.46995	0.47062
1.9	0.47128	0.47193	0.47257	0.47320	0.47381	0.47441	0.47500	0.47558	0.47615	0.47670
2.0	0.47725	0.47778	0.47831	0.47882	0.47932	0.47982	0.48030	0.48077	0.48124	0.48169
2.1	0.48214	0.48257	0.48300	0.48341	0.48382	0.48422	0.48461	0.48500	0.48537	0.48574
2.2	0.48610	0.48645	0.48679	0.48713	0.48745	0.48778	0.48809	0.48840	0.48870	0.48899
2.3	0.48928	0.48956	0.48983	0.49010	0.49036	0.49061	0.49086	0.49111	0.49134	0.49158
2.4	0.49180	0.49202	0.49224	0.49245	0.49266	0.49286	0.49305	0.49324	0.49343	0.49361
2.5	0.49379	0.49396	0.49413	0.49430	0.49446	0.49461	0.49477	0.49492	0.49506	0.49520
2.6	0.49534	0.49547	0.49560	0.49573	0.49585	0.49598	0.49609	0.49621	0.49632	0.49643
2.7	0.49653	0.49664	0.49674	0.49683	0.49693	0.49702	0.49711	0.49720	0.49728	0.49736
2.8	0.49744	0.49752	0.49760	0.49767	0.49774	0.49781	0.49788	0.49795	0.49801	0.49807
2.9	0.49813	0.49819	0.49825	0.49831	0.49836	0.49841	0.49846	0.49851	0.49856	0.49861
3.0	0.49865	0.49869	0.49874	0.49878	0.49882	0.49886	0.49889	0.49893	0.49896	0.49900
3.1	0.49903	0.49906	0.49910	0.49913	0.49916	0.49918	0.49921	0.49924	0.49926	0.49929
3.2	0.49931	0.49934	0.49936	0.49938	0.49940	0.49942	0.49944	0.49946	0.49948	0.49950
3.3	0.49952	0.49953	0.49955	0.49957	0.49958	0.49960	0.49961	0.49962	0.49964	0.49965
3.4	0.49966	0.49968	0.49969	0.49970	0.49971	0.49972	0.49973	0.49974	0.49975	0.49976
3.5	0.49977	0.49978	0.49978	0.49979	0.49980	0.49981	0.49981	0.49982	0.49983	0.49983
3.6	0.49984	0.49985	0.49985	0.49986	0.49986	0.49987	0.49987	0.49988	0.49988	0.49989
3.7	0.49989	0.49990	0.49990	0.49990	0.49991	0.49991	0.49992	0.49992	0.49992	0.49992
3.8	0.49993	0.49993	0.49993	0.49994	0.49994	0.49994	0.49994	0.49995	0.49995	0.49995
3.9	0.49995	0.49995	0.49996	0.49996	0.49996	0.49996	0.49996	0.49996	0.49997	0.49997
4.	0.49997	0.49997	0.49997	0.49997	0.49997	0.49997	0.49998	0.49998	0.49998	0.49998

참고문헌

리쳐드 윌리엄스 저, 박대철 역, 공학도를 위한 확률통계, 도서출판 인터비젼, 1991.

박경미, 박경미의 수학콘서트, 동아시아, 2006.12.

신양우, 기초확률론, 경문사, 2000.12.

신재경, 장덕준, 통계학의 이해, 도서출판 성심, 2006.3.

이훈 외, NGN에서 서비스별 트래픽 실시간 특성 분석 및 활용방안 연구 최종연구보고서, 2003.11.

전철호, 박흥식, 김시범, 옥철호, 공업수학, 보성각 2007.2.

정재승, 정재승의 과학콘서트, 동아시아, 2003.11.

조선일보, 신형준, 문화재 야화[16], 안압지 출토 14면체 주사위, 조선일보 제26992호, 2007.10.8.

조선일보, 따로 노는 전셋값 상승률 통계, 조선경제, 2007.9.6.

타지마 이치로우, 곤도우 지로우, 다카하시 이와로우, 고바야시 류우이치, 고야나기 요시오, 통계해석, 工科의 數學 시리즈 5, 培風館, 1992.

황병원, 이기수, 확률 및 통계, Ohm사, 1990.10.

C. Ash, The probability tutoring book, Revised printing, IEEE Press, 1993.

R. B. Ash, Real analysis and probability, Korean student ed., Academic Press, 1972.

S. Asmussen, Applied probability and queues, John Wiley & Sons, 1987.

G. Boggia, P. Camarda, D. Striccoli, Aggregate bandwidth estimation in video distribution systems, http://www.scs.org/getDoc.cfm?id=2535.

D. Childers, Probability and random processes, Using MATLABS with applications to continuous and discrete time systems, IRWIN, 1997.

G. R. Cooper and C. D. McGillem, Probabilistic methods of signal and system analysis, Third edition, Oxford University Press, 1999.

W. B. Davenport, Jr., Probability and random processes, McGraw-Hill Kogakusha, 1970.

W.E. Leland, M.S.Taqqu, W. Willinger, and D. Wilson, On the self-similar nature of Ethernet traffic, IEEE/ACM Tr. On Networking, Vol.2, No.1, Feb. 1994.

A. Leon-Garcia, Probability and random processes for electrical engineering, Second edition, Addison Wesley Longman, 1994.

S. L. Miller and D. G. Childers, Probability and random processes with application to signal processing and communications, Elsevier Academic press, 2004.

A. Papoulis, Probability, random variables, and stochastic processes, Korean student ed., McGraw-Hill Book Co., 1965.

S. M. Ross, Introduction to Probability models, Academic Press, Inc., 1993.

S. M. Ross, Stochastic processes, John Wiley & Sons, 1983.

R. E. Walpole and R. H. Myers, Probability and statistics for engineers and scientists, Collier MacMillan International ed., 1978.

http://en.wikipedia.org

http://www.mk.co.kr, 매일경제신문 인터넷판, 2007.7.25.

http://adp.joins.com/ 가위바위보 첫 게임서 가위가 가장 승률 높다, (서울=연합뉴스) 중앙일보 인터넷 신문 2007.12.20.

□ 찾아보기

기타 및 영문

한글

저자소개

안나푸르나 마차푸차레를 배경으로, 2004년 2월

초등학생 때는 수학자가 되는 것이 꿈이었다. 그러나, 고등학교를 졸업할 때는 현실적인 문제로 전자공학도가 되기로 결심을 하고 경북대학교 공과대학 전자공학과와 동 대학원 통신공학전공을 졸업한 후 ㈜ KT 연구개발본부의 연구원으로 입사하여 트래픽공학 및 네트워크설계와 관련된 일에 종사하였다.

입사 후 5년 뒤 회사의 파견유학생으로 일본 토호쿠대학(東北大學)에 유학을 가서 동 대학원 공학연구과 전기 및 통신 전공에서 "초고속통신망의 서비스 품질보장에 관한 연구"로 공학박사 학위를 받았다. 학위를 받고 난 뒤 다시 ㈜ KT 연구개발본부에서 네트워크의 설계와 관련된 연구에 종사하다가 21세기를 맞이하였다.

남은 인생을 '내가 진정으로 하고 싶은 일을 하고 싶다' 는 생각에 회사를 그만 두고 창원대학교 공과대학 정보통신공학과로 옮긴 후 '기술이 사람을 자유롭게 하리라' 는 신념으로 인터넷 트래픽 공학 및 네트워크 설계, 서비스품질 보장 등의 연구에 종사하고 있으며 최근 10년간 약 80여 편의 논문을 국내외의 저널과 학회에 발표하였다.

이 책 이외에도 엔지니어가 쉽게 읽을 수 있는 「공학도를 위한 대기행렬 시스템」(홍릉과학출판사)을 썼다.

정가 19,000원

공학도를 위한 확률론

2008년 7월 12일 초판 인쇄
2008년 7월 22일 초판 발행
저 자 : 이 훈
발행자 : 우명찬 · 송 준
발행처 : 홍릉과학출판사
주 소 : 서울시 강북구 수유5동 455-60
142-885
등 록 : 1976년 10월 21일 제5-66호
전 화 : (02) 999-2274, 996-8341, 903-7037
팩 스 : (02) 905-6729
e-mail: hongpub@hongpub.co.kr
http://www.hongpub.co.kr

저자와의
협의하에
인지생략